Chemical Characteristics and
Health Hazard Effect of Air Pollution
in Coal Coking Area

煤焦化区域大气污染特征及健康危害效应

李宏艳 / 著

化学工业出版社

·北京·

内容简介

本书以煤焦化区域大气污染特征及健康危害效应为主线，主要介绍了煤焦化行业发展的历史和现状，煤焦化污染区域大气气溶胶的理化性质和大气挥发性有机化合物（VOCs）的污染特征，探讨了煤焦化区域大气污染物的健康危害效应，煤焦化污染区域灰霾的污染特征与形成机制，最后以案例分析的形式，详细介绍了煤焦化区域污染物的来源、输入与输出路径，以及疫情封锁管控对空气质量的改善效果，旨在全面加深对我国煤焦化区域大气污染生消机制及其健康危害效应的理解，为相关区域灰霾和臭氧的针对性控制与人群健康防护提供参考，促进"美丽中国"建设，保障居民身体健康。

本书具有较强的技术应用性和针对性，可供从事大气污染形成机理、危害与控制等领域的工程技术人员、科研人员和管理人员参考，也可供高等学校环境科学与工程、生态工程、化学工程及相关专业师生参阅。

图书在版编目（CIP）数据

煤焦化区域大气污染特征及健康危害效应 / 李宏艳
著. —北京：化学工业出版社，2022.11
ISBN 978-7-122-42420-4

Ⅰ.①煤… Ⅱ.①李… Ⅲ.①炼焦-大气污染物-研究
Ⅳ.①X784.017

中国版本图书馆 CIP 数据核字（2022）第 199994 号

责任编辑：刘　婧　刘兴春　　　　　　文字编辑：师明远　林　丹
责任校对：田睿涵　　　　　　　　　　装帧设计：刘丽华

出版发行：化学工业出版社（北京市东城区青年湖南街 13 号　邮政编码 100011）
印　　装：北京天宇星印刷厂
787mm×1092mm　1/16　印张 16¾　彩插 4　字数 333 千字　　2022 年 12 月北京第 1 版第 1 次印刷

购书咨询：010-64518888　　　　　　　　售后服务：010-64518899
网　　址：http://www.cip.com.cn
凡购买本书，如有缺损质量问题，本社销售中心负责调换。

定　　价：128.00 元

序

当前，我国大气污染形势严峻，灰霾天气频发，而煤焦化区域的大气污染状况更是不容乐观。2020 年中国生态环境状况公报中，全国 168 个城市环境空气质量排名后 20 位的城市均存在煤焦化企业，煤焦化影响下的大气污染控制迫在眉睫。

多年来，太原科技大学大气污染协同控制实验室围绕焦化生产过程污染物排放及焦化污染区域大气污染状况等进行了长期的跟踪研究，取得了大量研究成果，对山西省尤其是太原盆地灰霾与臭氧的形成原因与机理有了一个较清晰的认识，同时也厘清了该地区灰霾与臭氧前体物的主要污染来源与污染物区域传输路径，承担并开展了国家大气污染防治攻关联合中心在太原市下设的细颗粒物和臭氧污染协同防控"一市一策"驻点跟踪研究工作。基于此，本书对本课题组的研究成果进行了高度概括；同时，结合国内外焦化行业相关研究，尤其是深受煤焦化行业影响的山西省的研究成果，从焦化原理延伸至焦化区域大气污染特征，由大气颗粒物和挥发性有机物污染特征扩展到健康毒性效应，由生消机制推广到污染物区域传输控制技术研究，逐步开拓和深化了研究的领域，使煤焦化区域大气污染控制技术与策略研究的层次不断攀升。

本书具有一定的技术应用性及推广价值，首先介绍了焦化生产的原理、过程，从焦炉类型、焦炭产量、焦化产能以及针对焦化行业出台的各类国家和地方相关环保政策等方面介绍了焦化行业的发展历史与现状。然后以太原盆地为核心，对该地区颗粒物和挥发性有机物的污染特征与健康毒性效应进行了总结。其次，从无机转化和有机生成两方面对灰霾和臭氧的生消机制进行了探讨。最后，以案例的形式介绍了太原盆地大气污染物的主要来源、传输路径及疫情封锁管控对空气质量的影响。

为了及时宣传和交流本课题组近年来的研究成果，本书作者对相关内容进行了归纳、总结。希望本书的出版，能让广大读者共享太原科技大学大气污染协同控制实验室取得的科研成果，为以山西省为代表的、长期深受燃煤、焦化等活动影响的区域大气环境治理提供科学指导，为我国大气污染控制相关基础学科和技术领域的科技工作者与广大师生提供一套重要的参考文献。

谨以此为序。

太原科技大学科技部部长兼环境科学与工程学院院长

2022 年 5 月

前　言

　　中国是世界上最大的炼焦煤生产和消费大国，焦炭的生产和出口量对世界总生产和出口量的贡献比例分别为 50% 和 60%。炼焦过程排放的大量有毒有害物质易通过扩散作用严重威胁周边地区大气环境质量及居民身体健康。大气中苯并[a]芘（BaP）含量达 $2ng/m^3$，即为诱发癌变的极限含量，而焦化区苯并芘含量高于极限值 60～100 倍。据估计，2015 年焦化行业排放烟粉尘、SO_2、NO_x 量分别为 28.3 万吨、36.5 万吨、24.6 万吨，分别占全国工业粉尘、SO_2、NO_x 排放量的 1.9%、2.1%、1.7%。焦炭产业集中的省份，往往也是灰霾严重高发的地区，因此焦化区域的大气污染防治及其健康危害效应成为全社会关注的焦点。

　　近年来，针对煤焦化行业高耗能、高污染的问题，国家出台了一系列产业政策，对煤焦化行业进行了清理、整顿和规范，淘汰落后产能，优化产业结构。现阶段，我国焦化行业在控制总量、淘汰落后、清洁生产、技术进步、结构调整、节能减排等方面取得了巨大进步，在深化供给侧结构性改革，积极应对原燃料价格高位运行、碳达峰碳中和等方面做出了积极贡献，行业生产集中度和企业结构得到了显著改善。

　　本书从煤焦化生产工艺出发，从工艺、产能、空间分布、污染物排放种类及特征、污染状况及危害、环保政策及要求等方面系统介绍了煤焦化行业的发展历史和现状。以颗粒物和大气挥发性有机物（VOCs）的离线采样为基础，研究了煤焦化污染区域大气气溶胶的形貌、化学组成、粒径分布、酸性、消光性以及二次成分等性质，并对 VOCs 的化学组成、特征比值、二次有机气溶胶（SOA）生成潜势以及臭氧（O_3）生成的控制机制等进行了研究。通过总结煤焦化区域相关健康危害研究及毒理学实验，探讨了煤焦化区域大气污染物的健康危害效应。从灰霾前体物、颗粒物中二次组分随污染等级的变化，以及气象条件在灰霾形成过程中的作用方面探讨了煤焦化污染区域灰霾的污染特征与形成机制。最后，详细介绍了太原盆地各种污染物的来源解析结果、太原市各污染物的输入与输出路径以及疫情封锁管控对太原市和介休市空气质量的改善效果，旨在全面加深对我国煤焦化区域大气污染的生成、排放与控制的理解，促进焦化行业清洁生产，保障居民身体健康。

本书的内容主要基于笔者及何秋生教授带领的太原科技大学大气污染协同控制团队完成的相关研究，由李宏艳撰写，温彪、黄时丹、赵志新、张琰茹、付国校核稿，最后由李宏艳统稿并定稿，何秋生主审。除署名者外，温鑫宇、张潇、葛家宝、白京霭、黄铭珠对第 1 章内容的资料进行了收集和整理；闫雨龙、郭利利、张瑾、李宏宇、李荣杰、王阳、赵志新对第 2 章内容的资料进行了收集和整理；高雪莹、宋琪、李婕、任璇、黄时丹、郑晓敏、刘泽乾对第 3 章内容的资料进行了收集和整理；张可正、宁静、苏雨轩、柳景炜、刘泽乾对第 4 章内容的资料进行了收集和整理；王伟、王阳、李荣杰、田晓对第 5 章内容的资料进行了收集和整理；黄时丹、李宏宇、张瑾、赵志新、宋琪、李荣杰、王阳对第 6 章内容的资料进行了收集和整理；并对图书内容提出了修改建议等。同时感谢化学工业出版社对本书的关注和支持。

本书的撰写与出版是在国家自然科学基金项目（41172316、41472311、41501543、22076135、42077201）、国家自然科学基金海外及港澳学者合作研究基金项目（41728008）、国家生态环境部大气污染攻关项目（DQGG202107）、国家教育部重点项目（211026）、山西省重点研发计划——国际科技合作项目（201803D421095）、山西省应用基础研究计划项目（2015021059、201901D111250）等的共同资助下完成的，在此一并感谢。

限于著者水平及撰写时间，书中不足和疏漏之处在所难免，敬请读者提出修改建议。

李宏艳
2022 年 5 月

目录

第 3 章 煤焦化污染区域大气挥发性有机物（VOCs）的污染特征 / 127

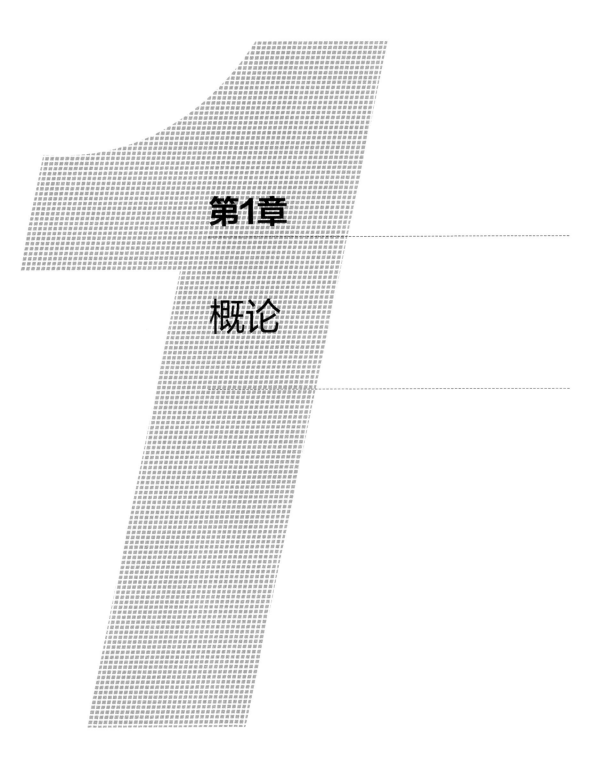

第1章

概论

1.1

煤焦化产业的发展历史及现状

1.1.1 焦化过程及原理

焦化是以煤为原料、以炼焦为核心、回收焦化副产品及其深加工和对焦炉煤气进行综合利用的产业，其在钢铁系统和化工行业中有着极其重要的作用，其产品焦炭可用作钢铁冶炼及化工生产的基础燃料。

焦炉炼焦是将煤装入焦炉炭化室后，在隔绝空气的条件下，进行高温干馏，最后生成焦炭。这一过程称为炼焦，大体经历以下几个阶段（图1-1）。

（1）干馏预热阶段

煤从常温加热到200℃时，煤在炭化室中主要是干馏预热，并放出吸附于表面和气孔中的二氧化碳和甲烷等气体。

（2）开始分解阶段

加热至200～350℃时煤开始分解，产生气体和液体，主要分解出化合水、二氧化碳、甲烷、一氧化碳等气体，此时焦油蒸出量很少。

（3）生成胶质体阶段

煤加热到350～450℃时，由于侧链的断裂生成大量的液体、高沸点焦油蒸气和固体微粒，形成一个多分散的胶质体和胶质系统。

（4）胶质体固化阶段

450～550℃时，胶质体中的液体进一步分解，一部分以气体析出，一部分固化并与碳原子平面网格结合在一起生成半焦。在600℃以前，从胶质层中析出的蒸汽

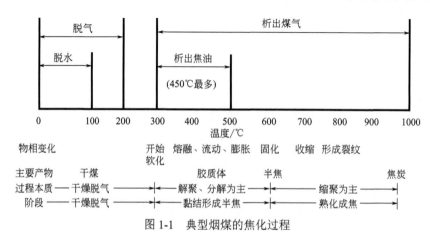

图1-1 典型烟煤的焦化过程

和气体叫作初次分解产物，主要含有甲烷、一氧化碳、二氧化碳、化合水及初次焦油气等，含酚量很低。

　　煤在经过上述 4 个阶段时都有胶质体形成，煤从热解开始到半焦形成，为结焦的初始过程。在煤结焦的初始过程中，煤分子进行剧烈分解所产生的液体超过了蒸馏与结合、缩合反应消耗的液体，因而液体团不断扩大，并分解在各固体颗粒之间。继续进行热解，整个系统发生剧烈的聚合、缩合反应，使液体不断减少，气体不断产生，胶质体黏结度不断增加，直到最后液体消失，把各分散的固体颗粒黏结在一起而固化成半焦。在该过程中，由于气体强行通过黏结度大且不透气的胶质体而产生的膨胀压力，又进一步加强了固体颗粒间的黏结。

　　这一阶段煤的黏结性取决于煤料胶质体的数量、流动性和半焦形成前的热稳定性（可由胶质体的温度停留范围体现）。黏结性强的煤在黏结阶段应有足够数量的胶质体和适当的流动性（太大不利于膨胀压力的产生，太小不利于在各固体颗粒间的分散），以及较好的热稳定性。

　　（5）半焦收缩阶段

　　550～650℃时，半焦进一步析出气体而收缩，同时产生裂纹。挥发物从半焦中逸出，进一步分解形成新的产物，如氮与氢生成氨、硫与氢生成硫化氢、碳与氢则生成一系列的烃类化合物及高温焦油等。

　　（6）生成焦炭阶段

　　650～950℃时，半焦继续析出气体，此时主要析出碳原子平面网格周围的氢，因此，半焦继续收缩，平面网格间缩合、变紧，最后生成焦炭，焦炭中残余的挥发分含量为 1%～2%。炼焦最主要的产物是焦炭，另外还有硫与苯等。

　　实验证明，煤料中的挥发分 50% 以上是胶质体固化后至焦炭形成过程中分解出来的。因此，半焦进一步强烈分解是焦炭收缩的根本原因。随着煤分解的持续进行，气体不断析出，碳网不断缩合，焦炭变紧、失重，体积变小。因此，半焦收缩过程同样是胶质体中大分子的侧链进一步断裂和碳网继续缩合的过程，只是收缩阶段断裂的侧链不足以形成液体，而呈气体逸出。

1.1.2　我国焦化工艺的发展历史及现状

　　我国是世界上最早发明炼焦技术和使用焦炭的国家，从明代开始就进行土窑炼焦。炼焦技术的高速发展要从 1881 年德国建成投产的世界上第一座回收化学产品的焦炉开始，17 年后，我国的江西萍乡煤矿和河北唐山开滦煤矿已有工业规模的焦炉，到中华人民共和国成立前，我国曾先后建成各种焦炉约 28 座，焦炭产能每年约 510 万吨。由于遭受战争的破坏，只有鞍山、太原、石家庄等地区少数企业的部分焦炉维持生产，1949 年全国焦炭产量仅为 50 余万吨。中华人民共和国成立后，各类基础设施的全面建设推动了钢铁工业的大力发展，由此我国炼焦工业开始加速发展，并引进了苏联的炼焦技术与焦炉管理经验。时至今日，我国已是世界上最大的焦炭生产和消费国，过去的几年我国焦炭的生产量一直占全球焦炭总产量的 60% 以上。

总体上讲，我国炼焦经历了早期土法炼焦和现代机械化炼焦两个阶段。

1.1.2.1 土法炼焦

在炉窑内不隔绝空气的条件下，借助窑炉边墙的点火孔人工点火（图1-2），将堆放在窑内的炼焦煤点燃，靠炼焦煤自身燃烧放出的热量逐层将煤加热（直接加热部分）；煤燃烧产生的废气与未燃尽的大量煤裂解产物形成的热气流，经窑室侧壁的导火道继续燃烧，并将部分热传入窑内（间接加热部分）。高温燃气流（800℃）则夹带着未燃尽的煤裂解产物——化学产品排入大气。整个过程延续8～11d，焦炭成熟，从人工点火孔注水熄焦，冷炉，扒焦。

图1-2　土法炼焦

土法炼焦结焦周期长，成焦率低，煤耗高，焦炭灰分高（燃烧一部分煤造成的）。炼焦化学产品或被烧掉或随高温废气流排入大气，不仅不能综合利用炼焦煤，还对大气造成严重污染。

由于"土窑焦炉"的严重缺陷，我国各地先后出现了多种改造型焦炉，其大都是在土窑及简易萍乡炉基础上发展起来的，具有投资少、见效快、煤耗低、能生产标准冶金级焦炭的特点，可显著减轻土法炼焦的环境污染，但有的改良炉型在生产中还不尽理想，仍需不断完善。改造后的土焦炉总体上分为两类：一类是可回收少量焦油和煤气的回收型；另一类是不回收任何副产品的无回收型。当时应用较多且较为成熟的改造型土焦炉有以下6种[1]。

（1）萍乡炉

如图1-3所示，萍乡炉是一种水平火道式炼焦炉，燃烧和干馏过程同室进行，生产中烧掉一部分炼焦煤，干馏产物部分燃烧作炼焦热源，部分经鼓风机从冷侧炉底导出，再经冷凝回收焦油后供另一炉点火。该炉装煤后在煤层上面用耐火砖摆成火道和烟道，炉顶由火道盖砖及其上面的灰渣覆盖层构成，炉底有数条油道，煤在炉内成焦后自炉顶喷水熄焦然后人工扒出焦炭。

（2）吕梁炉

吕梁型焦炉是萍乡炉的改进型，它在原萍乡炉炉顶增设了一个拱形砖砌盖子，盖子和炼焦炉为一体，上面留有适当数量的排烟孔，每次装完煤以后无需摆砖、砌火道等操作，既省工又可防止灰尘混入焦炭中影响焦炭质量。该炉的其他结构与萍乡炉基本一致。

图 1-3　萍乡炉

（3）XY 型焦炉

XY 型焦炉是一个长方形砖砌的组合体，炉盖为拱形顶，下部有火道，是一种倒焰式无回收型焦炉。它在装煤的同时在煤层内做好火道，开炉时用动力煤从焦炉两侧点火孔点火升温，大火形成后停火封炉。炼焦煤在高温下进行分解，放出的煤气和配入的空气在煤层表面空间混合燃烧，形成的高温气体通过回火道上孔及侧墙内火道引至炉底回火道，将炉底板加热，未燃烧的煤气经过两墙回火道进入炉底火道后能继续燃烧，充分燃烧后产生的烟气经烟道排入大气。

（4）TJ-75 型焦炉

TJ-75 型焦炉是根据美国 1975 年的一项简易炼焦工艺专利设计的，它是一种双拱盖倒焰式无回收型焦炉，其生产过程和炼焦炉结构原理与 XY 型焦炉基本相同。XY 型和 TJ-75 型无回收型焦炉的共同特点为炼焦废气在炉内充分燃烧后经烟筒高空排放，减轻了对环境的危害程度，这是其他炉型无法比拟的。

（5）介休一号炉

介休一号炉也是在萍乡炉的基础上改进的，它吸取了无回收倒焰燃烧完全、热效率高的优点，保留了萍乡炉由炉底抽气回收煤气和焦油的特点，将炉底中心油道改为火道，并在炉底两侧和炉底前端 2/3 处分别设有侧火道和地下火道。这些火道和位于炉前的"T"形燃烧室及烟筒相通。炭化末期停止回收煤气时，剩余煤气被抽入燃烧室，而后经烟筒排放。

（6）JKH-89 型焦炉

JKH-89 型焦炉集中了萍乡炉和 TJ-75 炉的优点，如图 1-4 所示，它是一种单箱炭化、倒焰燃烧的回收型焦炉，其结构上最大的特点是设置了活动推拉炉盖，方便装煤、出焦等操作。

1.1.2.2　机械化炼焦

现代机械化炼焦生产在焦化厂炼焦车间进行。炼焦车间一般由一座或几座焦炉及其辅助设施组成，焦炉的装煤、推焦、熄焦和筛焦组成了焦炉操作的全过程，

图 1-4   JKH-89 型焦炉

每个炉组都配备有装煤车、推焦车、拦焦机、熄焦车和电机车，一侧还应设有焦台和筛焦站。开发的炼焦新工艺还有配入部分型煤炼焦的配型煤工艺、用捣固法装煤的煤捣固工艺、煤预热工艺等。机械化炼焦主要包括备煤、炼熄焦、煤气净化等工段，煤气净化通常有冷凝鼓风、煤气脱硫、硫铵工艺、终冷洗苯、脱萘等工艺（图 1-5）。

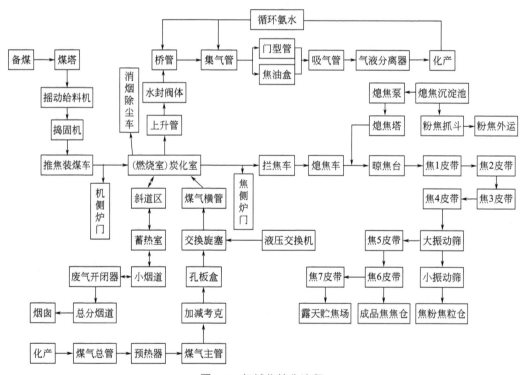

图 1-5   机械化炼焦流程

（1）备煤

备煤主要是炼焦煤的制备，如图 1-6 所示，主要由受煤槽、配煤仓、粉碎机、煤塔、煤焦制样室及带式输送机、转运站等设施组成。该工段主要是将从煤矿运来的煤制备成配比准确、质量均匀、粒度适中，能够满足炼焦要求的煤料，其一般流程包括卸煤、贮存、配比、粉碎以及混合，在制备完成后，还需要将其运到焦炉贮煤塔供焦炉使用。

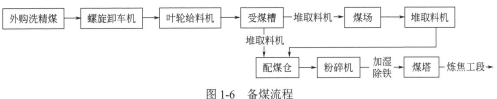

图 1-6　备煤流程

（2）炼熄焦

对于已经制备好的煤料，应该从煤塔中取出，利用装煤车运输到炭化室装炉。干馏产生的焦炉煤气在经过集气系统后会进入回收车间，进行相应的回收利用。而在经过一个结焦周期（由装炉到推焦，根据炭化室的宽度不同而有所差异，通常情况下为 14～18h）后，使用推焦机将炼制完成的焦炭经拦焦机推进熄焦车内，待熄焦完成后，放到晾焦台上，进一步进行筛分和贮藏。炼焦车间一般包括两个炼焦炉构成的炉组，需要将其布置在同一中心线上，在中间搭设煤塔，以方便煤炭的运输。

炼熄焦流程见图 1-7。

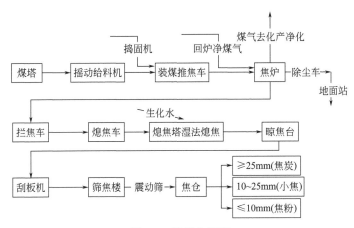

图 1-7　炼熄焦流程

（3）煤气净化

1）冷凝鼓风

炼焦过程中产生的荒煤气，夹杂有大量的焦油和氨水，如果直接排放，不仅会造成环境污染，而且也是一种浪费，需要对其进行处理。荒煤气首先会沿吸煤气管进入气液分离器，经气液分离后进入横断初冷器进行二段冷却，然后等待后续处理。

冷凝鼓风工艺流程见图 1-8。

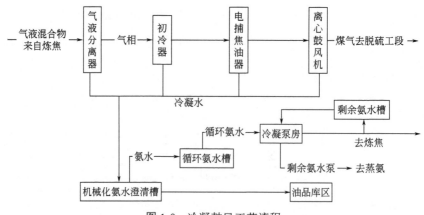

图 1-8　冷凝鼓风工艺流程

2）煤气脱硫

主要是去除煤气中的硫元素，减少污染成分。对于采用再生塔流程的工艺技术，不需要设置独立的再生塔和反应槽等，而对于采用喷射再生槽流程的工艺技术，则不需要设置独立的液封槽、反应槽以及富液泵等设备。

煤气脱硫工艺流程见图 1-9。

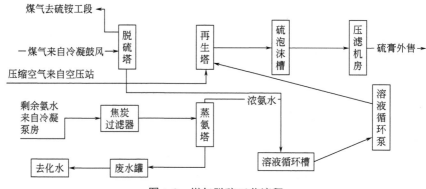

图 1-9　煤气脱硫工艺流程

3）硫铵工艺

在经过脱硫处理后，煤气会经过预热装置进入饱和器中，分成两股，在饱和器前室的环境空间中，利用硫酸吸收煤气中的氨，然后再次合并，进入后室，再次经母液喷淋，到达旋风式除酸器，对煤气中夹杂的酸雾进行分离，并将处理后的煤气送到终冷洗苯工段。

硫铵工艺流程见图 1-10。

4）终冷洗苯

在经硫铵工艺处理后，煤气的温度为 55℃左右，首先会将其引入终冷塔中，进行二段冷却，利用循环冷却水逆向接触煤气，将其温度降低到 39℃左右，然后送入终冷塔的上段。在这个过程中，冷却水的温度会上升到 44℃左右，其经下段循环喷洒液冷却器冷却到 37℃后，可以循环使用。

洗苯工艺流程见图 1-11。

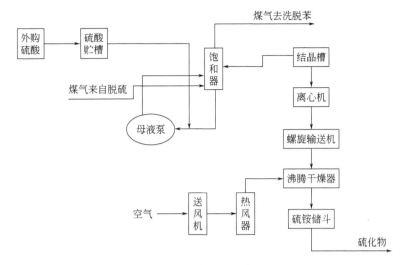

图 1-10　硫铵工艺流程

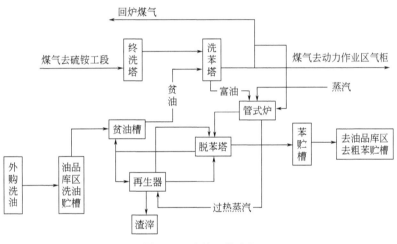

图 1-11　洗苯工艺流程

5）脱萘流程

对于煤气中萘的处理，可以采用管式炉法连续脱萘工艺，经粗萘工段后，煤气的温度降到了 25℃以下，从底部进入洗萘塔下段，冷却至 22℃后接触低萘贫油，对煤气中的萘进行吸收。

1.1.3　我国焦化行业的产能历史及现状

中国炼焦行业协会印发的《焦化行业"十四五"发展规划纲要》指出，全国焦化生产企业 500 余家，焦炭总产能约 6.3 亿吨。其中，常规焦炉产能 5.5 亿吨，半焦（兰炭）产能 7000 万吨 [部分电石、铁合金企业自用半焦（兰炭）生产能力未统计在全国焦炭产能中]，热回收焦炉产能 1000 万吨。根据国家统计局和中国炼焦行业协会统计数据，山西省产能超过 1 亿吨，河北省、山东省、陕西省、内蒙古自治区产能均超过 5000 万吨。半焦（兰炭）生产主要集中在陕西、内蒙古、宁夏及新疆等地区，热回收焦炉主要集中在山西、河北等地区。与此同时，焦化行业焦炉煤气制甲醇总能力达到 1400 万吨/年左右，焦炉煤气制天然气能力达 60 多亿立方米/年；煤焦油加工总能力达到 2400 万吨/年左右；苯加氢精制总能力达到 600 万吨/年左右，干熄焦处理能力为 4.41 万吨/小时。

我国炼焦企业的常规焦炉基本上是 2003 年以后建成投产的，占总产能的 80% 左右。"十二五"期间，我国加大了淘汰落后焦炭产能的力度，全国共淘汰落后产能 8016 万吨（土焦全部淘汰）；新建常规焦炉 175 座，其中炭化室高度大于 6m 的顶装焦炉和大于 5.5m 的捣固焦炉共有 166 座，产能达 10542 万吨。"十三五"期间，进一步加大了淘汰力度，部分省市出台淘汰炭化室高 4.3m 焦炉的政策。截至 2019 年年底，我国正在运行的炭化室高 7.63m 及以上焦炉 20 余座，7m 及以上顶装焦炉 50 余座，6.25m 及以上捣固焦炉 20 余座，4.3m 及以下焦炉 700 余座，其产能占比为 36.7%。

中国焦炭产量（不含半焦）自 1900 年开始可分为四个阶段，如图 1-12 所示。

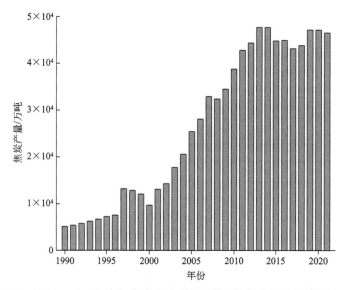

图 1-12　1990～2021 年全国焦炭产量变化情况（数据来源于国家统计局）

第 1 阶段：1990～1996 年。该时期焦炭产量是四个时期中产量最少的时期，增长趋势不明显。

第 2 阶段：1997～2000 年。该阶段焦炭产量略有上升，表现为 1997 年突然增长，之后逐年下降，2000 年焦炭产量达到那几年的最低水平。

第 3 阶段：2001～2014 年。这个阶段是中国焦炭产量发展的黄金时期，随着国家批复的焦化产能的逐渐投产，焦炭产量呈指数型增长，在 2014 年达到历史之最，为 47691.05 万吨。

第 4 阶段：2015 年至今。该阶段产量平稳，由于第四阶段的头几年是"十三五"的开局年，我国加大了落后焦炭产能淘汰力度，同时钢铁行业陷入低迷，导致我国焦炭产量呈下滑趋势。据不完全统计，截至 2018 年年底，我国焦炭产能总量约为 6.8 亿吨，焦化行业的产能利用率仅维持在 65%左右，累计淘汰焦炭产能 4390 万吨，仅 2018 年就淘汰了 1920 万吨，累计完成"十三五规划"目标的 87.8%。虽然焦化行业去产能任务基本能完成，但全行业产能利用率低，产能过剩局面没有得到根本性改变。根据国家"十三五"发展规划，到 2020 年化解焦炭过剩产能目标为 5000 万吨。2017 年焦炭产量为 4.31 亿吨，较 2014 年峰值降低 4500 万吨。2018 年焦炭产量为 4.38 亿吨，增长约 700 万吨，增长幅度仅为 1.6%。焦炭产量增长缓慢主要受两个重要因素影响：一个因素是国家政策压缩焦化产能淘汰了一部分落后产能；另一个因素是环保政策高压，焦化企业实行错峰限产。但在我国钢铁等下游产业发展的拉动下，2019 年我国焦炭产量稳步提高，2020 年我国焦炭产量为 47000 万吨，与 2019 年基本持平。2021 年受到国内需求下降的影响，我国焦炭产量下降至 46446 万吨，同比下降 1.42%。

1.2

煤焦化行业空间分布特征

1.2.1 炼焦煤资源分布

中国近几十年的发展是非常迅猛的，在世界焦化行业中具有举足轻重的地位。炼焦煤资源作为焦化生产行业最重要的原材料，其资源分布情况直接决定了一个地区的焦化生产能力和发展水平。如图 1-13 所示，中国境内的炼焦煤资源是非常丰富的，占到全世界的 23.09%，是世界上最大的炼焦煤生产和消费国。

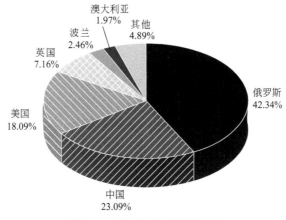

图 1-13 世界炼焦煤资源分布

从图 1-12 中国焦炭产量变化趋势来看，从 2001 年到 2013 年，中国焦炭产量呈现出大幅度递增的趋势，2014 年以后虽略有降低，但仍维持在很高的水平。有数据显示，近年来，中国焦炭的生产和出口量对世界总生产和出口量的贡献是非常大的，其贡献比例分别占到了世界总量的 50% 和 60%。而我国境内的炼焦煤资源和焦炭生产区主要集中在山西、河北、山东、河南、陕西等地区，它们的年焦炭产量均在 2000 万吨以上。

1.2.2　焦化厂空间分布

我国焦化厂呈现出北多南少、东多西少的分布格局，焦化厂主要分布在华北地区，华东地区和西南地区次之，其中山西省的焦化厂数量最多。从焦化厂分布，同时结合最新焦化产能来看，华北地区仍是我国焦炭生产的第一大主产区，占比 41%，西北地区已经取代华东地区，成为焦炭第二大主产区，占比达到 20%，华东地区落后至第三，占比在 15% 左右。

1.2.3　焦炭产能、产量的空间分布

我国焦炭主要用于钢铁冶炼，2018 年钢铁行业消耗了 88% 的焦炭，化工、有色等行业消耗量占比仅有 12%。从焦炭企业的空间分布来看，我国的焦化行业属于典型的资源密集型和市场密集型产业。2018 年的数据显示，我国焦炭产量 4.38 亿吨，产能一方面集中在山西、东北、陕北、山东等焦煤资源丰富的地区，另一方面河北、江苏等焦炭消耗量大的地区产能也比较集中。

图 1-14 展示了我国焦炭产能和产量的空间分布情况，总体来看，中国焦炭产业呈现北多南少的格局，山西、河北、山东、陕西、内蒙古、河南是焦炭生产大省，2018 年产量前六的省份合计产量大约 2.6 亿吨，占全国总产量的 60% 多，基本都分布在京津冀及周边地区；2021 年焦炭产量前十的省市中，有 9 个位于北方，仅有江苏省位于南方。分区域来看，焦炭产能主要分布在华北和华东区域，这两个地区产能分别为 46%、22%，合计产能占全国总产能的 68%。山西省 2018 年焦炭产量约8400 万吨，2021 年焦炭产量为 9857.2 万吨，占全国总产量的 20% 左右，远高于其他地区，是我国焦炭产量最高的地区。

根据我国 2018 年 6.8 亿吨产能、4.38 亿吨焦炭产量以及约 600 家焦化企业进行计算，单个企业产能规模为 113 万吨，产量为 73 万吨，可见，单个焦化企业的规模处于较低水平。根据百川资讯统计数据，全国规模以上焦化生产企业超过 455 家，数量众多，但是产量超过 200 万吨的企业不超过 100 家（85～90 家）。截至 2018 年，我国前十焦化企业产能合计约 6058 万吨/年，占总产能的 8.9%（表 1-1）。目前，焦化企业主要分为独立焦化企业和钢铁联合焦化企业两种，其中独立焦化企业数量占到焦化企业总数的 87%，主要分布在煤炭资源丰富的山西地区。但产能排在前十的企业中，除了美锦与旭阳，其他多为钢厂炼钢配套焦化产能（表 1-1）。

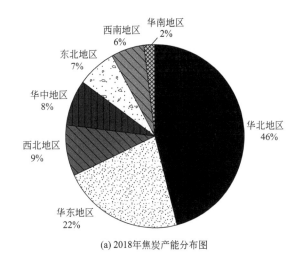

(a) 2018年焦炭产能分布图

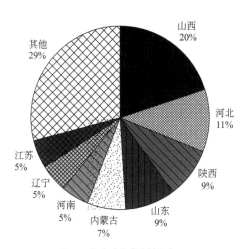

(b) 2018年各省焦炭产量分布

图 1-14　2018 年焦炭产能（a）及焦炭产量（b）分布

表 1-1　我国前十大焦化企业产能统计

生产企业	产能/(万吨/年)	性质
辽宁本钢	763	钢厂配套
辽宁鞍钢	730	钢厂配套
攀钢煤化	645	钢厂配套
山西美锦	610	独立焦化
迁安九江钢铁	600	钢厂配套
平煤武钢	590	钢厂配套
璐宝集团	560	独立焦化
江苏沙钢	530	钢厂配套
上海宝钢	530	钢厂配套
中煤旭阳	500	独立焦化
合计	6058	

从我国前十大焦化企业分布来看，山西省最多，共有 3 家，辽宁次之，有 2 家，四川、河北、湖北、江苏和上海均有 1 家。

1.3
煤焦化行业污染物分类及排放特征

1.3.1 不同工艺环节污染物排放种类

　　焦化厂的工艺流程主要包括原料（煤）、备煤工艺、炼焦工艺、化工生产工艺、化工产品五部分，其中，产生污染的工艺环节主要有：备煤系统产生的粉尘；炼焦过程中焦炉装煤、推焦、炉门泄漏、炉顶逸散等无组织排放；焦炉烟囱排气；熄焦水汽；焦炉煤气逸散；筛焦工段的粉尘排放等点源排放；煤气净化系统和生产过程中其他的废气无组织排放。主要污染物为 SO_2、烟尘、苯并[a]芘、CO、H_2S、NO_x、NH_3 以及 VOCs 等（图 1-15～图 1-17）。在炼焦生产的各个环节中，都有可能会有

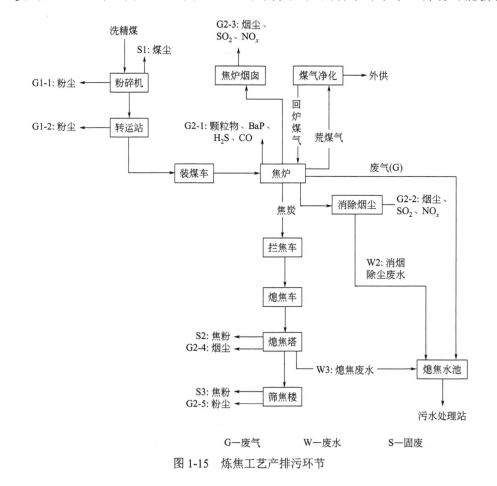

图 1-15　炼焦工艺产排污环节

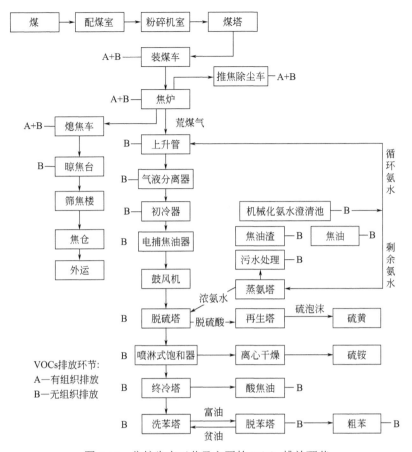

图 1-16　焦炉生产工艺及主要的 VOCs 排放环节

各类焦炉逸散物的产生，包括颗粒物，无机化合物（如 CO、NO$_x$、SO$_2$ 等），有机化合物（如多环芳烃、醛类、胺类、苯酚等）以及重金属（如镉、汞等）等[2]。

1.3.1.1　备煤系统（G1）

该部分主要污染物为煤料在贮运、粉碎过程中产生的煤尘，主要污染源有煤场、粉碎机室及转运站、通廊等。备煤车间的煤尘呈面源无组织连续排放。这个过程中排放的污染物主要是煤尘和煤粉（图 1-15）。

在备煤过程中，这些装置向大气排放的煤尘，其数量取决于煤的水分和细度。一般备煤工段煤尘的无组织排放量折算为300～500g/t焦，其中来自装煤机的为60g/t焦、煤坑为 40g/t 焦、煤塔为 40g/t 焦、精煤堆场为 300g/t 焦。

1.3.1.2　炼熄焦系统（G2）

孙延珍[3]研究了焦化车间备煤工段、炼焦工段、鼓风冷凝工段、生物脱酚工段和锅炉房等的大气污染物排放量情况，结果表明各焦化车间大气污染物主要来源于炼焦工段，占到总排放量的 83.58%。炼熄焦系统在炼焦过程中主要分为无组织排放和有组织排放，有如下几种污染排放源。

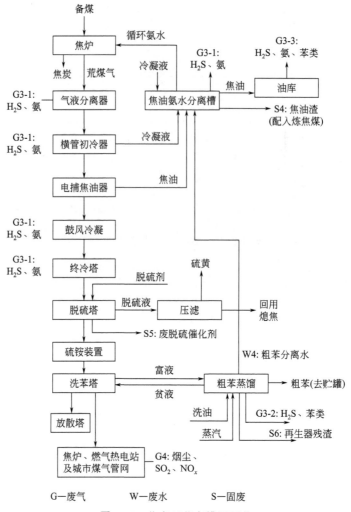

图 1-17 化产工艺产排污环节

（1）焦炉炉体（G2-1）

焦炉炉体排放的主要大气污染物有：颗粒物、苯并[a]芘、CO、H_2S 等（图 1-15），炼焦过程会产生并释放大量大气污染物，以苯系物居多，是大气 VOCs 的重要来源之一（图 1-16），具有较大毒性和致癌性。排放环节包括装煤及推焦的操作过程、炉顶及炉门的泄漏等，均为无组织排放。装煤孔盖、上升管盖、炉门等处因存在缝隙从而导致烟尘泄漏，其污染物为连续排放。焦炉炉体排放的污染物基本呈面源排放。

（2）焦炉装煤及推焦（G2-2）[4]

炼焦煤在运输、粉碎、装煤、出焦、熄焦和焦炭输送等过程中，会散发出大量颗粒物（图 1-15）。通常装煤烟尘含颗粒物为 2～10g/m³，经地面站除尘系统净化后的外排气体含颗粒物 20～50mg/m³；推焦烟气含颗粒物 5～12g/m³，经地面站除尘系统净化后的外排气体含颗粒物 20～50mg/m³，脱除效率＞99%；在焦炉装煤操作过程中，从装煤孔逸出大量烟尘，伴随装煤操作其污染物呈阵发性排放。上述过程均为无组织排放，排放出的主要大气污染物有烟尘、SO_2、NO_x 等。

（3）焦炉烟囱（G2-3）

从焦炉烟囱排放的大气污染物为焦炉加热时煤气燃烧产生的废气，属于有组织排放，主要含有 SO_2、NO_x、烟尘等污染物。炼焦加热主要采用贫煤气（高炉煤气）、混合煤气或焦炉煤气与空气燃烧，从焦炉烟囱排放的 SO_2、NH_3、NO_x 和半挥发性有机物是 $PM_{2.5}$ 二次粒子硫酸盐、硝酸盐、铵盐等的前体物，是炼焦生产过程排放 SO_2 和 NO_x 的主要源头[5]。

（4）熄焦工段（G2-4）

湿法熄焦时从熄焦塔顶部出口排放焦尘等大气污染物（图1-15），属于无组织排放。传统湿熄焦工艺产颗粒物的量为每吨焦 200～300g，顶部设置折流板的湿熄焦塔除尘效率较低，仅 60%，塔顶排放烟气含颗粒物每吨焦 80～120g；采用低水分熄焦技术的湿熄焦，其塔顶排放烟气含颗粒物约每吨焦 50g，脱除效率约 80%；干熄焦系统产颗粒物的量为每吨焦 2～5kg。如果采用定位接焦、在装焦排焦各产尘点采用捕尘罩等除尘净化措施，除尘效率可达 99%，除尘净化后颗粒物排放量约为每吨焦 40g。

西南大学环境科学专业利用荷电低压颗粒物捕集分析仪（ELPI），针对年产 110 万吨焦炭，2×55 孔炭化室高 6m 顶装焦炉，对干熄焦装置、装煤、出焦和熄焦均配有地面除尘站的焦化厂排放的一次粒子颗粒物进行了研究。结果表明，即使在除尘效率大于 99.30% 时，一次粒子颗粒物含量仍然较高，其特征如下：装煤和熄焦过程排放的 PM_{10} 和 $PM_{2.5}$ 浓度相近；出焦排放的 PM_{10} 和 $PM_{2.5}$ 浓度最高；尽管炼焦工序排放的 PM_{10} 占总颗粒物排放量的比例较小，但以 $PM_{2.5}$ 为主；装煤、出焦和熄焦过程经除尘后 $PM_{2.5}$ 占 PM_{10} 的质量百分比分别为 78.28%、90.80% 和 63.45%，均超过了 60%，说明除尘装置对炼焦工序排放的细颗粒物的捕集能力有限。

（5）筛贮焦工段（G2-5）

筛贮焦系统排放的大气污染物为焦尘（图1-15），主要的污染物排放源包括焦转运站、筛焦楼、贮焦槽等，均属于无组织排放。

综上，炼焦系统中的无组织泄漏包括：装煤泄漏、碎煤及压煤泄漏、煤预热泄漏、炉盖泄漏、炉门泄漏、气体排送系统泄漏、燃烧过程泄漏、推焦泄漏、筛焦泄漏、熄焦泄漏等；有组织排放主要来自焦炉烟囱。

图1-16 所示为焦化厂的生产工艺流程和主要的 VOCs 排放环节。从图1-16 中可以看出，焦化厂的有组织排放主要发生在装煤、炼焦、推焦和熄焦四个环节，大部分环节都存在无组织排放，包括装煤、炼焦、推焦、熄焦、荒煤气收集、焦油提炼与贮存、粗苯提炼与贮存等环节。一般情况下，焦化厂 VOCs 的无组织排放要高于有组织排放，因此对于无组织排放的控制非常重要。

1.3.1.3　煤气净化系统（G3）

煤气净化车间主要由冷鼓电捕工段、脱硫工段、硫铵工段、粗苯工段、生化工段等组成。在该工段焦炉加热采用净化不完全的焦炉煤气，燃烧后产生的废气预热回炉煤气后分别由烟囱排放，产生焦炉烟气，另外粗苯管式炉采用净化不完全的焦炉煤气，废气经排气筒排放，产生管式炉烟气，与炼焦炉配套建设的蒸汽锅炉采用净化不完全的焦炉煤气，燃烧后废气经 25m 高排气筒排放，产生锅炉烟气。煤气净化系统无组织排放的大气污染物主要来自贮槽容器的放散气体和设备泄漏气体，主要污染物是 SO_2、H_2S、HCN、CO、NH_3 和烃类化合物等（图 1-17），详细介绍如下。

① G3-1：冷凝鼓风工段各槽类设备等的放散气，主要含有 H_2S、NH_3 等污染物。

② G3-2：在粗苯蒸馏工段各油槽分离器排出的尾气，主要含有苯类、H_2S 等污染物。

③ G3-3：油库各贮槽的放散气，主要含有 H_2S、NH_3、苯类等污染物。

1.3.1.4 工业萘产品槽区域

从煤焦油中分离出来的萘称为焦油萘。在高温煤焦油中萘占 8%～12%。从焦油精馏塔侧线切取出温度区间为 210～230℃的萘油馏分，经过洗涤脱酚，再精馏分离轻组分，便可得到凝固点为 78℃、纯度为 96% 的工业萘。

工业萘中含杂质硫茚（1%～3%）、甲基萘（1%～2%）及少量茚、焦油碱和焦油酸。工业萘是化学工业中一种很重要的原料，其主要由煤焦油进一步加工分离制取，在煤焦油中相对含量较高，在我国煤焦油中的含量可达到 8%～12%，是焦油加工的重要产品。工业萘为白色或微黄晶体，有强烈的气味，溶于醚、甲醇、无水乙醇、氯仿等，常温下能升华，与空气混合能形成爆炸性混合物，属易燃固体，分子量 128，密度 $1.162g/cm^3$，沸点 218℃，熔点 80.2℃，闪点 78.9℃，爆炸极限 0.9%～5.19%，自燃点 690℃，折射率 1.58218。

房井新等[5]对某焦化厂工业萘产品槽区域存在的含萘废气无组织放散问题进行了研究，该焦化厂废气源主要有：工业萘槽的放散气（工业萘槽包括工业萘高置槽、工业萘产品槽、工业萘大槽）、液萘发货产生的废气、萘结片机组产生的废气。工业萘高置槽、工业萘产品槽、工业萘大槽、液萘发货、萘结片机组产生的萘挥发废气，均属于非甲烷总烃。

该焦化厂萘结片机组产生的废气通过布袋式捕集装置，主要是将萘结片生产过程中产生的升华萘通过排风机抽入脉冲袋式除尘器，升华萘被布袋捕集回收，尾气经消声器由烟囱外排。如果工业萘贮槽、液萘发货产生的废气没有收集装置和设施，产生的废气经无组织排放后会严重污染环境。

该焦化厂工业萘产品槽区域废气通常会存在如下问题：

① 工业萘槽无废气处理设施，升华萘容易通过槽顶取样口、放散口逸出，影响环境。

② 工业萘槽收送料前后若采用蒸气吹扫，吹扫作业会造成槽内升华萘从槽顶逸出，影响环境。

③ 液萘发货产生的废气未经处理无组织排放，影响大气环境[5]。

1.3.1.5 焦化厂酚精制区域[6]

以某焦化厂为例，该厂酚精制区域包括酚蒸馏区域和酚装桶区域。其中酚蒸馏区域的废气排放主要有：原料槽、中间产品槽和产品槽在进料时的逸散，密封罐（含计量槽）放散气，真空泵尾气，酚渣槽进料时的放散气，反应釜在打开人孔时产生的废气（需检修时打开）。酚装桶区域的废气主要为装桶机组产生的废气。

对其废气排放进行调查时，发现以下问题与不足：

① 吸风机能力小，造成酚蒸馏槽区集气罩处吸力小，废气不能有效进入集气罩。现有吸风机的风量为 985m³/h，全压头为 1180Pa，共有 30 个集气罩，平均每只集气罩风量为 33m³/h，集气罩断面流速仅 0.3m/s，低于贮槽废气扩散的控制风速（0.5～1.0m/s），同时由于吸风机全压头较小，而集气管阻力损失大，故贮槽废气不能有效吸入集气罩。

② 原设计仅装桶车间、真空泵尾气及部分贮罐废气接入排气洗净塔。而部分未接入的贮罐、酚渣槽等在生产过程中仍产生废气。

③ 其安装的排气洗净塔碱液喷淋效果较差，无液体分布装置，碱液和含酚废气在塔内的接触效果差，排出废气中仍然有较强的酚异味。

④ 未对酚渣槽放料废气、检修时反应釜人孔打开时产生的废气进行收集，在作业过程中产生的废气仍然影响酚蒸馏区域环境。特别是酚渣槽放料过程中产生的废气经冷却后无组织排入大气，有异味，严重影响现场工人的工作环境。

1.3.1.6 化学产品（化产）回收

化学产品回收主要由焦油回收、硫回收、氨回收、粗苯回收四个工序组成，以氨回收为特征分类，焦化回收工艺可以分为硫铵流程和氨硫联合洗涤法（A.S）流程，其中硫铵流程是回收焦炉煤气中的氨来生产硫酸铵，而 A.S 流程中氨作为脱硫剂脱除煤气中的硫，并不直接回收煤气中的氨。目前，国内化产回收多采用硫铵流程。

化产回收过程排放的气体污染物有 H_2S、NH_3 以及烃类物质，也是 $PM_{2.5}$ 二次粒子的前体物。武汉科技大学化学工程与工艺专业针对硫铵流程和 A.S 流程有害产物的排放进行了调研和评估，结果表明，焦化化产回收系统生产每吨焦炭向大气排放的污染物为 0.47kg，污染当量数为 5.16。这些污染物大部分是 $PM_{2.5}$ 二次粒子的前体物，主要特点是在大气中的停留时间长，蔓延距离远，对人体健康和空气质量有严重的影响，可加剧 $PM_{2.5}$ 的形成[7]。

1.3.2 焦化厂内大气环境和烟气污染物浓度

Liu 等[8]对中国一些典型的焦化厂焦炭生产过程中的二噁英（polychlorinated dibenzo-*p*-dioxins/furans，PCDD/Fs）和类二噁英多氯联苯（dioxin-like polychlorinated biphenyls，dl-PCBs）排放进行了鉴定和量化。在初步调查中，收集了三个典型焦化厂的烟囱气体，并通过同位素稀释-高分辨气相色谱/高分辨质谱联用仪（HRGC/HRMS）技术分析了 dl-PCBs 和 2378 取代的 PCDD/Fs。dl-PCBs 和 PCDD/Fs 的总毒性当量在 1.6～1785.4pg WHO-TEQ/m³ 范围内。就 dl-PCBs 而言，含量最高的同系物是 CB-118，而对总毒性当量（WHO-TEQ）贡献最大的是 CB-126。关于 PCDD/Fs，由 OCDD、1234678-HpCDD、1234678-HpCDF 和 OCDF 组成的四种同系物是烟囱气体中最主要的物质。在调查的基础上，作者还粗略估计了被调查工厂的年排放量，发现焦化厂 1、焦化厂 2 和焦化厂 3 每年向空气中排放的 dl-PCBs 分别为 15mg WHO-TEQ、2mg WHO-TEQ 和 2mg WHO-TEQ，就 PCDD/Fs 而言，则为 284mg WHO-TEQ、38mg WHO-TEQ 和 6mg WHO-TEQ。但是中国有数百家焦化厂，不同的焦化厂有不同的生产规模和设施。根据这项研究可以发现，不同焦化厂的排放水平有很大差异，由于数据的高度多样性，仅根据这三个焦化厂的数据来推断整个焦化行业的排放因子和二噁英的总释放量是不可行的。

牟玲[9]的研究指出，炼焦烟气中的多环芳烃（PAHs）浓度远高于火电厂、生物质燃烧、机动车尾气等典型的 PAHs 释放源。各工序 PAHs 浓度大小依次为：出焦>装煤>大烟囱（燃烧室）>焦炉顶。而王静等[10]发现焦化厂区 12 种 PAHs 浓度可高达 11.75～46.66μg/m³，焦炉顶最高为 46.66μg/m³。

中国挥发性有机物（VOCs）的重要来源之一是焦化行业，Zhang 等[11]对一个典型的机械焦化厂进行了空气样本采集，并采用气相色谱-质谱法对空气样本中的 VOCs 进行了分析。样品中共检测到 90 多种 VOCs，包括烷烃、烯烃、炔烃、芳香烃、卤代烃和含氧 VOCs。在焦化过程的不同阶段产生的 VOCs 浓度 [ρ(VOCs)] 有明显不同。焦炉烟囱产生的 VOCs 浓度最高（87.1mg/m³），其次是推焦（4.0mg/m³）、装煤（3.3mg/m³）和焦炉顶（1.1mg/m³）。焦炭生产过程中排放的 VOCs 以烷烃和烯烃为主，但在不同阶段的组成比例不同。烯烃是焦炉烟囱烟气中最丰富的排放物，占 VOCs 总量的 66%，而推焦和装煤过程中排放的 VOCs 以烷烃为主（分别为 36% 和 42%），焦炉顶排放的烷烃和烯烃相似（分别为 31%和 29%）。湿熄焦厂排放的 VOCs 包括烷烃、烯烃、炔烃、芳香烃、卤代烃和含氧 VOCs，共 90 余种。

何秋生等[12]发现土法炼焦过程中排放的 VOCs 总浓度高达 1782.2μg/m³，苯系物是主要组成成分，BTEX（苯、甲苯、乙苯和二甲苯）的浓度分别为 105.0μg/m³、486.0μg/m³、61.0μg/m³、331.7μg/m³；烷烃以正构烷为主，正庚烷的浓度最高为 78.0μg/m³；检出的卤代烃以 1,2-二氯乙烷、溴苯和氯仿为主，浓度分别为 70.0μg/m³、89.0μg/m³、9.6μg/m³；检出的萜烯类物质以 α-蒎烯和 1-苧烯为主，浓度分别为 57.0μg/m³ 和 16.0μg/m³。机械炼焦厂外大气中 VOCs 同样以苯系物为主，BTEX 分别为 35.5μg/m³、73.5μg/m³、8.5μg/m³、29.0μg/m³；烷烃以正构烷为主，十一烷的含量最大，为 13.0μg/m³；卤代烃以 1,2-二氯乙烷为主，含量为 18.1μg/m³。

1.3.3 不同工艺环节标识性物种和特征比值

1.3.3.1 标识性物种

不同焦化厂排放 VOCs 的组成成分不同，李从庆[4]对我国江西某机焦焦炉进行监测，发现炼焦过程中的 VOCs 排放物主要为烷烃（51%）、烯烃（20%）、苯系物（27%）；陆海明[13]对两种焦炉进行研究发现，焦炉 I 烟气中烷烃和烯烃的含量分别为 42.4%和 37.3%，焦炉 II 烟气中烷烃和烯烃的含量分别为 26.3%和 44.2%；Shi 等[14]对焦化厂 VOCs 排放特征进行了研究，发现贡献最大的 VOCs 种类是卤代烃，占所有测量 VOCs 质量的 37.7%，其次是芳香烃（20.1%）、烷烃（17.7%）和酮类（11.3%）。在卤代烃中，二氯甲烷含量最多，占总 VOCs 的 31.4%，其次是 1,2-二氯乙烷（3.3%）和三氯甲烷（1.5%），VOCs 图谱结构呈现出一种以二氯甲烷为峰值的单峰型。芳烃和烷烃是焦炭生产过程中主要的非甲烷总烃（NMHCs），甲苯和正己烷在所有样品中普遍丰度较高，和炼铁及火力发电厂类似；董艳平等[15]对南京市 2 家钢铁企业焦化工艺的 VOCs 无组织排放进行监测，结果表明，排放物的主要组分为苯系物（33%）、含氧化合物（24%）、卤代烃（16%）、烷烃（13%）和烯烃（13%），炔烃约占 1%；Xu 等[16]对北方一焦化厂焦炉排气口的烟气进行监测，芳香烃的贡献最大（66.4%），其次是烷烃（19.1%）、烯烃（14.1%）和炔烃（0.9%）。

焦化厂内不同环节排出的 VOCs 组成成分区别也很大，高志凤等[17]对某典型捣固湿熄焦炉企业的焦炉烟囱、装煤、推焦和焦炉顶四个环节排放的 VOCs 特征进行了研究，结果表明，排放均以烷烃和烯烃为主，其中焦炉烟囱排放的烯烃最多，占比达 66%，装煤和推焦的排放则以烷烃为主（占比分别为 42% 和 36%），焦炉顶排放的烷烃和烯烃相近（占比分别为 31% 和 29%）。可见，焦炉烟囱是焦化厂 VOCs 减排的重点环节，烯烃是其重点减排的物种，特别是乙烯、丙烯、丁烯和 1,3-丁二烯等；此外，乙醛、苯、甲苯等也不容忽视。

张新民等[11]在中国河北省的一个湿法熄焦焦炉烟气研究中发现，焦炉烟囱中烯烃（66%）最丰富，其次是烷烃（30%），装煤以烷烃（31%）为主，推焦也以烷烃（36%）为主，焦炉炉顶排放的烷烃（31%）和烯烃（29%）相近；Wang 等[18]在对河北省一焦化厂的研究中发现，焦炉烟囱排放烯烃（49.1%）贡献最大，其次是烷烃（35.6%），焦炉顶部芳烃（52.9%）贡献率最高，其次是烯烃（28.4%）和烷烃（15.2%）。郭鹏等[19]对中国北方某焦化生产集中区内的 2 家典型焦化企业进行了实地调查，分别在焦化生产设施各有组织废气排放口、厂区内主要生产装置单元（无组织排放单元）、焦化生产集中区（区域环境）进行 VOCs 采样，并利用 GC/MS（气相色谱质谱联用仪）进行了样品分析。焦化生产设施各有组织废气排放口共测出 VOCs 组分 55 种，主要为苯系物（MACHs）、含氧挥发性有机化合物（OVOCs）、PAHs、烷烃、烯烃、卤代烃 6 类物质，以萘、茚、苯、甲苯以及几种二甲苯、三甲苯的同分异构体为主要成分；厂区内主要生产装置单元附近共测出 VOCs 组分 27 种，主要为MACHs、OVOCs、PAHs、烯烃四类，主要成分与有组织排放源一致；焦化生产集中区环境中共测出 VOCs 组分 21 种，主要为 MACHs、PAHs 两类，以苯、甲苯为主要成分。焦化行业特征污染物为萘、茚、苯、甲苯、二甲苯、三甲苯、甲基萘。

Mu 等[20]同时对煤、焦炭、空气污染控制装置（APCD）的残留物、熄焦的废水以及 APCD 前后不同工序的飞灰进行了采样，发现推焦（CP）烟气中总痕量元素浓度明显高于装煤（CC）和燃烧焦炉气（CG）的烟气。CP 和 CC 的痕量元素排放系数分别为 378.692μg/kg 和 42.783μg/kg。在炼焦过程中，原料煤中含有的痕量元素呈现出不同的分配模式。例如，Cu、Zn、As、Pb 和 Cr 等元素，与在焦炭中的含量相比，在 APCD 的入口飞灰中富集明显；对于 Cu、As 和 Cr，出口飞灰与入口飞灰的比值分别比 APCD 残渣与入口飞灰的比值高 42 倍、36 倍和 18 倍，表明出口飞灰中的 Cu、As、Cr 含量高于 APCD 残渣中的含量；与上述三种元素不同的是，Zn 和 Pb 在出口飞灰和 APCD 残渣两者中的占比基本一致。Ni、Co、Cd、Fe 和 V 在入口飞灰和焦炭之间平均分配。朱先磊等[21]利用模拟实验采集了民用燃煤污染源样品，并在现场采集了焦化厂和石油沥青两类污染源样品，用 GC/MS 联用技术测定了样品中 13 种多环芳烃。对分析结果进行归一化处理后形成了以上 3 类污染源的多环芳烃源成分谱，发现 3 类污染源在排放 PHE（菲）、BkF（苯并[k]荧蒽）、PER（苝）、BghiP（苯并[g,h,i]苝）和 COR（晕苯）方面存在比较大的差异。石油沥青源成分谱中 PHE 和 COR 的归一化浓度最高，分别是另外两类污染源相应值的 2～6 倍和 4～10 倍。焦化厂源成分谱中 BkF 的归一化浓度最高，分别是石油沥青和民用燃煤源成分谱中相应值的 2 倍和 5 倍。民用燃煤污染源排放 PER 和 BghiP 的相对含量最高，分别是焦化厂污染源和石油沥青污染源相应值的 2.4～7.4 倍和 1.6～7 倍。牟玲[9]的研究发现，在装煤和出焦烟气中，4 环 PAHs 所占比例最大，分别占总体的 49.47% 和 45.99%；燃烧室废气中 3 环 PAHs 的比例最大，平均为 44.89%；而在焦炉顶空气中 5 环 PAHs 的比例最大，平均为 54.91%。将样品中各多环芳烃浓度进行归一化处理，建立炼焦污染源 PAHs 成分谱，结果表明苯并[k]荧蒽、䓛的相对含量较高，所占比例分别为 18.7% 和 11.1%；4、5 环的多环芳烃为主要污染物，占总体的 90% 以上。

朱先磊等[22]测定了焦炉顶端颗粒物样品中的 13 种 PAHs，与燃煤烟尘和交通隧道中的 BaP 含量进行比较发现，焦化作业是造成多环芳烃污染的重要污染源之一，在焦炉炉顶、焦化作业车间和焦化作业小区的不同采样地点的样品中 BaP 含量也依次降低，下降幅度达 30%～90%。即对于焦化作业来说，BkF、CHR、BaP 和 IND（茚并[1,2,3-cd]芘）在所排放的多环芳烃中占有较高的比例。这一源谱特征与民用燃煤区的源谱特征是比较相似的，仅凭多环芳烃源谱图是不易将这两类污染源区分开的，主要是因为民用燃煤取暖和焦化作业都是煤炭在炉内发生热解和不完全燃烧，这样很容易产生比例特征相似的多环芳烃。

何秋生等[12]发现炼焦烟气中包含苯系物、烷烃、卤代烃和萜烯类，其中以苯系物为主，在土法炼焦烟气和机械炼焦厂外大气中分别占到 VOCs 的 75.63% 和 72.25%。

1.3.3.2 特征比值

受炼焦炉型、燃料来源、样品采集等因素的影响，不同焦化厂排放 VOCs 的特征比值差异较大。以人们最常关注的、可指示 VOCs 来源的苯/甲苯（B/T）这一特征比值为例，对于焦炉炉顶烟气排放，李从庆[4]对我国江西某机焦焦炉监测发现该值在焦炉顶可以达到 5，贾记红等[23]发现两种新旧焦炉炉顶的 B/T 值无较大差别，均为 1.28；对于炼焦烟气排放，Shi 等[14]在辽宁一焦化厂研究发现焦炉烟气该值为 0.60，董艳平等[15]对南京市 2 家钢铁企业焦化工艺的 VOCs 无组织排放监测发现该值在 1.58～3.25 之间，Li 等[24]对山西省两个具有代表性的焦化厂进行了调查，焦炉烟气平均 B/T 值为 6.1。

　　同一焦化厂内不同环节排出的 VOCs 特征比值区别也很大，同样以 B/T 值为例，何秋生[25]发现山西某机焦焦炉烟囱烟气、焦炉炉顶中该值分别为 6.8 和 3.7；李国昊等[26]分别对顶装焦炉Ⅰ和侧装捣固焦炉Ⅱ的烟气进行了采集和测试分析，焦炉Ⅰ炉顶烟气、装煤和出焦烟气、干熄焦烟气该值分别为 2.65、1.57、2.39，焦炉Ⅱ炉顶烟气、装煤和出焦烟气该值分别为 4.02、3.98；Zhang 等[11]在中国河北省的一个侧装式捣固机械化湿法熄焦焦炉烟气研究中发现，焦炉烟囱、焦炉炉顶、装煤、推焦中该值分别为 8.10、5.33、2.10、1.63；Wang 等[18]对河北省唐山一典型焦化厂的研究中发现炼焦烟气、装煤、推焦中该值分别为 13.53、1.58、1.48。

　　此外，关于焦化排放物还有一些其他的特征比值，如何秋生[25]发现山西土焦烟气和机焦烟气中间对二甲苯/邻二甲苯分别为 2.2 和 6.5；李从庆等[4]对我国江西某机焦焦炉进行监测发现，焦炉炉顶间对二甲苯/邻二甲苯为 3；Shi 等[14]在我国辽宁地区的一个焦炉烟气研究中发现乙苯/二甲苯为 2.02；Zhang 等[11]发现中国河北省的一机焦焦炉烟囱乙烷∶丙烷∶乙烯的特征比为 9∶1∶19、焦炉炉顶为 2∶1∶3、装煤为 1∶1∶2、推焦为 4∶3∶5。Grimmer 等[27]对比分析了民用燃煤区、民用燃油区、交通隧道和焦化厂周边区域的多环芳烃源谱特征，发现焦化周边区域大气 PAHs 中 CHR/BeP（屈/苯并[e]芘）、BkF（苯并[k]荧蒽）/BeP、Bj+kF（苯并[j]荧蒽+苯并[k]荧蒽）/BeP 和 BaP/BeP 的浓度比值最高，可作为焦化源区别于其他源的特征比值。

1.4
煤焦化区域污染状况及危害

1.4.1　全国焦化行业污染物排放因子和各区域排放情况

1.4.1.1　排放因子

　　郭凤艳等[28]通过实测法计算了焦炉和地面除尘站有组织大气污染物本地化排放因子/排污系数，并考察了其与炉型、产能和炭化室的相关性。结果表明：实测机焦炉 SO_2、NO_x、颗粒物平均排放因子/排污系数分别为 0.0695kg/t、0.6244kg/t、0.0247kg/t，地面除尘站颗粒物平均排放因子/排污系数为 0.0168kg/t，热回收焦炉 SO_2、NO_x、颗粒物平均排放因子/排污系数分别为 0.1866kg/t、0.6424kg/t、0.0456kg/t。实测焦炉 SO_2、颗粒物排放因子/排污系数均与炭化室高度呈显著负相关。焦炉和地面除尘站的实测排放因子/排污系数详见表 1-2。

表 1-2　焦炉及地面除尘站的排放因子/排污系数[28]　　　　　单位：kg/t

排放环节	排放因子/排污系数			数据来源
	SO_2	NO_x	颗粒物	
机焦炉	0.0695	0.6244	0.0247	该研究（实测平均值）
	0.07、0.115、1.696	0.379	0.0035	《系数手册》
	0.08、0.07~1.70、0.098~0.170	0.38~0.44、0.402~1.22	0.02、0.063~1.08	文献
热回收焦炉	0.1866	0.6424	0.0456	该研究（实测平均值）
	1.048	0.177、0.393	0.084	《系数手册》
	1.12~1.27、1.05~5.04	0.18~0.39	0.14~0.25、0.08~0.44	文献
地面除尘站	—	—	0.0168	该研究（实测平均值）
	—	—	0.115、0.131	《系数手册》
	—	—	5、0.12、0.13	文献

Li 等[29]根据基于工厂的数据库和特定工艺的排放因子，发现焦化厂在非控制条件下的挥发性有机化合物的排放因子为 3.065g/kg 焦炭，苯、甲苯和丙酮是最丰富的排放物。

蒋云峰等[30]采用实地调研获取基础数据结合样品分析测试结果，对我国独立焦化生产原料和产品的碳含量与 IPCC 默认值进行了比较和分析。结合物料平衡和碳平衡，分析了 3 种类型焦炉生产碳排放因子的差别及其原因。计算得到碳排放因子为 0.259，碳排放强度为 0.244t CO_2/t 焦，碳排放主要来源于燃料煤及自用焦炉煤气燃烧产生的烟气。

Liu 等[31]评估了焦化过程中多氯化萘的排放，发现多氯化萘的排放系数在每吨焦炭产量 0.77~1.24ng TEQ 之间。

Mu 等[32]测量了中国山西典型焦化厂的 OC（EF_{OC}）和 EC（EF_{EC}）的排放因子。测得的无组织排放的 EF_{EC} 和 EF_{OC}（7.43g/t 和 9.54g/t）明显高于烟气的 EF_{EC} 和 EF_{OC}（1.67g/t 和 3.71g/t）。焦炭生产的技术条件影响 OC 和 EC 的排放。例如，使用 3.2m 高焦炉的焦化厂的总排放量大于使用 4.3m 和 6m 高焦炉的工厂。进行捣固装煤的工厂的 EF_{OC} 和 EF_{EC} 高于使用炉顶装料的工厂。焦化过程中飞灰的总碳（$\delta^{13}C_{TC}$）、OC（$\delta^{13}C_{OC}$）和 EC（$\delta^{13}C_{EC}$）的稳定碳同位素分别为−2.374%~−2.417%、−2.332%~−2.387%和−2.384%~−2.414%，在焦炭生产过程中没有发现明显的同位素分化现象。2017 年中国焦炭生产的 EC 和 OC 排放总量估计为 3.93Gg 和 5.72Gg，山西省、河北省和陕西省的贡献最大。

1.4.1.2　排放量

根据近年来我国各地级市焦炭及炼焦耗煤量（2016~2020 年某一年份数据，数据来自各地级市统计年鉴）及排放因子，建立了全国范围内各污染物的焦化排放清单。从图 1-18 可以看出，颗粒物和 SO_2 排放量排前 20 位的地级市一致，主要集中在山西省、河北省、辽宁省、山东省以及黑龙江省。山西省的临汾市、吕梁市、长治市、晋中市、太原市以及运城市，河北省的唐山市、邯郸市，辽宁省的辽阳市，黑龙江省的七台河市等排名前 10 的城市，其颗粒物和 SO_2 排放量分别达 3700t 和 11000t 以上。

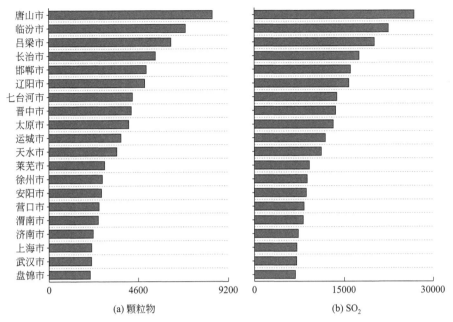

图 1-18　颗粒物（a）及 SO_2（b）排放量前 20 位的城市（单位：t）

如图 1-19 所示，NO_x、CO、NH_3、PAHs 以及 VOCs 排放量前 20 位的城市保持一致，主要集中在山西省、辽宁省、河北省、山东省以及内蒙古自治区。山西省的临汾市、吕梁市、长治市、太原市以及运城市，河北省的唐山市和邯郸市，辽宁省

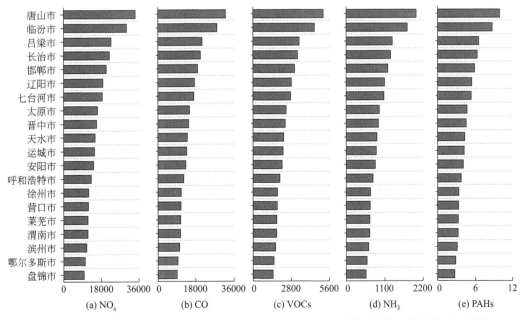

图 1-19　NO_x（a）、CO（b）、VOCs（c）、NH_3（d）和 PAHs（e）排放量前 20 位的城市（单位：t）

的辽阳市等城市 NO_x、CO、NH_3 以及 PAHs 的排放量分别达 14000t、13000t、800t 和 4t 以上。

郑波等[33]对焦化过程中 $PM_{2.5}$ 的排放与控制进行了研究，发现对于钢铁企业焦化厂而言，焦炉是用高炉煤气或混合煤气（通常是 92%～94%高炉煤气掺混 8%～6% 焦炉煤气）来加热的。每生产 1t 焦炭约消耗 1000 m^3 贫煤气，而 1m^3 贫煤气燃烧后产生 1.92m^3 干烟气（空气过剩系数 a=1.5）。因此，每生产 1t 焦炭约产生 1920m^3 干烟气。对独立焦化厂而言，其焦炉用自产的焦炉煤气加热，每生产 1t 焦炭约消耗 200m^3 焦炉煤气，而 1m^3 焦炉煤气燃烧后产生 6.76m^3 干烟气（a=1.65）。因此，生产 1t 焦炭约产生 1352m^3 干烟气[34]。按我国每年 4 亿吨焦炭达到炼焦化学工业污染物排放标准计算，炼焦加热过程将排放 SO_2 27040t/a、NO_x 27040t/a，化产回收过程排放 H_2S 38000t/a、NH_3 33560t/a、HCN 2520t/a、C_mH_n 428900t/a。

郭凤艳等[28]采用实测法与排放因子/排污系数法相结合，建立了山西省某市 2018 年焦化行业分工序大气污染物精细化排放清单。为满足建立当地化和精细化污染物排放清单的需求，其利用焦炉和地面除尘站的烟气在线监测系统（CEMS）数据，通过公式（1-1），计算出污染物排放量，然后折算出生产每吨焦炭的污染物排放量。结果显示，2018 年山西省某市焦化行业 SO_2、NO_x、$PM_{2.5}$、PM_{10} 排放量分别为 2779.7t、9092.5t、3357.2t 和 5687.6t。

$$D=\sum_{i=1}^{n}(C_i \times Q_i) \times 10^{-9} \qquad (1\text{-}1)$$

式中　D——污染物排放量，t；

　　　C_i——标准状态下某污染物第 i 小时实测的污染物质量浓度，mg/m^3；

　　　Q_i——标准状态下第 i 小时烟气排放量，m^3；

　　　n——污染物排放时间，h。

Liu 等[31]评估了焦化过程中多氯化萘的排放，据估计，全球焦化行业的多氯化萘年有毒排放量在 430～692mg TEQ 之间。

Li 等[29]全面描述了 1949～2016 年间中国焦化行业的挥发性有机化合物排放趋势，发现焦化行业的年挥发性有机化合物排放量从 1949 年的 3.38Gg 增加到 2016 年的 1376.54Gg，增加了三个数量级，排放呈现出明显的空间特征，中国北方的排放量明显高于其他地区。

本研究结果同上述研究结果一致，北方焦化源 VOCs 排放量明显大于南方，排放量大的地区主要有山西省、河北省、山东省、内蒙古自治区以及辽宁省，其中临汾市、辽阳市等地 VOCs 排放量最为突出，年排放量达 3400t 以上，而南方重庆市 VOCs 的排放总量较大。

1.4.2　焦化行业影响区域的大气污染状况

山西、河北等是我国的焦化行业大省，焦炭产量位居全国省份前两位，以煤为主的能源消费结构导致了两省环境空气质量状况不容乐观。近年来我国环境空气质量公报显示，2016 年和 2017 年全国 74 个新标准第一阶段监测实施城市，环境空气质量相对较差的 10 个城市河北省占 6 个（衡水市、石家庄市、保定市、邢台市、邯郸市、唐山市），山西省占一个（太原市）。2018 年，169 个地级及以上城市环境空气质量相对较差的 20 个城市中山西省占 6 个（临汾市、太原市、晋城市、阳泉市、运城市、晋中市），河北省占 5 个（石家庄市、邢台市、唐山市、邯郸市、保定市）。2019 年，168 个地级及以上城市环境空气质量相对较差的 20 个城市中山西省占 3 个（临汾市、太原市、晋城市），河北省占 5 个（邢台市、石家庄市、邯郸市、唐山市、保定市）。2020 年，168 个地级及以上城市环境空气质量相对较差的 20 个城市中山西省占 5 个（太原市、临汾市、运城市、阳泉市、晋城市），河北省占 5 个（唐山市、邯郸市、邢台市、石家庄市、保定市）。

为了解焦化行业影响下区域的大气污染情况，我们进一步将全国 34 个省级行政区域共计 354 个地级市，按照焦化区域和非焦化区域进行了分类，对两个区域的六项常规污染物（数据来源于 https://quotsoft.net/air/ 的 2021 年中国空气质量历史数据）进行了分季节对比分析（图 1-20）。结果显示，焦化区域 SO_2、NO_2、CO、O_3、$PM_{2.5}$ 和 PM_{10} 的年平均浓度分别为 $11.3\mu g/m^3$、$26.7\mu g/m^3$、$0.8mg/m^3$、$60.9\mu g/m^3$、$35.6\mu g/m^3$ 和 $71.7\mu g/m^3$，而非焦化区六项常规污染物的年平均浓度分别为 $8.9\mu g/m^3$、

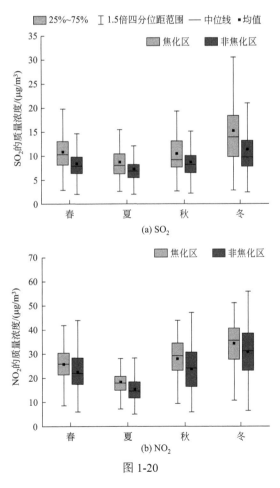

图 1-20

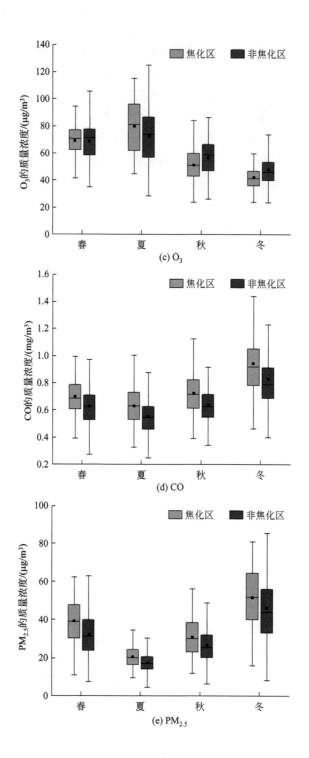

(c) O₃

(d) CO

(e) PM₂.₅

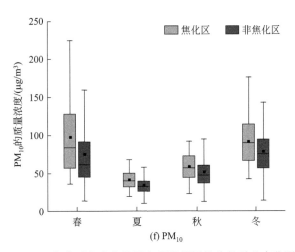

图 1-20　焦化区和非焦化区六项常规污染物的季节变化图

$23.2\mu g/m^3$、$0.7mg/m^3$、$61.9\mu g/m^3$、$30.5\mu g/m^3$ 和 $60.0\mu g/m^3$，除 O_3 外，其余污染物浓度均是焦化区高于非焦化区，焦化区是非焦化区的 $1.14\sim1.27$ 倍，其中 SO_2 倍数最大而 NO_2、CO 倍数最小，相比之下，焦化区与非焦化区的污染物浓度差异较大的是 SO_2、$PM_{2.5}$ 和 PM_{10}。在统计的指标中，只有焦化区 $PM_{2.5}$ 和 PM_{10} 的年平均浓度比《环境空气质量标准》(GB 3095—2012)规定的浓度限值高，高出 1.02 倍左右。

从焦化区和非焦化区六项常规污染物的季节变化图（图 1-20）来看，我国城市大气污染在冬季最为严重，其次是春季和秋季，夏季相对最好，空气质量明显呈现出夏季改善、秋冬季恶化的趋势。从季节分布来看，O_3 污染全年呈倒 U 形趋势，夏季污染最严重，冬季污染最轻，春季和夏季 O_3 在焦化区的浓度高于非焦化区，而秋季和冬季则是非焦化区高于焦化区，这主要是因为 O_3 的形成不止受其前体物(NO_x、VOCs）排放的影响，还与光照强度有关。其余污染物（SO_2、NO_2、CO、$PM_{2.5}$、PM_{10}）浓度的季节变化趋势呈 U 形，在四个季节中均是焦化区高于非焦化区，$PM_{2.5}$、SO_2 浓度的季节变化趋势为冬>春>秋>夏，NO_2、CO 浓度的变化趋势为冬>秋>春>夏，而 PM_{10} 浓度的变化趋势为春>冬>秋>夏，因为春季沙尘天气频发，导致春季 PM_{10} 浓度最高，而另四种污染物则是冬季污染最严重，这与我国以燃煤为主的大气污染特征有关。

综上，本研究划分的焦化区域确实受到了焦化生产的影响，大气污染状况较非焦化区域污染严重。

图 1-21 显示了 $PM_{2.5}$ 和 PM_{10} 浓度在焦化区和非焦化区各季节超标情况的对比，总体呈 U 形趋势，除夏季外，其余季节焦化区的超标率都高于非焦化区，冬季和春季焦化区超标情况尤为严重。在焦化区，SO_2、NO_2、CO、O_3、$PM_{2.5}$ 和 PM_{10} 浓度的年平均超标率分别为 0%、1.86%、0.07%、0.19%、7.95%和 6.41%，$PM_{2.5}$ 和 PM_{10} 浓度超标最为严重，其中，$PM_{2.5}$ 在春冬季超标最为严重，超标率为 6.21%和 17.7%，而 PM_{10} 春冬季超标基本一致，介于 10%～11%。

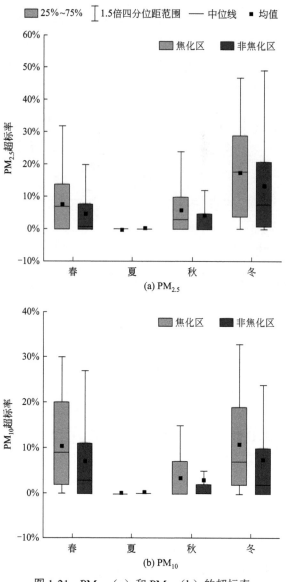

图 1-21　PM$_{2.5}$（a）和 PM$_{10}$（b）的超标率

在非焦化区，SO$_2$、NO$_2$、CO、O$_3$、PM$_{2.5}$ 和 PM$_{10}$ 的年平均超标率分别为 0%、1.17%、0.02%、0.12%、5.99% 和 4.66%。其中，春夏季 PM$_{10}$ 的超标率高于 PM$_{2.5}$，两个季节 PM$_{10}$ 的超标率分别为 7.31% 和 0.57%；而秋冬季与之相反，PM$_{2.5}$ 的超标率高于 PM$_{10}$，两个季节 PM$_{2.5}$ 的超标率分别为 4.67% 和 13.76%。

首要污染物是指当空气质量指数大于 50 时，空气质量分指数最大的污染物。若空气质量分指数最大的污染物为两项或两项以上时，将其并列为首要污染物。

以《环境空气质量指数（AQI）技术规定（试行）》为标准，根据数据分析，2021年，全国 PM$_{10}$ 作为首要污染物的污染天数占总污染天数的 48%，PM$_{2.5}$ 作为首要污染物的污染天数占总污染天数的 30%。在全年污染天数中，O$_3$ 和 NO$_2$ 作为首要污染物的污染天数分别占全年总污染天数的 10%和 8%。由于 SO$_2$ 和 CO 作为首要污染物出现的天数极少，本研究不作考虑。

焦化区与非焦化区 PM$_{2.5}$ 和 PM$_{10}$ 作为首要污染物出现的频率对比如图 1-22 所示。2021 年全国 PM$_{2.5}$ 和 PM$_{10}$ 作为首要污染物出现的频率呈 U 形，PM$_{2.5}$ 作为首要污染物出现的频率在冬季最高，平均为 35.5%，PM$_{10}$ 作为首要污染物出现的频率在春季最高，平均为 37.4%。这两种污染物在夏季作为首要污染物出现的频率最低，而夏季 O$_3$ 污染严重（图 1-20），导致其出现频率是最高的，平均出现频率为 12.8%。

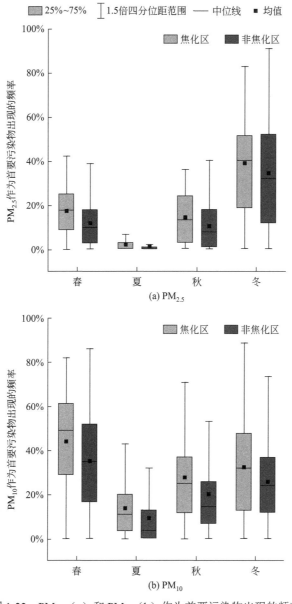

图 1-22　PM$_{2.5}$（a）和 PM$_{10}$（b）作为首要污染物出现的频率

无论焦化区还是非焦化区，一年中 PM_{10} 和 $PM_{2.5}$ 作为首要污染物出现的频率最高，在焦化区两者出现的频率分别为 29.7%和 18.4%，在非焦化区两者出现的频率分别为 22.9%和 14.6%。

1.4.3　焦化行业影响区域人群健康危害状况

炼焦过程排放的大量有毒有害物质易通过扩散作用严重威胁周边地区大气环境质量及居民身体健康。焦炉工人由于长期暴露于焦化污染环境中引发的肺癌于 2002 年被正式判定为国家法定职业病。Costantino 等[35]通过跟踪调查焦炉工人，发现焦炉工人患有癌症的风险要远高于其他工人，是其他工人的 3.35 倍。王静[36]通过对某焦化厂 2009～2014 年间的职业病患者数量进行统计，发现有 35 人已确诊患有肺癌。

钱庆增等[37]在 2019 年对某焦化厂 284 名焦炉工人进行实验，其中 A 组为 193 名 $PM_{2.5}$ 暴露焦炉工，B 组为 91 名非 $PM_{2.5}$ 暴露焦炉工，对两组工人进行基础资料调查和肺功能评价，并进行氧化应激指标与炎症因子检测后发现，A 组焦炉工的 SOD（超氧化物歧化酶）、GSH-Px（还原型谷胱甘肽过氧化物酶）低于 B 组，而 MDA（丙二醛）高于 B 组；A 组焦炉工的皮质醇、肾上腺素、去甲肾上腺素均高于 B 组，炎症因子 IL-6、TNFα、CRP 等也高于 B 组，而 FEV1.0（一秒用力呼吸容积）、FVC（用力肺活量）、FEV1.0/FVC（一秒率）等均低于 B 组，上述结果差异有统计学意义（均 $P<0.05$）。上述结果说明 $PM_{2.5}$ 暴露可促进焦炉工氧化应激损伤，并加重炎症反应，诸多指标均有不同程度的体现。

Cao 等[38]在 2013 年对居住在中国山西省最大的焦化厂附近的儿童血铅水平进行了相关研究，根据血液和各种介质（包括食物、空气中的颗粒物、土壤、灰尘和饮用水）中的铅同位素比率（$^{207}Pb/^{206}Pb$ 和 $^{208}Pb/^{206}Pb$），研究了血铅的来源和铅暴露的主要途径。该研究中的 72 名儿童的血铅平均水平为 5.25μg/dL，范围为 1.59～34.64μg/dL，焦化厂区儿童的血铅平均水平高于中国台湾省涂料和玩具行业用铅场地附近的儿童（2.48μg/dL），但低于墨西哥冶炼厂（11.00μg/dL）和电子垃圾回收工业区（13.17μg/dL）附近的儿童。研究发现，血铅水平升高（≥10.00μg/dL）的儿童发病率为 8.30%。9 岁儿童的血铅水平最高，由血铅水平升高导致的患病率也最高，而 10 岁和 12 岁儿童的血铅水平升高导致的发病率却是最低的，与女孩相比，男孩的血铅水平更高并且血铅水平升高导致的患病率也更高。研究还发现，随着家庭与焦化厂之间距离的增加，儿童的血铅水平呈下降趋势。$^{208}Pb/^{206}Pb$ 和 $^{207}Pb/^{206}Pb$ 的平均比值分别为 2.111 和 0.864，与该焦化厂和其他焦化厂的煤炭（平均比值分别为 2.117 和 0.860）和燃煤飞灰（平均比值分别为 2.111 和 0.585）的数值相似。结合铅同位素比值和铅含量发现，焦化厂使用的煤是研究区儿童接触铅的主要来源，而非汽车尾气排放、灰尘和土壤。环境介质（包括食物、饮用水、PM 和土壤/灰尘）中的铅含量，主要来源于焦化区的燃煤飞灰。通过食物和饮用水摄入铅以及通过 PM 吸入铅对儿童的血铅水平有显著影响，焦化过程中释放的铅以及其他污染物，如砷和汞，会对儿童的健康产生不利影响。

焦炉逸散物是炼焦生产过程中的主要职业病危害因素，同时也是焦炉工人罹患肺癌的主要元凶，孙苑菡等[39]对典型焦化厂炼焦车间不同生产工段焦炉逸散物的排放情况进行了全面研究，发现焦炉逸散物浓度超标作业岗位（包括负责装煤、推焦、拦焦、熄焦和导烟的司机，炉前工，炉顶清扫工和上升管工等）占比高达65%，这些焦炉工人患肺癌的风险较高。致癌性PAHs的大量存在是焦炉逸散物具有高毒性的主要原因。Mu等[40]通过对焦化厂各生产阶段排放PAHs的研究发现，装煤、推焦和燃烧焦炉废气阶段所对应的总苯并芘当量浓度（$\sum BaPeq$）分别为2.248μg/m³、1.838μg/m³和1.082μg/m³。职业性PAHs暴露可引起人体发生氧化应激和炎症反应，导致机体损伤，增加人体患有慢性阻塞性肺疾病和肺癌的概率[41]。Kuang等[42]发现焦炉工人长期暴露于PAHs后尿液内PAHs代谢产物和血浆BPDE-Alb（plasma benzo[a]pyrene-r-7,t-8,t-9,c-10-tetrahydotetrol-albumin）加合物的浓度水平与氧化损伤指标（8-羟基脱氧尿苷和8-异前列腺素）之间呈显著正相关（$P<0.05$）。流行病学调查结果显示，炼焦工人患有皮肤相关疾病（如黑变病、光毒性皮炎、继发色素沉着等）的概率高达80.7%，并且随着暴露时间即炼焦工龄的增长而不断上升。

旷聘[43]在《职业性多环芳烃暴露致焦炉工氧化损伤效应的研究》中提到，挥发性有机物可导致肿瘤、肺癌、白血病和心血管疾病的发生，焦化厂的主要职业有害因素是焦炉逸散物，其中包含的多环芳香烃类化合物是人类"Ⅰ类致癌物"。大量流行病学研究发现，职业性PAHs暴露增加了工人肿瘤以及心血管疾病的发病风险。PAHs进入人体内后，经混合功能氧化酶（细胞色素P450，单加氧酶系）的代谢活化生成具有生物学活性的终致癌物苯并[a]芘环氧化物，伴随产生大量的活性氧成分。

焦化厂还会排放出大量的VOCs，越来越多的研究表明VOCs与肺癌有关。我国一项以28460名苯暴露工人和28257名非苯暴露工人为对象的回顾性队列研究发现，与非苯暴露工人相比，苯暴露工人肺癌发病风险增加了40%[44]，与Yin等[45]和Spinelli等[46]的研究结果一致。在普通人群的研究中也有类似结果。Yuan等[47]进行的巢式病例对照研究发现，随苯内暴露（尿代谢物）水平的升高，肺鳞状细胞癌患病风险可增加2～6倍。加拿大的病例对照研究发现，环境空气中苯时间加权平均浓度每增加0.15μg/m³，肺癌患病风险增加84%(OR=1.84, 95%CI: 1.26～2.68)，1982～2004年对58760名多伦多居民的队列研究也显示，环境苯浓度每增加0.13μg/m³，肺癌死亡风险增加6%(OR=1.06, 95%CI:1.02～1.14)[48]。此外，焦化生产释放的挥发性有机物对DNA、脂质以及蛋白质等生物大分子都会造成损害；在正常的生理状况下，机体产生的活性氧（ROS）与体内抗氧化系统存在着动态平衡，一旦这种平衡被打破，体内过量的ROS即会对生物大分子造成危害，还会增加患哮喘、糖尿病、冠心病的风险：ROS造成DNA碱基损伤的主要形式是8-羟基鸟苷，其具有高度致突变性，可以导致DNA染色体上碱基G:C到A:T的突变。8-异前列腺素是细胞膜上花生四烯酸被ROS氧化产生的一种化合物，被认为是反映脂质过氧化的可靠标志物。许多研究已经发现尿8-OHdG浓度在肿瘤病人中显著升高，尿8-iso-PG浓度在患有炎性疾病如哮喘、冠心病以及糖尿病病人中也显著提高。

还有，焦炉排放会使心率变异性的剂量反应降低，研究发现，职业暴露于焦炉排放与心脏自主神经功能障碍显著相关，PAHs 代谢产物如 2-羟基萘可能会干扰心脏自主功能[49]。

炼焦污染物的产生不仅对焦炉工人健康有很大影响，对居住在其周围的人群也有不可忽视的负面影响。长期调查显示焦化厂区居民患有心脑血管疾病和癌症的死亡率显著增加。朱媛媛等[50]通过研究焦化工业区及周边地区大气苯污染及其健康风险，发现焦化污染影响区的苯浓度变化范围为 2.83～5.14μg/m³，其对人类的终生致癌风险为 $(3.29～5.97)×10^{-5}$。Zhang 等[51]在广东省韶关市一家炼焦废水处理厂内部以及位于该处理厂上风向 500m 的对照点进行了大气样品采集，并对其中所含的 77 种 PAHs 进行了研究，发现该处理厂大气中∑PAHs 的浓度要远高于对照点，是对照点∑PAHs 浓度的 3～14 倍。Zhang 等[52]研究发现在焦化厂周边不同位置采集的土壤样品中，距离焦化污水处理厂最近点位的土壤样品 PAHs 的浓度水平、暴露水平及致癌风险均达到了最高，分别为 1146.4mg/kg、$7.86×10^{-5}$mg/(kg·d)和 $2.94×10^{-3}$。Cao 等[38]对中国最大焦化厂附近居住儿童的重金属暴露健康风险进行研究，发现儿童的非致癌暴露风险是其可承受风险水平的 3～10 倍，而儿童的致癌暴露风险是人体安全水平的 30～200 倍。

1.5
煤焦化区域环保要求及相关政策

1.5.1　焦化行业管控政策

焦炭属于高污染、高能耗的资源性商品，为了促使焦化行业符合节能减排大趋势，实现可持续发展，国家政策近年来主要集中在设立行业准入条件、提高环保要求、限制出口等几个方面加强宏观调控。

1999 年，经国务院批准，中国国家经济贸易委员会颁布了《工商投资领域制止重复建设目录（第一批）》，自 1999 年 9 月 1 日起施行。该目录禁止新项目使用土法炼焦（含改良土焦），炭化室高度小于 4m 的焦炉项目，90m² 及以下炼结机项目。此后，土法炼焦（含改良土焦）逐渐被关停，但仍有一部分仍在运行。

2000 年 1 月 1 日，经国务院批准原国家经贸委发布了《淘汰落后生产能力、工艺和产品的目录》（第二批）明令淘汰和禁止投资的土焦（含改良焦）生产装置。

2003 年 11 月，国家发改委等五部门下发《关于制止钢铁行业盲目投资的若干意见》，规定新建焦炉炭化室高度必须达到 4.3m 及以上。

2004 年 5 月和 12 月，国家先后下发《关于清理规范焦炭行业的若干意见》和《关于进一步巩固电石、铁合金、焦化行业清理整顿成果，规范其健康发展的有关意见的通知》，对焦化行业进行全面清理整顿，防止土焦（含改良焦）生产装置在部分地区死灰复燃。当年年底，正式颁布了《焦化行业准入条件》，新建项目中只允许使用炉膛高度≥4.3m、生产能力≥0.6 百万吨/年的焦炉。此外，提高了环保要求，规定新建或改扩建的焦炉煤气必须全部回收利用，不得直排或点火炬，必须同步配套除尘装置、煤气净化（含脱硫脱氰工艺）回收装置、废水生化处理设施，要有足够的废水事故处理备用贮槽，不达标废水不外排，焦化废水经处理后内部循环使用。

2005 年是我国焦炭外贸政策调整的转折点，由过去的鼓励焦炭出口改为严格控制焦炭出口。国家取消焦炭产品的出口退税，坚持配额管理，从严控制焦炭出口量。之后，国家又采取了一系列的政策措施调整关税限制出口（表 1-3）。

表 1-3   我国焦炭出口关税调整一览表

时间	调整内容
2004 年 5 月 24 日起	焦炭出口退税率由 15%调整为 0
2006 年 11 月 1 日起	焦炭进口关税税率由 5%调整为 0，同时对焦炭征收 5%的出口关税
2007 年 6 月 1 日起	焦炭进口关税税率由 5%调整为 15%
2008 年 1 月 1 日起	焦炭进口关税税率由 15%调整为 25%
2008 年 8 月 20 日起	焦炭进口关税税率由 25%调整为 45%

2005 年，国家发展和改革委员会发布了《钢铁产业发展政策》，要求所有新建钢铁厂在焦炉中安装干熄焦设备。2005 年 12 月，国家发展和改革委员会经国务院批准，发布《产业结构调整指导目录（2005 年本）》，要求继续推动各地做好焦化行业的清理整顿工作。各地方政府要坚决依法淘汰落后生产设施，彻底淘汰土焦、改良焦设施；尽快制定淘汰炭化室高度小于 4.3m 的小焦炉的工作计划，充分利用市场约束和资源约束增强的"倒逼"机制，努力降低单位产品能耗，促进总量平衡和结构优化。同时，要加强日常监管，定期核查企业设备运转和排放控制状况，巩固整顿成果，防止反弹。

2006 年国家发展和改革委员会在关于加快焦化行业结构调整的指导意见的通知（发改产业〔2006〕328 号）中还要求地方当局在 2007 年年底（中国西部地区为 2009 年）前淘汰所有土法炼焦（含改良焦炉）以及炭化室高度在 4.3m 以下的焦炉，并确保在未来 3～5 年内，6.0m 以上的焦炉（捣固焦炉 5.5m 以上）容量的份额在 80%以上。

据报道，2007 年中国焦化厂炼焦过程的平均能效为每吨焦炭产品 142kg 煤当量（kgce/t）。2008 年，中国实施了国家标准《焦炭单位产品能源消耗限额》（GB 21342—2008），规定了焦化能效的计算方法，同时要求新焦化装置的能效必须低于 125kgce/t，新建捣固炉的能效必须低于 130kgce/t［电热值取 0.1229kgce/(kW·h)，或 3600kJ/(kW·h)］。该标准旨在通过敦促中国焦炭行业使用高效节能的工艺和技术（如干熄焦技术）来提高中国焦炭行业的能源效率。

2008年12月工信部修订的《焦化行业准入条件》当中，条件进一步加强，新建顶装焦炉高度不得低于6m，新建捣固焦炉高度不得低于5.5m。

2008年首次颁布，于2013年重新修订的《焦炭单位产品能源消耗限额》在2008版本中要求现有焦炭生产或工序的焦炭单位产品综合能耗限额应不大于165kgce/t，新建或改建焦炭生产设备焦炭单位产品综合能耗应不大于135kgce/t，捣固焦应不大于135kgce/t。2013版本中要求现有钢铁企业和独立焦化厂顶装焦炉、捣固焦炉焦炭单位产品能耗限定值分别小于150kgce/t和155kgce/t，新建或扩建焦炭生产设备要求顶装焦炉、捣固焦炉焦炭单位产品能耗限定值分别小于122kgce/t和127kgce/t。

2010年，中国工业和信息化部启动了《钢铁企业和焦化企业干熄焦技术推广实施方案》，计划在政府的财政支持下，到2013年将干熄焦技术在重点钢铁企业的普及率提高到90%（2008年为57%），全国焦化厂的平均普及率提高到40%（2008年为18%）。目标是到2013年节约318万吨煤当量。据当时估计，到2010年年底主要钢铁企业的普及率达到80%，整个焦化行业的普及率达到23%。值得注意的是，近年来钢铁企业焦炭产量占总产量的30%~33%，重点钢铁企业（约75家）占中国钢铁产量的80%。

2011年4月13日，《国家发展改革委关于规范煤化工产业有序发展的通知》下发。针对一些地区不顾条件大上煤化工项目的问题，加强煤化工产业的调控和引导，加快淘汰焦炭、电石落后产能。

① 严格产业准入政策：在国家相关规划出台之前，暂停审批单纯扩大产能的焦炭、电石项目，禁止建设不符合准入条件的焦炭、电石项目，加快淘汰焦炭、电石落后产能；对合成氨和甲醇实施上大压小、产能置换等方式，提高竞争力。煤化工示范项目要建立科学、严格的准入门槛。

② 加强项目审批管理：各级发展改革部门要严格遵守国家对建设项目的相关管理规定和审批程序，进一步加强煤化工项目审批管理，不得下放审批权限，严禁化整为零，违规审批。在新的核准目录出台之前，禁止建设以下项目：年产50万吨及以下煤经甲醇制烯烃项目，年产100万吨及以下煤制甲醇项目，年产100万吨及以下煤制二甲醚项目，年产100万吨及以下煤制油项目，年产20亿立方米及以下煤制天然气项目，年产20万吨及以下煤制乙二醇项目。上述标准以上的大型煤炭加工转化项目，必须报经国家发展改革委核准。

③ 强化要素资源配置：进一步加强煤化工生产要素资源配置，要积极推动区域产业规划的环境影响评价和节能评估，严格项目环境评价审核和节能审查，对主要污染物排放总量超标和节能评估审查不合格的地区，暂停审批新增主要污染物的煤化工项目；煤炭供应要优先满足群众生活和发电需要，严禁挤占生活、生态和农业用水发展煤化工，对取水量已达到或超过控制指标的地区，暂停审批煤化工项目新增取水；对不符合产业政策等规定的煤化工项目，一律不批准用地，不得发放贷款，不得通过资本市场融资，严格防止财政性资金流向产能过剩的煤

化工项目。

④ 落实行政问责制：各有关部门及金融机构要按照国发〔2009〕38 号文相关要求，认真履行职责，依法依规把好土地、节能、环保、信贷、产业政策和项目审批关，坚决遏制煤化工盲目发展的势头。对违反国家土地、节能、环保法律法规和信贷、产业政策规定，工作严重失职或失误造成重大损失或恶劣影响的行为要进行问责，严肃处理。

2014 年，工业和信息化部发布《焦化行业准入条件（2014 年修订）》，要求如下。

① 常规焦炉：顶装焦炉炭化室高度≥6m、容积≥38.5m³；捣固焦炉炭化室高度≥5.5m、捣固煤饼体积≥35m³；企业生产能力≥100 万吨/年。同步配套建设煤气净化（含脱硫、脱氨）和煤气利用设施。

② 热回收焦炉：捣固煤饼体积≥35m³，企业生产能力≥100 万吨/年（铸造焦≥60 万吨/年）。同步配套建设热能回收设施。

③ 半焦炉：单炉生产能力≥10 万吨/年，企业生产能力≥100 万吨/年。同步配套建设煤气净化（含脱硫、脱氨）和煤气利用设施。

④ 焦炉煤气制甲醇：单套生产能力≥10 万吨/年。

⑤ 煤焦油加工：单套处理无水煤焦油能力≥15 万吨/年。

⑥ 苯精制：采用加氢工艺，单套处理粗（轻）苯能力≥10 万吨/年。

⑦ 钢铁企业焦炉应同步配套建设干熄焦装置。同时要求焦化企业建立"三废"处理设施，污染物排放须达到国家和地方污染物排放标准，并满足主要污染物排放总量要求。

随后几年中国焦化行业继续稳步推进供给侧结构性改革，加快结构调整、转型升级，推动全行业高质量发展，行业运行总体平稳。为了我国焦化行业的发展，国家和地方政府出台了一系列政策（表 1-4）对焦化行业进行大力扶持，针对焦化产业发展的政策规划不断出炉，为行业持续发展提供了良好的政策环境。

表 1-4　焦化行业相关政策

时间	颁布部门	政策	概述
2015 年	工信部、财政部	《工业领域煤炭清洁高效利用行动计划》	鼓励企业根据市场需求，加大煤炭资源加工转化深度，提高产品精细化率，大力发展清洁能源、新材料等新型煤化工，优化产品结构，延伸产业链
2016 年	中国炼焦行业协会	《焦化行业"十三五"发展规划纲要》	"十三五"时期，焦化行业将淘汰全部落后产能，产能满足准入标准的比例达 70%以上，同时淘汰落后产能 5000 万吨，行业进入壁垒进一步提高
2017 年	山西省经济和信息化委员会	《山西省焦化产业 2017 年行动计划》	为贯彻山西省第十一次党代会精神，落实全省经济工作会议精神，大力推进焦化产业创新驱动、转型升级，努力促进山西省焦化产业向中高端迈进，按照《山西省"十三五"焦化工业发展规划》（晋经信能源字〔2016〕334 号）部署要求，特制定本行动计划
2019 年	河北省焦化产业结构调整领导小组办公室	《关于促进焦化行业结构调整高质量发展的若干政策措施》	2018 年 7 月 3 日国务院印发了《打赢蓝天保卫战三年行动计划》（国发〔2018〕22 号），其中明确："京津冀及周边地区实施'以钢定焦'，力争 2020 年炼焦产能与钢铁产能比达到 0.4 左右"。按照 2020 年河北省钢铁产能 2 亿吨计算，焦炭产能需保留到 8000 万吨左右

时间	颁布部门	政策	概述
2019 年	国家发改委	《产业结构调整指导目录（2019 年本，征求意见稿）》	将炭化室高度小于 4.3m 焦炉（3.8m 及以上捣固焦炉除外）、无化产回收的单一炼焦生产设施、企业生产能力<40 万吨/年热回收焦炉、未同步配套建设热能回收装置及未配套干熄焦装置的钢铁企业焦炉列为淘汰类项目；顶装焦炉炭化室高度<6.0m、捣固焦炉炭化室高度<5.5m，企业生产能力<100 万吨/年以下项目；热回收焦炉捣固煤饼体积<35m³，企业生产能力<100 万吨/年（铸造焦<60 万吨/年）焦化项目列入限制类项目[53]
2019 年	河北省工业和信息化厅	关于印发《关于促进焦化行业结构调整高质量发展的若干政策措施》的通知	为贯彻落实习近平总书记关于"坚决去、主动调、加快转"的重要指示精神，全面落实《河北省重点行业去产能工作方案（2018—2020 年）》（冀传〔2018〕1 号）的要求，推动焦化行业结构调整、科学布局，实现高质量发展
2019 年	工信部	《焦化行业规范条件（征求意见稿）》	进一步加快焦化行业转型升级，促进行业技术进步，根据国家有关法律法规和产业政策，工业和信息化部原材料工业司对《焦化行业准入条件（2014 年修订）》进行了修订
2020 年	工信部	关于《焦化行业规范条件》的公告	为进一步加快焦化行业转型升级，促进焦化行业技术进步，提升资源综合利用率和节能环保水平，推动焦化行业高质量发展，根据国家有关法律法规和产业政策，制定《焦化行业规范条件》

为进一步加快焦化行业转型升级，促进焦化行业技术进步，提升资源综合利用率和节能环保水平，推动焦化行业高质量发展，工业和信息化部制定了《焦化行业规范条件》（2020 年 6 月 11 日），适用于炼焦包括常规焦炉、半焦（兰炭）炭化炉、热回收焦炉三种生产工艺。在工艺与装备方面要求如下。

① 常规焦炉：《产业结构调整指导目录（2019 年本）》发布前建设的顶装焦炉炭化室高度须≥4.3m，捣固焦炉炭化室高度须≥3.8m；发布后建设的顶装焦炉炭化室高度须≥6.0m，捣固焦炉炭化室高度须≥5.5m。

② 半焦炉：《产业结构调整指导目录（2019 年本）》发布前建设的半焦炉单炉产能须≥7.5 万吨/年，发布后建设的半焦炉单炉产能须≥10 万吨/年。

③ 热回收焦炉：热回收焦炉煤饼体积须≥35m³。

④ 鼓励现有企业采用先进的工艺技术，改造提升和优化升级。

在环境保护方面从环保设施和环境管理两个角度要求焦化企业建有相应的污染物处理设施和管理制度。

综上，在国家颁布了一系列的产业调控措施之后，土焦基本消除，落后产能被逐渐淘汰，行业准入条件发挥效力。同时，产业结构得以优化，生产规模整体提高。近年来，焦化产业结构不断优化升级，企业生产规模显著提高。规模以上焦化企业从 2004 年的 1406 家减少到 2009 年的 842 家，减少约 40%；企业平均产量从 2004 年的 14.66 万吨/年提高到 2009 年的 41 万吨/年，提高 1.8 倍。环保方面，随着新设备的不断投入，资源利用率大大提高，节能减排效果明显。出口方面，出口数量大幅下降，2009 年全年出口量仅有 54 万吨，下降幅度达到 95.5%。另外，焦炭副产品产能也得到迅速提高，焦化产业链得以延伸。

1.5.2 焦化行业大气污染物排放标准

1996 年我国颁布了第一个焦炉排放标准，即《焦炉大气污染物排放标准》（GB 16171—1996），对新建机焦炉和土焦炉（包括改良高炉）等炼焦生产过程大气污染物无组织排放的颗粒物、SO_2、苯可溶物和苯并[a]芘（BaP）的排放浓度进行了规定（二级标准值分别为 2.5mg/m³、0.60mg/m³、0.0025mg/m³），现有机械化焦炉二级排放标准分别为 3.5mg/m³、0.80mg/m³、0.0040mg/m³。

焦炉烟囱排放大气污染物为有组织排放，执行《大气污染物综合排放标准》（GB 16297—1996）（颗粒物 120mg/m³；SO_2 550mg/m³；NO_x 240mg/m³）。但是，土炉和改良土炉大多分散在农村地区，因此很难确保其符合标准。尽管事实上焦化行业一直在经历重大的技术变革，但中国焦化行业的排放控制是按照 1996 年颁布的比较老的排放标准设计和管理的。由于以下原因，旧标准不适合当前的焦炭行业：

① 旧标准只规定了炉体逸散性排放物的浓度，并没有考虑到炼焦过程中的其他排放物，如煤炭破碎、给煤、熄焦和炼焦炉的烟气等。

② 旧标准中规定的大部分旧设施（土焦炉和改良土焦炉）被淘汰。

③ 未规定氮氧化物、挥发性有机化合物等其他空气污染物的排放浓度。

2003 年，国家环保总局（现生态环境部）发布了《清洁生产标准炼焦行业》（HJ/T 126—2003），明确了只有机械化焦炉才有资格获得清洁生产证书。

2012 年 6 月中国环境保护部发布了焦炭行业排放标准《炼焦化学工业污染物排放标准》（GB 16171—2012）。该排放标准针对煤炭破碎、给煤、炼焦、熄焦等 9 个可控来源的颗粒物（PM）、SO_2、NO_x、HCN 和 4 种 VOCs 的排放量设定了限值，如表 1-5～表 1-8 所列。

表 1-5　大气污染物排放限值　　单位：mg/m³

序号	污染物排放环节	颗粒物	二氧化硫	苯并[a]芘	氰化氢	苯	酚类	非甲烷总烃	氮氧化物	氨	硫化氢	监控位置
1	装煤	30	70	0.3μg/m³	—	—	—	—	—	—	—	
2	推（出）煤	30	30	—	—	—	—	—	—	—	—	
3	焦炉烟囱	15	30	—	—	—	—	80	150	8[①]	—	
4	干法熄焦	30	80	—	—	—	—	—	—	—	—	
5	管式炉、半焦烘干等燃用煤气的设施	15	30	—	—	—	—	—	150	—	—	车间或生产设施排气筒
6	冷鼓、库区焦油各类贮槽及装载设施	—	—	0.3μg/m³	1.0	—	50	50	—	20	5.0	
7	苯贮槽及装载设施	—	—	—	—	6	—	50	—	—	—	
8	脱硫再生装置	—	—	—	—	—	—	—	—	20	5.0	
9	硫铵结晶干燥	50	—	—	—	—	—	—	—	20	—	

序号	污染物排放环节	颗粒物	二氧化硫	苯并[a]芘	氰化氢	苯	酚类	非甲烷总烃	氮氧化物	氨	硫化氢	监控位置
10	生产废水处理设施	—	—	—	—	—	—	50	—	20	5.0	车间或生产设施排气筒
11	精煤破碎、焦炭破碎、筛分、转运及其他需要通风的生产设施	15	—	—	—	—	—	—	—			

① 适用于采用氨法脱硫、脱硝的设施。

表 1-6　燃烧装置大气污染物排放限值　　　　　　　单位：mg/m³

序号	污染物项目	排放限值	污染物排放监控位置
1	二氧化硫	200	燃烧（焚烧、氧化）装置排气筒
2	氮氧化物	200	

表 1-7　焦炉炉顶大气污染物浓度限值　　　　　　　单位：mg/m³

污染物项目	颗粒物	苯并[a]芘	硫化氢	氨	苯可溶物
浓度限值	2.5	2.5μg/m³	0.1	2.0	0.6

表 1-8　企业边界大气污染物浓度限值　　　　　　　单位：mg/m³

污染物项目	苯并[a]芘	氰化氢	苯	酚类	硫化氢	氨	非甲烷总烃
浓度限值	2.5μg/m³	0.024	0.4	0.02	0.01	0.2	2.0

为达到更高的环保要求，山西省、山东省、河南省和河北省等地方政府根据自身实际情况，相继制定了更为严格的地方性标准。

1.5.2.1　山西省地方标准

为贯彻《人民环境保护法》《人民大气污染防治法》《山西省环境保护条例》和《山西省大气污染防治条例》等法律、法规，保护环境，防治污染，促进炼焦化学工业生产工艺和污染治理技术的进步，结合山西省实际情况，山西省制定了炼焦工业大气污染物无组织排放与控制标准。

焦炉炉顶、企业边界大气污染物排放限值如表 1-9 所列。

《山西省焦化行业超低排放改造实施方案》（晋环发〔2021〕17 号）中对有组织排放控制指标提出了明确要求。在基准氧含量为 8% 的条件下，新建企业（本方案印发之日起，环境影响评价文件通过审批的新建、改建和扩建的炼焦化学工业建设项目）焦炉烟囱烟气中颗粒物、二氧化硫、氮氧化物、非甲烷总烃排放浓度分别不高于 10mg/m³、30mg/m³、100mg/m³、60mg/m³，现有企业（本方案印发之日前，已建成投产或环境影响评价文件已通过审批的炼焦化学工业企业及生产设施）焦炉烟囱烟气中颗粒物、二氧化硫、氮氧化物、非甲烷总烃排放浓度分别不高于 10mg/m³、30mg/m³、150mg/m³、80mg/m³。粗苯管式炉等燃用焦炉煤气设施的颗粒物、二氧化

表 1-9　焦炉炉顶、企业边界大气污染物排放限值

序号	污染物项目	无组织排放监控浓度限值		限值含义	单位
		焦炉炉顶	厂界		
1	颗粒物	2.5	1.0	监测点处 1h 时平均浓度值	mg/m³
2	二氧化硫	—	0.50		
3	氮氧化物	—	0.25		
4	苯并[a]芘	2.5	0.01		μg/m³
5	氰化氢	—	0.024		
6	苯	—	0.4		
7	酚类	—	0.02		mg/m³
8	硫化氢	0.1	0.01		
9	氨	2.0	0.2		
10	苯可溶物	0.6	—		
11	非甲烷总烃	—	2.0		

硫、氮氧化物排放浓度分别不高于 10mg/m³、30mg/m³、150mg/m³。采用选择性催化还原技术脱硝、氨法脱硫设施的氨逃逸浓度不高于 8mg/m³。装煤、推焦废气中颗粒物排放浓度不高于 10mg/m³。精煤破碎、焦炭破碎、筛分及转运颗粒物排放浓度不高于 10mg/m³。硫铵结晶干燥颗粒物排放浓度不高于 10mg/m³。酚氰废水处理系统的废气治理设施非甲烷总烃排放浓度不高于 50mg/m³。

常规机焦炉实施干法熄焦改造，干法熄焦装置利用率达到 90% 以上（以全年实际焦炭产量计），现有企业干法熄焦颗粒物、二氧化硫排放浓度分别不高于 10mg/m³、50mg/m³，新建企业颗粒物、二氧化硫排放浓度分别不高于 10mg/m³、30mg/m³。热回收焦炉湿熄焦装置和常规机焦炉备用湿熄焦装置实施节水型熄焦工艺（吨焦耗水量不大于 0.4t）改造，熄焦塔采用双层折流板等高效抑尘设施。

对于无组织排放控制措施，要求全面加强物料贮存、输送和生产工艺过程无组织排放控制，以及厂区及周边环境综合整治。在保证安全生产的前提下，采取密闭、封闭等有效措施，有效提高废气收集率，产尘点及生产设施无可见烟粉尘、无异味、无积尘。

同时，对清洁运输提出了要求，主要有：新建企业原则上同步配套建设铁路专用线，现有企业通过新建、共建、租用等多种形式，加快配套铁路专用线，逐步提高进出厂区大宗物料和产品清洁运输比例（清洁运输是指采用铁路、管道或管状带式输送机），达不到的使用国六排放标准的重型载货车辆或新能源车辆。其中，焦化企业出省焦炭铁路运输比例要达到 80% 以上，暂无铁路专用线的，按照就地就近、共用共享原则，通过集装箱运输完成公路短驳，实现公铁联运。位于设区市城市规划区的焦化企业大宗物料和产品清洁运输或新能源车辆运输比例达到 100%。厂内运输车辆全部达到国六排放标准或使用新能源车辆，非道路移动机械全部达到国三及以上排放标准或使用新能源机械。

1.5.2.2　山东省地方标准

2019 年，山东省印发了《区域性大气污染物综合排放标准》，该标准规定了山东省固定源中大气二氧化硫、氮氧化物及颗粒物三种污染物的排放限值和监测要求，以及标准的实施与监督等相关规定。该标准未作规定的控制指标，国家或山东省有相关标准及监测方法的，按相关标准要求执行。

具体污染物浓度限值如表 1-10、表 1-11 所列。

表 1-10　燃烧装置大气污染物排放限值　　　　　　单位：mg/m³

污染物	核心控制区	重点控制区	一般控制区
颗粒物	5	10	20
二氧化硫	35	50	100
氮氧化物（以 NO_2 计）	50	100	200

表 1-11　炼焦化学工业需进一步从严控制的指标和排放浓度限值　　单位：mg/m³

行业	工段	重点控制区			一般控制区		
		颗粒物	二氧化硫	氮氧化物（以 NO_2 计）	颗粒物	二氧化硫	氮氧化物（以 NO_2 计）
炼焦化学工业	推焦	10	30	—	10	30	—
	焦炉烟囱	10	30	100	10	30	150
	粗苯管式炉、半焦烘干和氨分解炉等燃用焦炉煤气的设施	10	30	100	10	30	150
	精煤破碎、焦炭破碎、筛分及转运；硫铵结晶干燥	10	—	—	10	—	—
	装煤、干法熄焦	10	50	—	10	50	—

注：焦炉烟囱要求基准氧含量达 8%。

1.5.2.3　河南省地方标准

2017 年 12 月，河南省政府发布了《关于征求〈河南省 2018 年大气污染防治攻坚战工作方案〉（征求意见稿）修改意见的通知》，提出全省钢铁、水泥、焦化、炭素、电解铝、玻璃、陶瓷 7 大行业，2018 年 10 月底前完成"超低排放"改造。河南省全省 21 家焦化企业超低排放改造完成后，焦炉烟囱废气中颗粒物、二氧化硫、氮氧化物排放浓度要分别不高于 20mg/m³、35mg/m³、100mg/m³。

1.5.2.4　河北省地方标准

河北是焦化大省，焦炭产量在全国排第二位，全省焦化产能超亿吨。为改善区域环境质量，响应国家治理大气污染的号召，2018 年 4 月，河北省印发《炼焦化学工业大气污染物排放标准（征求意见稿）》，该标准将污染源划分为"现有企业"和"新建企业"两类，新建企业自该标准实施之日起执行，现有企业自 2019 年 10 月

1 日起执行。具体标准见表 1-12 和表 1-13，该标准中颗粒物、氮氧化物（焦炉烟囱）、苯、非甲烷总烃（焦炉烟囱）、氨以及硫化氢等的排放限值均低于国家标准。

表 1-12　大气污染物排放限值　　　　　　　　单位：mg/m³

序号	污染物排放环节	颗粒物	二氧化硫	苯并[a]芘	氰化氢	苯	酚类	非甲烷总烃	氮氧化物	氨	硫化氢	监控位置
1	精煤破碎、焦炭破碎、筛分及转运	10	—									车间或生产设施排气筒
2	装煤及炉头烟气	10	70	0.3μg/m³	—	—		—	—			
3	推焦	10	30									
4	焦炉烟囱	10	30						130			
5	干法熄焦	10	80									
6	管式炉等燃用焦炉煤气的设施	10	30						150	—	5.0	
7	冷鼓、库区焦油各类贮槽	—	—	0.3μg/m³	1.0	—	50	50	—	10	1.0	
8	苯贮槽	—	—			4	—	50				
9	脱硫再生塔	—	—							10	1.0	
10	硫铵结晶干燥	10	—							10		
11	酚氰废水处理设施	—	—					50		10	1.0	

表 1-13　炼焦炉炉顶及企业边界大气污染物排放限值　　　　单位：mg/m³

污染物项目	颗粒物	二氧化硫	氮氧化物	苯并[a]芘	氰化氢	苯	酚类	硫化氢	氨	苯可溶物	非甲烷总烃	监控位置
浓度限值	2.5	—	—	2.5μg/m³	—	—	0.1	2.0	0.6	—	焦炉炉顶
	1.0	0.50	0.25	0.01μg/m³	0.024	0.1	0.02	0.01	0.2	—	2.0	企业边界

《钢铁工业大气污染物超低排放标准》《炼焦化学工业大气污染物超低排放标准》（DB 13/2863—2018）两个标准均规定，现有企业自 2020 年 10 月 1 日起执行，新建企业自 2019 年 1 月 1 日实施之日起执行。

《钢铁工业大气污染物超低排放标准》提出，烧结机头（球团焙烧）烟气在基准含氧量 16%条件下，颗粒物、二氧化硫、氮氧化物排放限值分别为 10mg/m³、35mg/m³、50mg/m³。其他工序颗粒物、二氧化硫、氮氧化物排放限值分别为 10mg/m³、50mg/m³、150mg/m³。上述排放限值远低于国家相关标准中的 40mg/m³、180mg/m³、300mg/m³ 的大气污染物特别排放限值，达到了国内外现行标准的最严水平。

《炼焦化学工业大气污染物超低排放标准》是国内首个炼焦化学工业大气污染物排放地方标准，加强了对焦化各工序颗粒物排放的控制，颗粒物的超低排放限值均为 10mg/m³。对焦炉烟气实施超低排放控制，在基准含氧量 8%条件下，颗粒物、二氧化硫、氮氧化物排放限值分别为 10mg/m³、30mg/m³、130mg/m³。上述排放限值也低于国家相关标准中的 15mg/m³、30mg/m³、150mg/m³ 的大气污染物特别排放限值，达到了国内外现行标准的最严水平。

河北省标准设定的排放限值与《炼焦化学工业污染物排放标准》（GB 16171—2012）、《山东省区域性大气污染物综合排放标准》（DB 37/2376—2013）、《河南省2018 年大气污染防治攻坚战工作方案（征求意见）》《炼焦化学工业污染物排放标准》（GB 16171—2012）修改单（征求意见）中的排放限值进行了比较，详见表1-14。

表 1-14　各标准排放限值比较　　　　　　　　　　单位：mg/m³

序号	污染物排放环节	指标	炼焦化学工业污染物排放标准（GB 16171—2012）		山东省区域性大气污染物综合排放标准（DB 37/2376—2013）（2013 年 5 月 27 日）第三时段标准	河南省 2018 年大气污染防治攻坚战工作方案（征求意见）（2017 年 12 月 17 日）	《炼焦化学工业污染物排放标准》（GB 16171—2012）修改单（征求意见）（2017 年 6 月）	河北省标准
			新建企业	特排限值				
1	装煤	颗粒物	50	30	30	—	修改单中仅对标准中 4.3 无组织排放控制措施进行了修改，分别对一般地区与重点地区无组织排放控制做了规定，涉及煤场及运输系统、装煤出焦、焦炉炉体、化产四部分生产工序	10
		SO₂	100	70	100	—		70
		BaP	0.3	0.3	—	—		0.3
2	推焦	颗粒物	50	30	30	—		10
		SO₂	50	30	50	—		30
3	焦炉烟囱	颗粒物	30	15	30	20		10
		SO₂	50① 100②	30	50① 100②	35		15
		NOₓ	500① 200②	150	500① 200②	100		100

① 机焦、半焦。
② 热回收焦炉。

经比较可知，河北省设定的指标值均严于其他排放标准。目前焦化行业执行的最严格的排放标准为《炼焦化学工业污染物排放标准》（GB 16171—2012）中的特别排放限值，河北省标准中焦炉烟囱颗粒物、SO_2、NO_x 设定的排放限值为 $10mg/m^3$、$15mg/m^3$、$100mg/m^3$，分别比现行国标中的特别排放限值低 33.3%、50%、33.3%；装煤工序颗粒物设定为 $10mg/m^3$，比现行国标中的特别排放限值低 66.7%；推焦工序颗粒物设定为 $10mg/m^3$，比现行国标中的特别排放限值低 66.7%。

1.5.3　焦化行业大气污染物排放控制/净化工艺

焦化生产各工段中不同工艺产生的主要污染物及原因见表 1-15，不同工段的大气污染物排放净化方法不同。

（1）备煤系统废气控制

备煤系统废气控制措施如下。

① 贮煤塔：大多采取封闭式煤场（煤库+干雾抑尘），集尘并设置除尘器，捕集的粉尘返回贮煤塔内。

② 粉碎机室：集尘并设置除尘器，大多采用布袋除尘器。

③ 扬尘场所：设洒水抑尘设施，防止煤尘逸散。

表 1-15　焦化过程大气污染物排放环节一览表

污染工段	污染源名称	产生原因	主要污染物
备煤	破碎系统	在配煤槽的布料过程中及煤破碎过程中产生粉尘	煤尘
炼焦过程	装煤逸散气	装煤车把煤饼装入炽热的炭化室时，煤中水分蒸发和挥发分迅速产生，造成炭化室压力突然上升，废气逸散	BaP、SO_2、颗粒物等
	炉顶废气	当装煤孔盖、上升管盖、上升管与炉顶连接处、桥管液封连接不严，荒煤气从缝隙中泄漏，焦炉炉顶散落的煤受热分解也产生烟气	BaP、苯、NH_3、H_2S、SO_2、颗粒物等
	炉门泄漏废气	炉门刀边炉框镜面接触不严密处和不严密的小炉门处	BaP、苯、NH_3、H_2S、SO_2、颗粒物等
	推焦烟气	成熟的红焦经推焦车、拦焦车从炭化室推出进入熄焦车，高温废气从导焦槽顶部等处排出	SO_2、颗粒物等
	干熄焦系统废气	干熄焦系统在焦炭排出口、胶带机受料点、干熄槽放散管、循环气体常用放散管等会产生废气	颗粒物、SO_2等
	备用熄焦塔排气	炽热焦炭与熄焦水接触，产生大量水汽，携带污染物排放	粉尘、H_2S、苯、SO_2等
	焦炉烟囱排气	焦炉加热燃烧焦炉煤气及尾气产生废气	烟尘、SO_2、NO_x等
	筛焦、转运系统	焦炭转运、筛分、露天堆存时产尘	焦尘
煤气净化过程	冷鼓、焦油、苯贮槽放散气	焦油、氨水贮槽，其贮存物温度为75～80℃，废气从放散管排出	BaP、NH_3、H_2S、SO_2、苯酚、非甲烷总烃等
	脱硫再生塔尾气	煤气脱硫产生的富液送再生塔再生，有部分尾气从塔顶排放	NH_3、H_2S等
	粗苯管式炉废气	粗苯管式炉燃烧提氢后的焦炉煤气产生废烟气	NO_x等
	硫铵干燥器尾气	硫铵干燥过程产生的废气	粉尘、NH_3等

（2）炼焦工序废气控制

炼焦工序废气控制措施如下。

1）焦炉炉体

提高炉体密闭性，减少烟尘外逸。

2）焦炉装煤

烟尘控制主要采用炉顶消烟除尘结合地面站技术，炉顶消烟主要采取高压氨水喷射装置。高压氨水喷射装煤烟尘控制技术是在 20 世纪 60 年代初期，我国与世界同步进行开发的一项技术。该技术是利用上升管的高压（一般在 3 MPa 左右）氨水喷射而产生的引射负压吸引装煤时产生的过剩烟气，并将其导入集气管，从而减少装煤烟尘的外逸。

3）焦炉推煤

采用移动式吸尘罩及导焦车上的组合式吸尘罩捕集后送入推焦除尘地面站处理，地面除尘站袋式除尘工艺是焦化行业最重要的环保工程。目前国内中小型焦化企业多采用装煤、出焦共用一套地面除尘站的处理工艺，该工艺处理效率高且较稳定，在我国应用广泛，比较成熟。

对于顶装焦炉，可采用集气管负压+高压氨水喷射+单孔炭化室压力调节等组合技术路线，同时配合密闭装煤车实现无烟装煤，减少装煤逸散烟气的无组织排放；也可将炉顶装煤逸散烟气经装煤车收集后送干式除尘地面站并选用覆膜滤料或其他优质滤料；如果装煤烟气的硫含量超标，还需配备脱硫措施，采用活性焦/炭法或干法脱硫。

对于捣固焦炉，可采用集气管正压+高压氨水喷射+双 U 形管烟气转换技术或集气管负压+高压氨水喷射+单孔炭化室压力调节技术+双 U 形管烟气转换技术，将正在进行装煤操作的炭化室烟气导入相邻炭化室内，从而减少焦炉烟气无组织排放。

无论是捣固焦炉还是顶装焦炉，对于机侧炉头烟和推焦烟气均采用干式除尘地面站，选用覆膜滤料或其他优质滤料。结合当前现状，企业要增设炉头烟治理措施或对现有的措施实施升级改造。

4）焦炉烟气

烟气除尘一般采用机械除尘装置，大多为布袋除尘器和水浴除尘器，其中布袋除尘器的使用更为广泛。经脱硫脱硝系统净化后由烟囱排放。

以汾渭平原 95 家焦化企业为例，烟囱废气脱硫技术排在前 3 的工艺分别为双碱法（石灰石/石膏法）、氨法、碳酸氢钠干法，采用这 3 种技术的企业占比分别为 40.0%、22.1%、16.8%。采用脱硝工艺的企业占比约 95.8%，其脱硝工艺均采用效率较高的选择性催化还原法(SCR)；焦炉采用废气循环控硝技术的企业占比 51.6%，焦炉采用自动加热和分段燃烧技术的企业占比分别为 18.9%、16.8%，详见表 1-16 和表 1-17。

表 1-16　焦炉烟囱废气脱硫技术调查统计

脱硫技术	石灰石/石膏法	氨法	氧化镁法	双碱法	循环流化床法	碳酸氢钠干法	活性焦法
企业数量	14	21	1	38	4	16	1
占比/%	14.7	22.1	1.1	40.0	4.2	16.8	1.1

表 1-17　焦炉烟囱废气脱硝控硝技术调查统计

脱硝控硝技术	脱硝技术			控硝技术		
	选择性催化还原法	选择性非催化还原法	无脱硝技术	废气再循环	分段燃烧加热	焦炉加热自动控制
企业数量	91	0	4	49	16	18
占比/%	95.8	0	4.2	51.6	16.8	18.9

焦炉烟囱废气 SO_2、NO_x 污染控制技术：新建焦化项目可采用多段加热技术、废气循环技术、焦炉精准加热系统等技术手段降低燃烧强度，减少 NO_x 产生量；同时加强焦炉生产操作管理，降低空气过剩系数（降低 O_2 含量），避免系统性温度偏高或有高温火道存在。焦炉烟囱废气的末端治理可采用（半）干法脱硫+除尘+SCR脱硝、新型催化法脱硫+SCR 脱硝、SCR 脱硝+（半）干法脱硫/湿法脱硫+除尘、活性炭/活性焦法脱硫脱硝等主流工艺技术。除尘可优先选用高效覆膜布袋，并控制过滤风速。

对于煤粉碎、筛焦、转运站等环节产生的颗粒物采用覆膜滤料布袋除尘器，并控制过滤风速，煤的储存采用大型煤筒仓或符合安全要求的封闭式煤棚，焦炭可采用符合安全条件的封闭式焦棚。

布袋除尘器回收的粉尘采用吸排罐车或气力输送外运。

5）熄焦、贮焦系统

设置捕尘装置和除尘器对焦炉进行净化处理。焦炭贮存目前多采用封闭式焦场。对传统除尘地面站的除尘系统进行改造升级，选用覆膜滤袋并控制过滤风速。对于含 SO_2 浓度高的循环风机后放散气体和排焦溜槽废气，用管道单独收集后，优先送焦炉烟气脱硫脱硝装置，或采用干法脱硫（SDS、活性焦等）进行处理后排至除尘地面站烟囱高空排放。

（3）煤气净化工序控制

煤气净化工序控制措施如下。

① 煤气净化装置大多采用硫铵工艺，采用"旋风+水浴串联"除尘对硫铵干燥废气进行净化处理，除尘后的废气可再次引入 VOCs 处理系统。对于煤气净化装置区有机废气的治理应优先选用压力平衡系统，将各贮槽产生的放散气收集送至煤气管道，同时尽快开展设备和管线泄漏检测与修复(LDAR)工作，避免放散气外排；对于难以改造的现有企业，可将各贮槽产生的放散气集中收集送尾气净化塔，通常采用碱洗、酸洗、洗油洗、水洗等组合措施，将净化后的尾气送至焦炉燃烧或送至其他燃用煤气的设施焚烧。采用压力平衡系统治理 VOCs 将会成为发展趋势。

② 脱硫再生塔尾气可引入 VOCs 处理系统（主要是洗涤处理+活性炭吸附）和焦炉地下室加热系统（洗涤后引入或直接引入），也可采用常规洗净塔工艺。脱硫再生尾气可采用碱洗、酸洗、水洗三级洗涤技术实现达标排放，或将洗涤净化后的再生尾气送至焦炉处理系统。

③ 苯贮槽废气和冷鼓、油库区各类焦油贮槽产生的 VOCs 可采取压力平衡处理和收集处理（主要为油洗、碱洗等洗涤+活性炭吸附处理），废气处理后可再引至焦炉、管式炉、锅炉等焚烧处理。设粗苯管式炉时，可采用净化后焦炉煤气或高焦混合煤气燃烧加热富油，并将管式炉产生的燃烧废气送至焦炉烟气的脱硫脱硝装置；未设粗苯管式炉时，可采用中压蒸汽加热富油。粗苯贮槽采用浮顶罐，各贮槽的放散气采用压力平衡技术送至煤气管道。物料的装卸采用定量装车技术和油气回收装置。油库采用定量装车技术和油气回收技术，对装卸产生的 VOCs 进行回收。鼓冷区焦油渣采用封闭出渣技术，出渣口处产生的含 VOCs 废气送煤气系统；粗苯再生器残渣采用湿法出渣工艺。采用脱硫废液制酸或提盐技术，从根本上解决脱硫废液污染问题，取消脱硫废液配煤工艺。生产装置区设置 VOCs 在线监测装置，对厂区内的 VOCs 进行实施监测，及时发现问题并处理。

（4）焦炉的无组织排放污染控制技术

① 针对焦炉装置的无组织排放，一般在装煤和结焦过程中采用炭化室压力调节技术，通过调节单个炭化室内荒煤气进入集气管的流通断面，稳定炭化室压力。减少炉门、装煤孔等处废气的无组织逸散。

② 可加强对炉门及小炉门、装煤孔（顶装焦炉）或导烟孔（捣固焦炉）、上升管盖、桥管与阀体的连接处、上升管底座等的密封。

③ 对焦化废水的预处理设施加盖收集逸散气，与污泥处理设施产生的逸散气一

并处理。处理技术可采用高效组合技术除臭，如生物除臭、等离子、活性炭吸附、喷淋洗涤、焚烧等。

参考文献

[1] 李华民, 初茉. 试论土法炼焦的技术改造[J]. 内蒙古煤炭经济, 1992(04): 62-64.

[2] 唐锐. 炼焦粉尘中多环芳烃赋存规律的研究[D]. 石家庄: 河北理工大学, 2009.

[3] 孙延珍. 焦化生产对大气的污染及其防治[J]. 煤炭加工与综合利用, 1996(02): 48-50.

[4] 李从庆. 炼焦生产大气污染物排放特征研究[D]. 重庆: 西南大学, 2009.

[5] 房井新, 张仁鹏. 焦化厂含萘废气治理[J]. 中国环保产业, 2016(11): 55-56, 60.

[6] 房井新. 关于焦化厂含酚废气治理的探讨[J]. 环境与可持续发展, 2015, 40(06): 96-98.

[7] 杨玉虎. 捣固焦炉烟尘治理技术实践、优化与改进[C]. 煤焦化链商网, 2016.

[8] Liu G R, Zheng M H, Ba T, et al. A preliminary investigation on emission of polychlorinated dibenzo-p-dioxins/ dibenzofurans and dioxin-like polychlorinated biphenyls from coke plants in China[J]. Chemosphere, 2009, 75(5): 692-695.

[9] 牟玲. 炼焦生产过程颗粒物和多环芳烃的排放特征[D]. 太原: 太原理工大学, 2010.

[10] 王静, 朱利中, 沈学优. 某焦化厂空气中 PAHs 的污染现状及健康风险评价[J]. 环境科学, 2003(01): 135-138.

[11] Zhang X M, Wang D, Liu Y, et al. Characteristics and ozone formation potential of volatile organic compounds in emissions from a typical Chinese coking plant[J]. Journal of Environmental Sciences, 2020, 95: 183-189.

[12] 何秋生, 王新明, 赵利容, 等. 炼焦过程中挥发性有机物成分谱特征初步研究[J]. 中国环境监测, 2005(01): 61-65.

[13] 陆海明. 炼焦过程中挥发性有机物化学反应活性的研究[J]. 上海化工, 2010, 35(05): 5-8.

[14] Shi J W, Deng H, Bai Z P, et al. Emission and profile characteristic of volatile organic compounds emitted from coke production, iron smelt, heating station and power plant in Liaoning Province, China[J]. Science of the Total Environment, 2015, 515: 101-108.

[15] 董艳平, 喻义勇, 母应锋, 等. 基于 GC-MS 方法的焦化行业特征挥发性有机物分析[J]. 环境监测管理与技术, 2016, 28(03): 65-68.

[16] Xu Y, Yu H, Yan Y, et al. Emission characteristics of volatile organic compounds from typical coal utilization sources: A case study in shanxi of northern china[J]. Aerosol and Air Quality Research, 2021, 21: 210050.

[17] 高志凤, 张晓红, 赵文娟, 等. 典型焦化厂大气挥发性有机物排放表征分析[J]. 环境科学研究, 2019, 32(09): 1540-1545.

[18] Wang H, Hao R, Fang L, et al. Study on emissions of volatile organic compounds from a typical coking chemical plant in China[J]. Science of the Total Environment, 2021, 752: 141927.

[19] 郭鹏, 仝纪龙, 刘永乐, 等. 机械化炼焦 VOCs 排放源成分谱分析[J]. 环境科学与技术, 2020, 43(05): 103-114.

[20] Mu L, Peng L, Liu X F, et al. Emission characteristics of heavy metals and their behavior during coking processes[J]. Environmental Science & Technology, 2012, 46(11): 6425-6430.

[21] 朱先磊, 刘维立, 卢妍妍, 等. 民用燃煤、焦化厂和石油沥青工业多环芳烃源成分谱的比较研究[J]. 环境科学学报, 2002(02): 199-203.

[22] 朱先磊, 王玉秋, 刘维立, 等. 焦化厂多环芳烃成分谱特征的研究[J]. 中国环境科学, 2001(03): 75-78.

[23] 贾记红, 黄成, 陈长虹, 等. 炼焦过程挥发性有机物排放特征及其大气化学反应活性[J]. 环境科学学报, 2009, 29(05): 905-912.

[24] Li J, Li H, He Q, et al. Characteristics, sources and regional inter-transport of ambient volatile organic compounds in a city located downwind of several large coke production bases in China[J]. Atmospheric Environment, 2020, 233: 117573.

[25] 何秋生. 我国炼焦生产过程排放的颗粒物和挥发有机物的组成特征、排放因子及排放量初步估计[D]. 广州: 中国科学院研究生院（广州地球化学研究所）, 2006.

[26] 李国昊, 魏巍, 程水源, 等. 炼焦过程 VOCs 排放特征及臭氧生成潜势[J]. 北京工业大学学报, 2014, 40(01): 91-99.

[27] Grimmer G, Naujack K W, Schneider D, et al. Comparison of the profiles of polycyclic aromatic hydrocarbons in different areas of a city by glass-capillary-gas-chromatography in the nanogram-range[J]. International Journal of Environmental Analytical Chemistry, 2006, 10(3-4): 265-276.

[28] 郭凤艳, 杨飞, 邓双, 等. 山西省某市焦化行业大气污染物排放特征[J]. 环境科学研究, 2021, 34(12): 2887-2895.

[29] Li J, Zhou Y, Simayi M, et al. Spatial-temporal variations and reduction potentials of volatile organic compound emissions from the coking industry in China[J]. Journal of Cleaner Production, 2019, 214: 224-235.

[30] 蒋云峰, 邓蜀平, 刘永. 独立焦化生产碳排放因子探讨[J]. 现代化工, 2015, 35(09): 10-15.

[31] Liu G R, Zheng M H, Lv P, et al. Estimation and characterization of polychlorinated naphthalene emission from coking industries[J]. Environmental Science & Technology, 2010, 44(21): 8156-8161.

[32] Mu L, Li X M, Liu X F, et al. Characterization and emission factors of carbonaceous aerosols originating from coke production in China[J]. Environmental Pollution, 2021, 268.

[33] 郑波, 于义林, 王晴东. 焦化过程 $PM_{2.5}$ 的排放与控制[J]. 工业安全与环保, 2015, 41(01): 29-32.

[34] 冯书辉, 李金平, 李学才, 等. 捣固焦炉装煤除尘系统技术的开发与应用[J]. 燃料与化工, 2014, 45(01): 24-26.

[35] Costantino J P, Redmond C K, Bearden A. Occupationally related cancer risk among coke oven workers 30 years of follow-up[J]. Journal of Occupational and Environmental Medicine, 1995, 37: 597-604.

[36] 王静. 浅谈某焦化厂职业病的危害现况[J]. 中国医药指南, 2015, 13(33): 298-299.

[37] 钱庆增, 曹向可, 王茜, 等. $PM_{2.5}$ 暴露对唐山市某焦化厂焦炉工氧化应激指标与炎症因子的影响[J]. 职业与健康, 2019, 35(04): 437-439, 443.

[38] Cao S Z, Duan X L, Zhao X G, et al. Isotopic ratio based source apportionment of children's blood lead around coking plant area[J]. Environment International, 2014, 73: 158-166.

[39] 孙苑菡, 蒋蓉芳, 常志强, 等. 某焦化厂炼焦车间职业病危害现状及防治对策分析[J]. 中国工业医学杂志, 2017, 30(04): 313-315.

[40] Mu L, Peng L, Liu X, et al. Emission characteristics and size distribution of polycyclic aromatic hydrocarbons from coke production in China[J]. Atmospheric Research, 2017, 197: 113-120.

[41] Bae S, Pan X C, Kim S Y, et al. Exposures to particulate matter and polycyclic aromatic hydrocarbons and oxidative stress in schoolchildren[J]. Environ Health Perspect, 2010, 118(4): 579-583.

[42] Kuang D, Zhang W, Deng Q, et al. Dose-response relationships of polycyclic aromatic hydrocarbons exposure and oxidative damage to DNA and lipid in coke oven workers[J]. Environmental Science & Technology, 2013, 47(13): 7446-7456.

[43] 旷聃. 职业性多环芳烃暴露致焦炉工氧化损伤效应的研究[D]. 武汉: 华中科技大学, 2011.

[44] Yin S N, Hayes R B, Linet M S, et al. A cohort study of cancer among benzene-exposed workers in China: Overall results[J]. American Journal of Industrial Medicine, 1996, 29(3): 227-235.

[45] Yin S N, Li G L, Tain F D, et al. Leukaemia in benzene workers: A retrospective cohort study[J]. British Journal of Industrial Medicine, 1987, 44(2): 124-128.

[46] Spinelli J J, Demers P A, Le N D, et al. Cancer risk in aluminum reduction plant workers (Canada)[J]. CANCER CAUSE CONTROL, 2006, 17(7): 939-948.

[47] Yuan J M, Butler L M, Gao Y T, et al. Urinary metabolites of a polycyclic aromatic hydrocarbon and volatile organic compounds in relation to lung cancer development in lifelong never smokers in the Shanghai Cohort Study[J]. Carcinogenesis, 2014(2): 339.

[48] 王彬, 周芸, 马继轩, 等. 挥发性有机物致呼吸系统损害的流行病学研究综述[J]. 环境与职业医学, 2018, 35(5): 7.

[49] Li X H, Feng Y Y, Deng H X, et al. The dose–response decrease in heart rate variability: any association with the metabolites of polycyclic aromatic hydrocarbons in coke oven workers?[J]. Public Library of Science, 2012, 7(9): 1-8.

[50] 朱媛媛, 陈来国, 张毅强, 等. 焦化工业区及周边地区空气中苯污染特征和健康风险评价[J]. 环境与健康杂志, 2014, 31(05): 420-423.

[51] Zhang W, Wei C, Feng C, et al. Coking wastewater treatment plant as a source of polycyclic aromatic hydrocarbons (PAHs) to the atmosphere and health-risk assessment for workers [J].Sci Total Environ, 2012, 432: 396-403.

[52] Zhang W, Wei C, Feng C, et al. Distribution and health-risk of polycyclic aromatic hydrocarbons in soils at a coking plant[J]. J Environ Monit, 2011, 13(12): 3429-3436.

[53] 樊金璐, 周鹏程. 我国煤焦化产业供给侧改革政策分析[J]. 煤炭经济研究, 2019, 39(08): 30-34.

第2章

煤焦化污染区域大气
气溶胶的理化特征

山西省是一个焦化大省，在汾河平原分布有众多焦化企业，环境污染状况不容乐观，因此，将太原盆地煤焦化聚集区作为研究对象，针对以太原-孝义-介休为核心的煤焦化工业城市，对大气颗粒物和 VOCs 样品进行采集并分析样品的理化特性，对了解煤焦化污染区域大气污染状况具有重要意义。

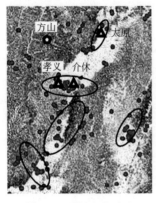

图 2-1 采样点位分布

本研究的采样点位置见图 2-1，三角形代表焦化区采样点位，空心圆圈代表背景点，图中黑色椭圆为山西省主要的焦化区域，焦化区采样点有三个——太原、孝义、介休，均位于山西省中部、吕梁山和太行山之间的太原盆地区域，西部、北部和东部三面环山。孝义市有梧桐工业园区，该园区以焦化工业为主导，介休市东北方向是介休市经济开发区，有焦化、钢铁、精煤、化工、电力、炭素等产业，采样期间介休市宏安、安泰、路鑫、昌盛、益兴、益隆、金昌、三盛、三佳、茂盛 10 家焦化企业均在运行。太原市和介休市之间是清徐—交城—文水，近年来从太原市迁出的工业企业大多集中于此。太原市作为中国重要的能源和重工业基地之一，目前市区拥有热电厂和两个重型工业工厂，太原钢铁集团和太原重型机械集团是全球最大的不锈钢生产企业和中国重型机械工厂。

背景点——方山县，位于山西省西部，吕梁山西麓腹地，隶属于山西省吕梁市。地理位置介于东经 111.0472°～111.575°，北纬 37.6161°～38.3075° 之间。近年来，方山县致力于美丽乡村旅游产业，其西北部是旅游景点——北武当山，方山县主要以农业种植为主，辖区内没有大型的工业企业，因此可作为典型焦化污染区的背景点。

2.1

研究区域污染状况

煤焦化区域颗粒物浓度远高于对照区域（是背景区域浓度的 4～8 倍）和国内外其他城市，颗粒物浓度沿介休—孝义—太原方向呈降低趋势。采样期间（2016.12～2017.10），介休市 $PM_{2.5}$ 的年均质量浓度为 189.29μg/m³（范围：22.24～716.27μg/m³），是中国《环境空气质量标准》（GB 3095—2012）年均二级浓度限值（35μg/m³）的 5.41 倍，是对照点的 3.50 倍。2021～2022 年孝义市 $PM_{2.1}$ 年均浓度为 88.56μg/m³，是 $PM_{2.5}$ 二级浓度限值的 2.53 倍；PM_9 年均浓度为 173.93μg/m³，是 PM_{10} 国家空气质量标准二级标准（年均浓度 70μg/m³）的 2.48 倍。值得注意的是，孝义市 $PM_{1.1}$ 年均浓度为 48.32μg/m³，浓度占比超过 $PM_{2.1}$ 浓度的 1/2。2020 年通过在线仪器测得

太原市 $PM_{2.5}$ 年均浓度为 $53.23\mu g/m^3$，是 $PM_{2.5}$ 的年均二级标准浓度限值（$35\mu g/m^3$）的 1.52 倍。焦化污染区域 $PM_{2.5}$ 的平均浓度不仅高于珠江三角洲（$64.2\mu g/m^3$）[1]、京津冀（$59.5\sim101.8\mu g/m^3$）[2]、南京（$94.4\mu g/m^3$）[3]、上海（$94.6\mu g/m^3$）[4]、西安（$182\mu g/m^3$）[5]等国内城市及地区，同时也高于波兰华沙（$18.8\mu g/m^3$）[6]、土耳其伊斯坦布尔（$30\mu g/m^3$）[7]、韩国首尔（$44.6\mu g/m^3$）[8]、日本长崎（$17.4\mu g/m^3$）[8]、意大利威尼托（$25.0\mu g/m^3$）[9]等国外城市，而与印度德里相当（$190\mu g/m^3$）[10]（表 2-1）。焦化生产过程中污染物的大量排放是造成其所在地区空气质量较差的重要原因。此外，在焦化工业区域，煤炭、焦炭的运输量大，重型柴油车的运输负荷较重，经济形势也相对较好，人口密度大，因此，大气污染物排放总量大，排放源多，排放强度高于其他地方，出现了沿以太原—孝义—介休为核心的煤焦化工业城市从北到南分布，颗粒物浓度随焦化厂密度增加而逐渐升高的现象。此外，从太原盆地城市颗粒物的年际变化来看，颗粒物浓度呈降低趋势，太原盆地城市环境空气质量有明显的改善，大气污染防控措施成效显著。

表 2-1　焦化污染区与国内外其他城市的 $PM_{2.5}$ 浓度及化学组分和 $PM_{2.5}$ 比值对比

研究区域	采样时期	$PM_{2.5}/(\mu g/m^3)$	$WSIIs/PM_{2.5}/\%$	$CAs/PM_{2.5}/\%$	文献
介休市（CPA）	2016.12～2017.10	189.29	49.26	33.71	本研究
方山县（ACA）	2016.12～2017.10	54.02	44.21	31.48	本研究
孝义市	2021～2022	88.56（$PM_{2.1}$）	—	—	本研究
太原市	2020	53.23	—	—	本研究
珠江三角洲	2013.08～2014.03	64.2	—	—	[1]
北京市	2016.12～2017.11	59.5	—	24.3	[2]
天津市	2016.12～2017.11	68.6	—	22.0	
石家庄市	2016.12～2017.11	101.8	—	28.1	
唐山市	2016.12～2017.11	72.5	—	21.5	
南京市	2014～2015	94.4	44.4	—	[3]
上海市	2013.9～2014.8	94.6	—	—	[4]
西安市	2016.11～2016.12	182	50.1	—	[5]
波兰华沙	2016	18.8	—	—	[6]
土耳其伊斯坦布尔	2017.1～2017.1	30	—	49.7	[7]
韩国首尔	2013.9～2015.5	44.6	—	16.64	[8]
日本长崎	2014.2～2015.5	17.4	—	24	
意大利威尼托	2012.4～2013.3	25.0	36	—	[9]
印度德里	2014	190	38.7	—	[10]

注：WSIIs 表示水溶性离子，CAs 表示碳质组分。

介休市 $PM_{2.5}$ 浓度的季节变化表明，$PM_{2.5}$ 在焦化污染区中的浓度以冬季最高，其次为秋季、夏季和春季（参见本章 2.3.1 部分图 2-18）。表 2-2 为孝义市颗粒物质量浓度的季节变化，$PM_{2.1}$ 质量浓度在冬季最高，24 小时平均浓度达到 $136.36\mu g/m^3$，其他三个季节 $PM_{2.1}$ 质量浓度均在 $70\mu g/m^3$ 左右，总体差别不大。$PM_{1.1}$ 的变化规律与 $PM_{2.1}$ 相似，且两者间具有显著的相关性 [$R=0.977$（$P<0.001$）]。$PM_{2.1\sim9}$ 的质量

浓度也是在冬季最高，24 小时平均浓度为 205.24μg/m³，其次是秋季（129.04μg/m³），$PM_{2.1}$ 与 $PM_{2.1~9}$ 的相关性 [R=0.762（P<0.01）] 较 $PM_{1.1}$ 低，说明 $PM_{2.1}$ 与 $PM_{1.1}$ 来源更为相似。在秋季，细颗粒物的浓度最低，而粗颗粒物的贡献明显大于其他季节，表明细颗粒物排放源在减少而粗颗粒物的排放源有所增加。

表 2-2 不同季节颗粒物质量浓度   单位：μg/m³

城市	粒径	年均	春季	夏季	秋季	冬季
孝义市	$PM_{1.1}$	48.32	42.36	38.11	35.27	76.36
	$PM_{2.1}$	88.56	74.73	72.14	68.23	136.36
	$PM_{2.1~9}$	85.37	84.51	98.45	129.04	205.24
太原市	$PM_{2.5}$	53.23	42.67	35.49	46.84	108.73

从 2020 年太原市 $PM_{2.5}$ 季节变化规律来看，其浓度在冬季最高（108.73μg/m³），夏季最低（35.49μg/m³），冬季浓度是夏季的 3.1 倍，秋季和春季分别为 46.84μg/m³ 和 42.67μg/m³。排放源和气象条件可以解释上述季节性变化规律，秋冬季节 $PM_{2.5}$ 浓度升高可能受多重因素的影响，燃煤供暖导致的污染物排放量加大、低温高湿的静稳条件下二次转化作用增强、不利的扩散条件、边界层下压导致环境容量缩小等都是造成太原市秋冬季节污染加重的重要原因，而夏季扩散条件良好且降雨过程频发对 $PM_{2.5}$ 有重要的清除作用。

研究的上述三个太原盆地城市总体上呈现出秋冬季 $PM_{2.5}$ 浓度大于春夏季的现象，属于燃煤、焦化以及机动车等排放源共同造成的复合型污染。由于采暖期燃煤增多，背景点中 $PM_{2.5}$ 浓度在冬季也达到较高水平，而其他季节则较低，说明燃煤所造成的污染是中国北方城市冬季大气污染的主要"元凶"，在所有地方都应该引起高度重视。

2.2
形貌、表观化学特征

2.2.1 焦化园区内 $PM_{2.5}$ 颗粒物的形貌特征

我们采用扫描电镜-能谱仪（SEM-EDX，JSM-IT500HR，日本）对 $PM_{2.5}$ 样品的微观形貌进行了分析。首先将焦化污染区域大气中的 $PM_{2.5}$ 收集到聚碳酸酯滤膜上，然后选取采样膜上颗粒物分布较为均匀的部分，将其剪为大小约 0.8cm×0.5cm 的矩形条，通过导电胶粘贴到样品台上，对其进行真空镀金处理，最后将制备好的试样放入电镜样品室进行测定。

图 2-2 为焦化区 $PM_{2.5}$ 放大 3000 倍后的 SEM 电镜照片[11]。整体来看，冬季 $PM_{2.5}$ 样品颗粒物密集，夏季稀疏，主要和两个季节污染物的排放强度有关（中国北方城市冬季以燃煤取暖为主）。其次，研究表明，在污染物一定的条件下，气象条件有时候对污染物浓度有较大影响[12]。夏季采样期间温度升高，平均气温达到 27℃ 以上，大气对流层内垂直对流运动增强，加速了大气 $PM_{2.5}$ 的扩散，从而使大气 $PM_{2.5}$ 浓度降低，$PM_{2.5}$ 污染减小；而秋冬季温度降低，特别是冬季气温基本在 0℃ 以下，这时的对流运动较弱，使得大气 $PM_{2.5}$ 难以得到转移和扩散，$PM_{2.5}$ 不断积聚，从而加重 $PM_{2.5}$ 污染。此外，冬季供暖进一步加重了 $PM_{2.5}$ 污染。春季样品 1 污染严重，主要是由于当天为沙尘天气，沙尘颗粒较多。秋季样品 1 污染较轻，是因为采样前为降雨天气。值得注意的是，除冬季以外，夜晚 $PM_{2.5}$ 污染要比白天严重。

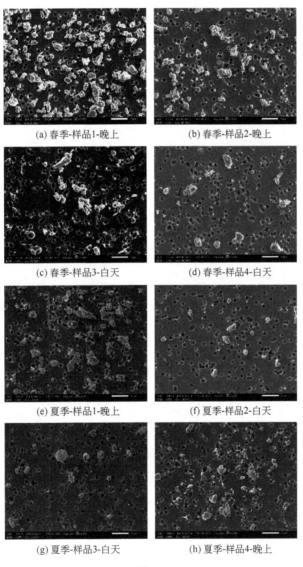

(a) 春季-样品1-晚上　　　　(b) 春季-样品2-晚上

(c) 春季-样品3-白天　　　　(d) 春季-样品4-白天

(e) 夏季-样品1-晚上　　　　(f) 夏季-样品2-白天

(g) 夏季-样品3-白天　　　　(h) 夏季-样品4-晚上

图 2-2

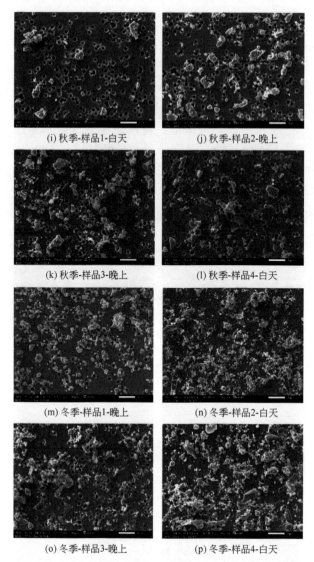

(i) 秋季-样品1-白天   (j) 秋季-样品2-晚上

(k) 秋季-样品3-晚上   (l) 秋季-样品4-白天

(m) 冬季-样品1-晚上   (n) 冬季-样品2-白天

(o) 冬季-样品3-晚上   (p) 冬季-样品4-白天

图 2-2 焦化区 $PM_{2.5}$ 的 SEM 电镜照片（3000 倍）[11]

焦化污染环境四季的 $PM_{2.5}$ 样品在 10000 倍显微镜观察下均发现了球形或类球形的颗粒物、不规则（无定形）颗粒物，以及少量的链状颗粒物、结晶颗粒物（图 2-3～图 2-6）。图 2-3 为焦化污染环境内 $PM_{2.5}$ 中球状颗粒物的形貌图，单独球形颗粒物表面较为光滑，绝大多数颗粒物的粒径分布在 0.5～1.0μm 范围内，与其他研究的燃煤飞灰颗粒形态特征相似[13]，其数量在四个季节占比均达到 70% 以上，夏季占比最高（82%），是该焦化污染环境 $PM_{2.5}$ 中最主要的颗粒物，推测其主要来源于焦化厂排放。此外，许多球形体外周黏附了一些其他物质，或与其他颗粒物团聚在一起。

图 2-4 为焦化污染环境中疑似机动车排放的链状碳粒聚集体，其中图 2-4（a）为新释放的链状碳粒聚集体，由单链组成，粒度较小；图 2-4（b）为老化气团聚在一起的碳粒聚集体，形态更加紧密。链状颗粒物的数量在全年约占 4%。根据实际调研，该焦化污染环境周围及内部有多条运输公路，多用柴油车来运输煤和焦炭。

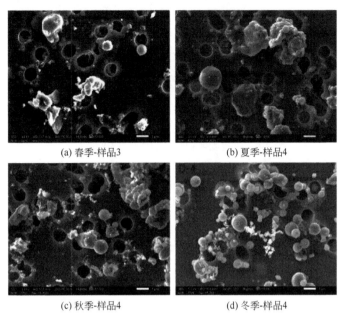

(a) 春季-样品3

(b) 夏季-样品4

(c) 秋季-样品4

(d) 冬季-样品4

图 2-3　焦化园区内 PM$_{2.5}$ 中球状颗粒物的形貌特征（10000 倍）

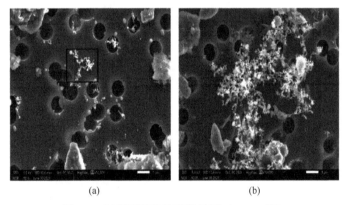

(a)

(b)

图 2-4　链状颗粒物的形貌特征（10000 倍）

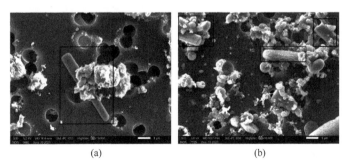

(a)

(b)

图 2-5　棒状结晶颗粒物形貌特征（10000 倍）

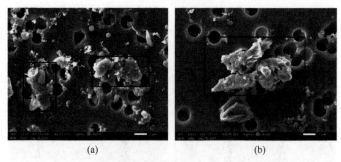

图 2-6　不规则颗粒物形貌特征（10000 倍）

焦化污染环境四季均发现少量的棒状结晶形态的大气颗粒物［图 2-5（a）］，其数量只占总 PM$_{2.5}$ 的 1%，且多数与其他颗粒物团聚在一起，冬季最多［图 2-5（b）］，其他季节较少。

图 2-6 为不规则颗粒物，大多是多种类型颗粒物的混合体，颗粒较大，是焦化污染环境四个季节较为重要的一类颗粒物，约占 PM$_{2.5}$ 总数量的 1/5。且冬季混合颗粒物污染最为严重。主要是由于焦化园区冬季静风频率高、大气扩散条件差导致大气污染物滞留时间长，进而颗粒物之间易发生凝并。

2.2.2　PM$_{2.5}$ 中典型颗粒物的能谱及其元素分布特征

为进一步探索焦化污染环境大气 PM$_{2.5}$ 颗粒物的主要类型，本研究利用 SEM 的能量色散 X 射线光谱法(EDX)确定了主要颗粒物的元素组成。

图 2-7 为焦化区 PM$_{2.5}$ 中典型球形颗粒物的微观形貌、能谱及其元素分布图。通过图 2-7（a）能谱图可以看出，光滑的球形颗粒物显示出明显的 C 峰和一个小 O 峰，从元素面扫描分布图也可看出球形颗粒物主要由 C 元素组成，并夹杂着少量的 O

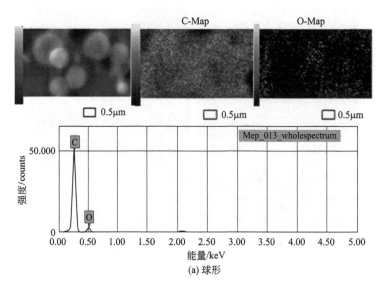

(a) 球形

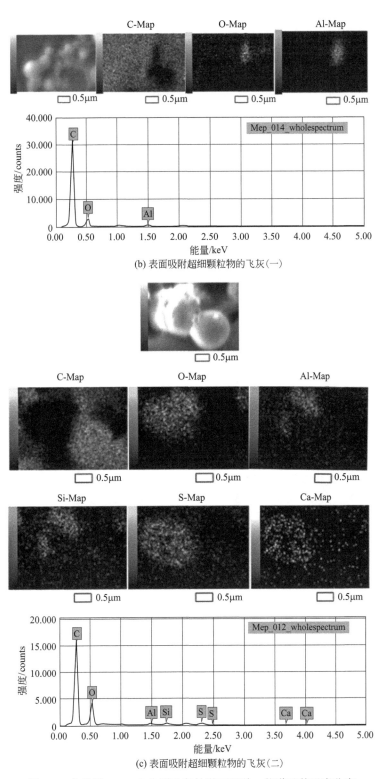

(b) 表面吸附超细颗粒物的飞灰(一)

(c) 表面吸附超细颗粒物的飞灰(二)

图 2-7　焦化区 PM$_{2.5}$ 中典型飞灰的微观形貌、能谱及其元素分布

[图 2-7（a）]。值得注意的是，这些碳质颗粒会吸附一些其他物质，通过图 2-7（b）和（c）的能谱图发现吸附的物质的元素主要有 Al、Si、S、Ca。从图 2-7（c）可以发现，Al 和 Si 面积基本重合，且 O 与 Al、Si 的面积重合，可能是硅铝酸盐颗粒，属于矿物颗粒；此外，O 和 S 的面积基本重合，推测有硫酸盐生成。图 2-8 是焦化区 $PM_{2.5}$ 中链状烟尘集合体的微观形貌、能谱及其元素分布，结果表明机动车排放的新鲜链状颗粒物同样显示出一个明显的 C 峰和一个小 O 峰，面扫证明其也主要由碳元素组成。

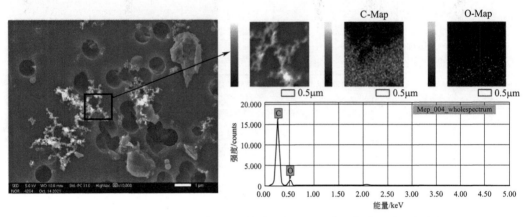

图 2-8　焦化区 $PM_{2.5}$ 中链状烟尘集合体的微观形貌、能谱及其元素分布

图 2-9～图 2-12 是焦化污染环境 $PM_{2.5}$ 中的多种类型颗粒物的混合体的微观形貌、能谱及其元素分布图。图 2-9 显示了球形碳质颗粒物与其他类型颗粒物的集合体的微观形貌、能谱及其元素分布，可以发现球形碳质颗粒物周围主要是 Na 元素，

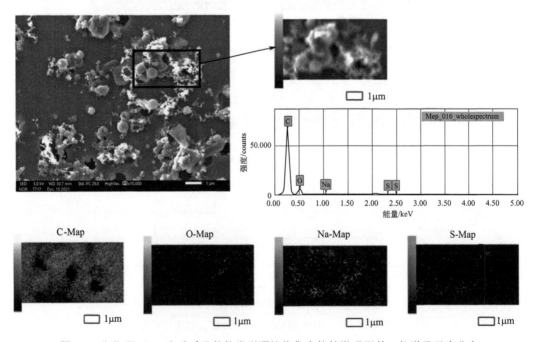

图 2-9　焦化区 $PM_{2.5}$ 中碳质及其他类型颗粒物集合体的微观形貌、能谱及元素分布

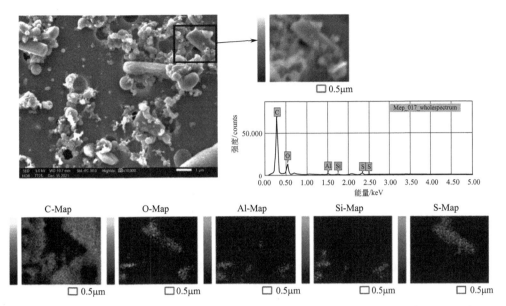

图 2-10 焦化区 $PM_{2.5}$ 中棒状结晶及其他类型颗粒物集合体的微观形貌、能谱及元素分布

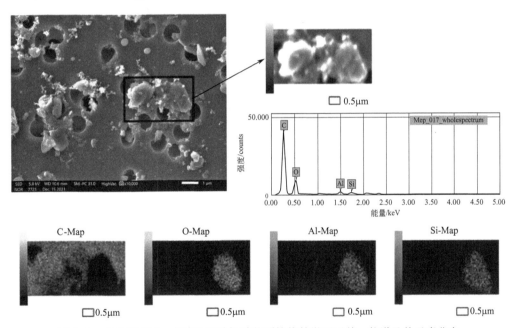

图 2-11 焦化区 $PM_{2.5}$ 中碳质和硅铝酸盐颗粒物的微观形貌、能谱及其元素分布

且 Na 元素的面扫与 S 部分重合，并掺杂着少量 O 元素，推测球形颗粒物周围为硫酸钠（Na_2SO_4）。图 2-10 为棒状结晶颗粒物与其他类型颗粒物的集合体，棒状晶体的 O 和 S 元素面扫基本重合，推测为硫酸盐；面扫图下方 O、Al、Si 重合，推测其为硅铝酸盐颗粒物。图 2-11 中 O、Al、Si 的面扫图基本重合，推测为碳质颗粒物和硅铝酸盐颗粒物的集合体。图 2-12 的元素面扫显示 Al、Si 和 O，Si 和 O，S 和 O 都有重合，推测该颗粒为硅铝酸盐、硫酸钙（$CaSO_4$）和少量的二氧化硅（SiO_2）的复合颗粒物。

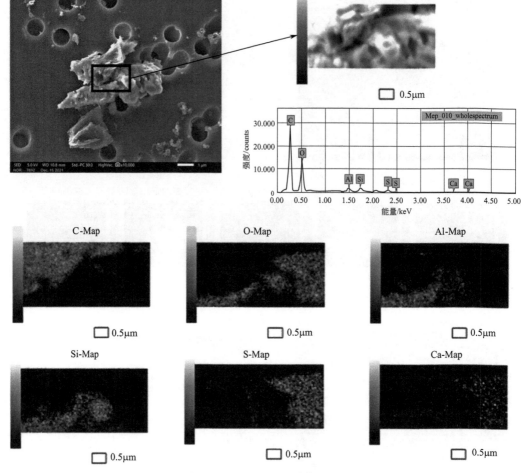

图 2-12　焦化区 PM$_{2.5}$ 中典型硫酸盐-有机复合颗粒微观形貌、能谱及其元素分布

2.2.3　焦化污染环境大气 PM$_{2.5}$ 的 XPS 分析

采用 X 射线光电子能谱仪（美国 ThermoFischer，ESCALAB 250Xi）进行测试。每张聚碳酸酯膜剪取分析面积为 0.5cm×0.5cm，仪器分析室真空度为 8×10^{-10}Pa，激发源使用 Al Kα 射线，其 $h\nu$=1486.6eV，灯丝电流 16mA，工作电压 12.5kV，并进行 10 次循环的信号累加。全谱的测试通能为 50eV，窄谱的测试通能为 20eV，步长为 0.05eV，停留时间范围为 40~50ms。本实验以 C$_{1s}$=284.80eV 结合能为能量标准进行荷电校正。使用氩离子枪对样品进行刻蚀减薄，刻蚀光斑尺寸为 1mm，刻蚀电压为 3000eV，束流为 1μA。测得的结合能（BE）的精度为 ±0.2eV。

2.2.3.1　XPS 全谱分析

利用 XPS 全谱图可以对 PM$_{2.5}$ 样品表面所含元素进行定性分析。图 2-13 所示为焦化污染环境 PM$_{2.5}$ 颗粒物的 XPS 全谱扫描，每个季节各选两个样品，编号与 SEM 实验一致。XPS 的全扫描可以明显看出，结合能在 200~300eV 和 500~600eV 之间

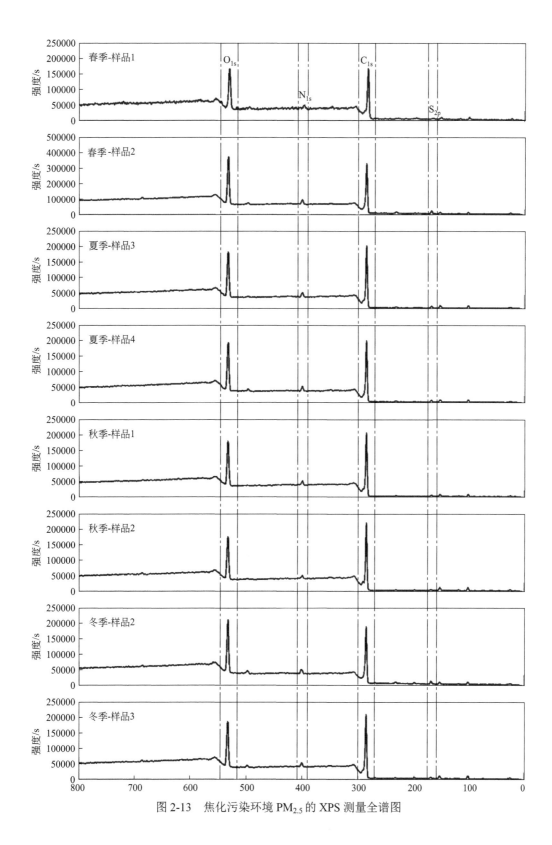

图 2-13 焦化污染环境 PM$_{2.5}$ 的 XPS 测量全谱图

出现了两个明显的峰，覆盖了样品表面的主要部分，分别代表 C_{1s} 峰和 O_{1s} 峰，与 SEM 的 EDS 结论一致。在结合能为 390～420eV 和 160～180eV 之间发现较小的峰，分别代表 N_{1s} 峰和 S_{2p} 峰。

表 2-3 为焦化污染环境四个季节采集的 $PM_{2.5}$ 样品表面主要元素（C、O、N 和 S）的原子百分比。可以发现，焦化污染环境 $PM_{2.5}$ 中 C 的百分比最高，平均占比为 70.68%，范围为 66.45%～73.94%，高于其他研究地区，如墨西哥（45.96%）[14]，低于农林业生物质残渣燃烧产生的 PM_1（74.0%～96.1%）[15]，其次是 O，平均占比 24.00%。N 和 S 的平均百分比分别为 4.15% 和 1.17%。

表 2-3　利用 XPS 测定的焦化污染环境采集的 $PM_{2.5}$ 样品的表面元素组成和原子比

编号	原子分数/%				原子比例		
	C	O	N	S	O/C 值	N/C 值	S/C 值
C-1	73.94	21.94	3.56	0.55	0.30	0.05	0.01
C-2	66.45	26.52	5.10	1.93	0.40	0.08	0.03
X-3	70.38	24.03	4.35	1.24	0.34	0.06	0.02
X-4	69.69	24.49	4.50	1.32	0.35	0.06	0.02
Q-1	72.39	22.80	3.92	0.88	0.31	0.05	0.01
Q-2	73.76	22.74	2.87	0.63	0.31	0.04	0.01
D-2	67.14	26.04	4.89	1.93	0.39	0.07	0.03
D-3	71.70	23.40	4.01	0.89	0.33	0.06	0.01

有研究使用原子比 O/C 值、N/C 值和 S/C 值来分析和比较环境样品的化学组成，发现在植被稠密的地区，大量的二次有机气溶胶的排放导致 O/C 值显著增加[7]，如墨西哥蒙特雷市区 $PM_{2.5}$ 的 O/C 值在 0.770～0.953 之间[16]。而焦化污染环境 $PM_{2.5}$ 的 O/C 值在 0.30～0.40 之间，这可能与焦化污染环境大气 $PM_{2.5}$ 中存在大量的碳质颗粒物（见 2.2.1～2.2.2 部分，SEM 电镜扫描发现大量的碳质颗粒物）有关。所测样品的 N/C 值和 S/C 值范围较小，分别为 0.04～0.08 和 0.01～0.03，表明 S、N 元素的来源分布均匀。

2.2.3.2　XPS 精细谱分析

XPS 除了能对 $PM_{2.5}$ 表面所含元素进行定性分析外，还能对元素进行半定量分析。C_{1s} 区（280～290eV）的高分辨率光谱（图 2-14）显示了焦化污染环境 $PM_{2.5}$ 中碳元素的三种不同状态，包括 C—X（X＝C、H，284.8eV）、C—O（286.5eV）和 C＝O（290eV）。在拟合过程中保持峰值位置、半宽峰值和 G/L 比不变，对所有 C_{1s} 信号进行处理，每一种已确定的 C 物种的原子百分比见表 2-4。C—X 的占比最高，平均占比为 77.48%，范围为 66.75%～88.12%；其次是 C—O 和 C＝O，平均占比分别为 20.39% 和 2.13%。

O_{1s} 区（525～540eV）的高分辨率光谱（图 2-15）显示了焦化污染环境 $PM_{2.5}$ 颗粒物中氧元素的三种不同状态，包括氧化物（531.4eV）、有机物（532.5eV）和 H_2O（533.6eV）。其中有机物的平均占比最高，为 43.12%，其次是氧化物（30.60%）

和 H_2O（26.27%）。值得注意的是氧化物在春季占比最低，在其他季节占比相似，而有机物在春季占比最高。

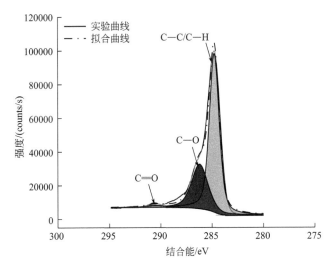

图 2-14　焦化污染环境 $PM_{2.5}$ 中 C_{1s} 区域高分辨率光谱的分峰拟合图

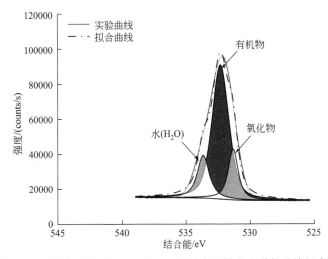

图 2-15　焦化污染环境 $PM_{2.5}$ 中 O_{1s} 区域高分辨率光谱的分峰拟合图

　　N 作为光化学反应的重要参与者，以不同的化学状态存在，从 N_{1s} 的高分辨率光谱（图 2-16）可以看出 N 有三种化学态：吡咯/酰胺（399.8eV）、铵盐（401.3eV）和硝酸盐（407.3eV）。其中吡咯/酰胺平均占比最高，为 58.09%，在秋季占比达到 70% 以上，其次是铵盐（31.76%）和硝酸盐（10.15%）。

　　用 XPS 解析焦化污染环境中 $PM_{2.5}$ 不同形态硫含量时，按 $2p^{3/2}$ 和 $2p^{1/2}$ 劈裂峰分峰方法进行。设置劈裂峰的面积比为 2:1，裂距为 1.18eV，洛伦兹-高斯参数和半峰宽（FWHM）值相同。根据 S_{2p} 的光谱（图 2-17）可以看出硫酸盐是 S 在粒子中的主要存在形式，只有秋季和冬季的样品有少量的有机硫，结合电镜观测，说明 $PM_{2.5}$ 中存在许多硫酸盐晶体，并且一些颗粒物表面包裹着硫酸盐。

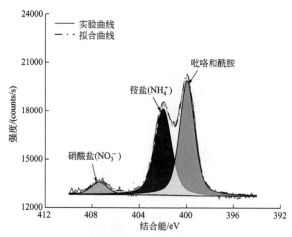

图 2-16　焦化污染环境 $PM_{2.5}$ 中 N_{1s} 区域高分辨率光谱的分峰拟合图

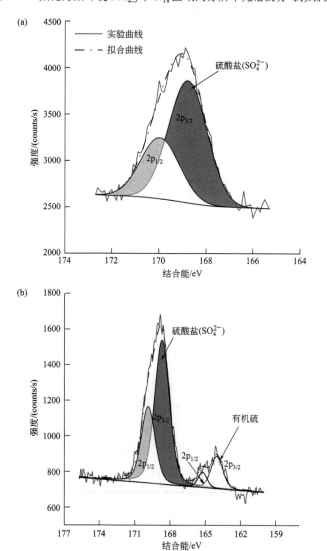

图 2-17　焦化污染环境 $PM_{2.5}$ 中 S_{2p} 区域高分辨率光谱的分峰拟合图

表 2-4　$PM_{2.5}$样品的结合能（s=0.1eV）和拟合参数

元素	模型化合物	结合能/eV	面积比/%							
			春季样品1	春季样品2	夏季样品3	夏季样品4	秋季样品1	秋季样品2	冬季样品2	冬季样品3
C_{1s}	C—C/C—H	284.8	73.97	66.75	73.83	71.77	72.42	88.12	88.12	84.85
	C—O	286.5	20.05	31.44	24.65	25.06	26.77	10.54	10.53	14.09
	C=O	290	5.97	1.81	1.52	3.17	0.81	1.34	1.34	1.06
O_{1s}	氧化物	531.4	11.37	16.78	30.94	34.23	35.26	39.04	35.55	41.65
	有机物	532.5	57.81	66.15	39.02	37.14	36.84	33.43	36.69	37.89
	H_2O	533.6	30.82	17.07	30.04	28.63	27.90	27.53	27.75	20.46
N_{1s}	吡咯/酰胺	399.8	45.43	51.43	64.42	63.04	70.50	70.14	44.04	55.71
	铵盐	401.3	34.78	42.44	31.08	28.81	26.61	18.54	46.35	25.48
	硝酸盐	407.3	19.79	6.13	4.50	8.15	2.90	11.31	9.61	18.80
$S_{2p3/2}$	硫酸盐	168.8	100	100	100	100	100	91.66	93.07	84.39
	有机硫	163.9	0	0	0	0	0	8.34	6.93	15.61

2.3

化学组成特征

　　$PM_{2.5}$主要由水溶性离子（Na^+、NH_4^+、K^+、Mg^{2+}、Ca^{2+}、F^-、Cl^-、NO_3^-、SO_4^{2-}）、碳质组分［有机碳（OC）和元素碳（EC）］、地壳元素（Mg、Ca、Al、Si、Fe）、痕量元素（以 As、Cd、Cr、Cu、Pb、Hg 和 Ni 为主）等组成。水溶性离子以及碳质组分（OC、EC）是煤焦化区域大气颗粒物的主要成分，占比范围分别为32.86%～49.26%、24.81%～33.71%。痕量元素（As、Cd、Cr、Cu、Pb、Hg、Ni、Co、Zn、Mn、V 和 Sb 等）和多环芳烃等的占比通常小于 1%。上述 $PM_{2.5}$ 中的化学组分在煤焦化区域的浓度远高于方山背景点，是背景点的 4～8 倍。下面将对各类化学组分的污染特征进行详细阐述。

2.3.1　水溶性离子

　　本研究所测水溶性离子（water soluble inorganic ions，WSIIs）共有 9 种，5 种阳离子、4 种阴离子。阳离子包括 Na^+、NH_4^+、K^+、Mg^{2+}和 Ca^{2+}，阴离子包括 F^-、Cl^-、NO_3^-和 SO_4^{2-}。阳离子色谱柱型号为 SCS-1，淋洗液使用的是浓度为 3mmol/L 的甲烷磺酸溶液。阴离子色谱柱型号为 AS23，淋洗液使用的是浓度为 9mmol/L 的碳酸钠溶液。检测水溶性离子使用的仪器为离子色谱仪（戴安，ICS-90），F^-、Cl^-、NO_3^-、SO_4^{2-}、Na^+、NH_4^+、K^+、Mg^{2+}和 Ca^{2+}等离子的方法检出限分别是 0.04mg/L、

0.03mg/L、0.01mg/L、0.01mg/L、0.03mg/L、0.06mg/L、0.010mg/L、0.010mg/L 和 0.05mg/L。

如图 2-18 所示，介休市 $PM_{2.5}$ 中水溶性离子的浓度范围为 10.89～344.78μg/m³，平均值为 93.25μg/m³，占 $PM_{2.5}$ 平均质量浓度的 49.26%。太原市 PM_{10}（2014～2015年）中水溶性离子平均浓度为 47.5μg/m³，$PM_{2.5}$（2009～2010 年）中总水溶性无机离子的平均浓度为 68.86μg/m³，约占 $PM_{2.5}$ 质量浓度的 32.86%（表 2-5）。在焦化污染区域中，介休市的水溶性离子浓度高于太原市，而整体焦化区域 WSIIs 的浓度均高于北京市（2001～2003 年）[17]、海南尖峰岭自然保护区[18]、日本横滨[19]、广州市[20]、深圳市（2009 年 11 月、12 月）[21]、成都市[22]和青藏高原[23]等地区，而低于印度阿格拉[24]（表 2-5）。介休市和太原市 WSIIs 浓度对 $PM_{2.5}$ 浓度的贡献（49.26%和 32.86%）低于印度阿格拉（75.88%）[24]和深圳市（50.44%，2009 年 7 月、8 月），高于北京市（28.90%，2001～2003 年）[17]、海南尖峰岭（24.44%）[18]、成都市（29.05%）[22]等；而北京市（48.53%，2006 年）[25]、西安市（39.16%）[26]、日本横滨（38.24%）[19]、广州市（47.90%）[20]、深圳市（43.91%，2009 年 11 月、12 月）[21]和青藏高原（38.78%）[23]等地区报道的贡献占比居于介休和太原的贡献占比之间。

表 2-5　太原市与其他城市水溶性离子浓度和在 $PM_{2.5}$ 浓度中的占比的比较

地点	时间	浓度/(μg/m³)	占比	参考文献
北京市	2001～2003	44.57	28.90%	[17]
北京市	2006.12	69.06	48.53%	[24]
西安市	2006.03～2007.03	76.0	39.16%	[25]
尖峰岭	2007	4.4	24.44%	[18]
阿格拉	2007～2008	129	75.88%	[26]
日本横滨	2007.09～2008.08	7.87	38.24%	[19]
广州市	2008.07	25.72	47.90%	[20]
深圳市	2009/2010（7 月、8 月）	51.25	50.44%	[21]
	2009/2010（11 月、12 月）	14.36	43.91%	
成都市	2009.04～2010.01	38.7	29.05%	[22]
青藏高原	2010.07～2011.07	3.68	38.78%	[23]
太原市	2009～2010	68.86	32.86%	本研究

图 2-19 显示了介休市和方山县 $PM_{2.5}$ 中水溶性离子和碳质组分的季节变化。值得注意的是，主要来源于地壳源的物种如 Ca^{2+}、Mg^{2+} 和 Na^+ 随季节和地点的变化不大，而来源于燃烧源的物种与 $PM_{2.5}$ 浓度的变化规律相似，且其浓度在焦化污染区域和对照区的差异较大，如 SO_4^{2-}、NO_3^-、NH_4^+ 和 Cl^-。这 4 种离子也是 9 种水溶性离子中的优势离子，在焦化区域占到 $PM_{2.5}$ 浓度的 43.4%（SO_4^{2-}，21.6%；NO_3^-，6.5%；NH_4^+，8.8%；Cl^-，6.5%）。图 2-20 显示，SO_4^{2-} 是含量最多的阴离子，焦化区域该离子在水溶性离子中的比例（42.1%）明显高于对照点（38.6%）。NO_3^- 是含量排在第二位的阴离子，在焦化区域中的比例为 12.8%，也比在对照点中的比例（11.4%）高。NH_4^+ 是含量最多的阳离子，其在焦化区域 WSIIs 浓度中的比例（17.2%）也高于对照区

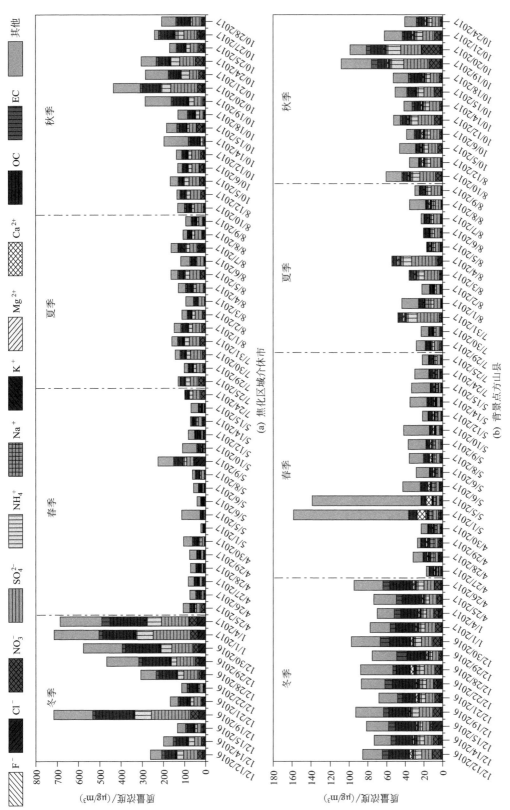

图 2-18 焦化区域介休市（a）和背景点方山县（b）采样期间 $PM_{2.5}$ 日浓度及化学组成

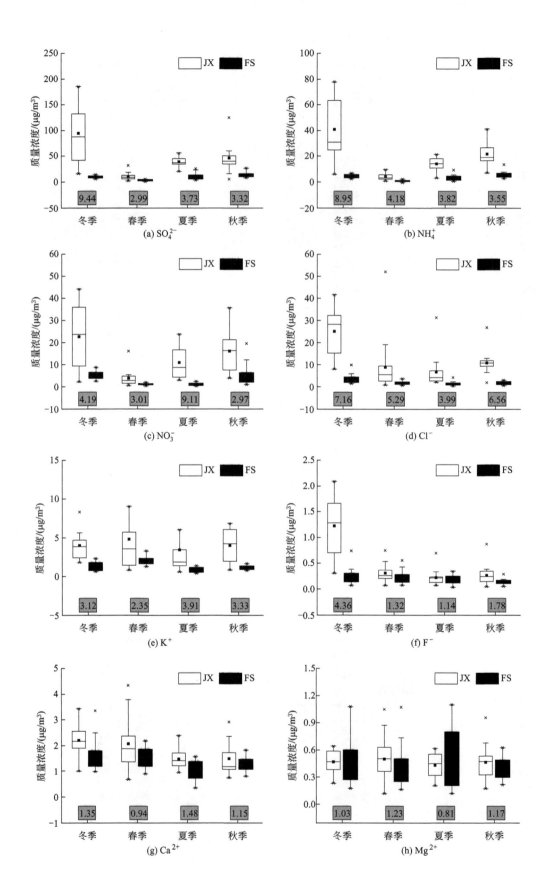

(a) SO_4^{2-}

(b) NH_4^+

(c) NO_3^-

(d) Cl^-

(e) K^+

(f) F^-

(g) Ca^{2+}

(h) Mg^{2+}

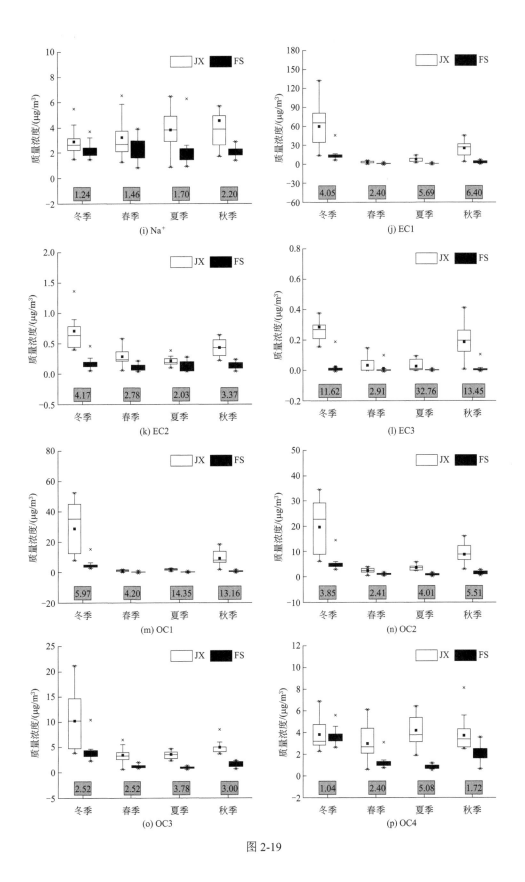

图 2-19

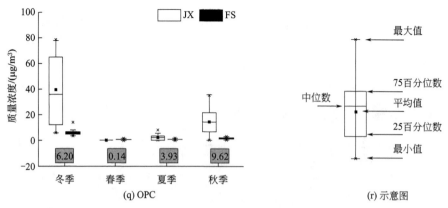

图 2-19 介休市（JS）和方山县（FS）$PM_{2.5}$ 中各水溶性离子及碳质组分的季节变化

（10.9%），这是因为 SO_4^{2-}、NO_3^- 和 NH_4^+ 是由 SO_2、NO_x 和 NH_3 转化而来的，而这些污染物在焦化行业中均有大量排放。相反，地壳源相关物种在对照区 WSIIs 浓度中的比例要高于在焦化污染区域中的比例。F^- 浓度仅在对照区的冬季出现了急剧上升，其他季节之间无明显差异（图 2-19），表明居民散煤燃烧是 F^- 的重要来源。作为一种典型的生物质燃烧示踪元素，K^+ 在焦化污染区域的浓度高于对照区的浓度，季节间差异不大（图 2-19）。然而，焦化污染区域水溶性离子中 K^+ 的比例（5.6%）和对照区（5.2%）比较接近（图 2-20）。

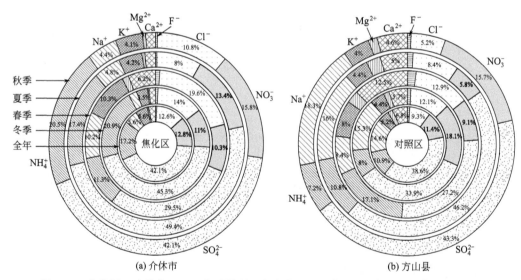

图 2-20 焦化区（介休市）(a) 和对照区（方山县）(b) 中 $PM_{2.5}$ 中水溶性离子组分组成

对介休市西南风向下游城市——太原市（2014～2015 年）PM_{10} 分级粒径中的水溶性离子进行研究后发现[27]，其季节变化规律表现为：冬季（60.6μg/m³）>夏季（49.3μg/m³）>春季（32.6μg/m³）。9 种离子浓度从大到小的顺序依次为 SO_4^{2-}>NO_3^->NH_4^+>Cl^->Ca^{2+}>Na^+>K^+>F^->Mg^{2+}，其中 SO_4^{2-}、NO_3^- 和 NH_4^+ 等二次离子占水溶性离子的质量分数为 66%～80%，是水溶性离子的主要组成部分。太原市 PM_{10}

中水溶性离子占 PM_{10} 的质量分数平均为 28%，夏季最高（40%），冬季次之（31%），春季最低（17%）。夏季水溶性离子质量浓度占 PM_{10} 比例最高的原因可能是夏季光化学反应程度高于其他季节，生成的二次离子浓度较高。

太原市（2009～2010 年）[28]$PM_{2.5}$ 中主要阳离子（Na^+，7.35%；NH_4^+，14.78%；Ca^{2+}，3.99%）和主要阴离子（Cl^-，9.42%；NO_3^-，16.90%；SO_4^{2-}，43.53%）占到了总 WSIIs 的近 96%。SO_4^{2-} 是含量最多的阴离子，也是含量最多的无机离子，平均占到无机离子总质量的 43.53%。NH_4^+ 是最丰富的阳离子，平均占到无机离子总质量的 14.78%。

如表 2-6 所列，WSIIs 浓度在冬季（118.59$\mu g/m^3$）最高，其次是夏季（60.11$\mu g/m^3$）、春季（53.51$\mu g/m^3$）和秋季（42.04$\mu g/m^3$），分别占到 $PM_{2.5}$ 浓度的 44.59%、44.27%、20.99% 和 23.07%，与 $PM_{2.5}$ 浓度的季节变化相似。如上所述，冬天燃煤取暖使煤炭消耗增大，导致太原市污染物排放量较大，很多污染物浓度达到全年最高。根据《太原市环境状况公报》，冬季 SO_2 浓度水平是其他季节的 2 倍（图 2-21）[29]。更多污染物排放意味着颗粒物中会包含更高的 WSIIs，例如 Cl^-、F^- 和 NH_4^+ 的浓度在冬季比其他季节高几倍。在夏季，高温和辐射增强更有利于提高 SO_2、NO_2 的化学反应速率和 SO_4^{2-} 的形成[17]。虽然夏季 SO_2 的浓度最低，但 SO_4^{2-} 的浓度水平高于春季和秋季。在春天，由于高风速（3.21m/s）带来了西北区域的沙尘，其含有高浓度的沙尘颗粒和低浓度的 SO_2，这会导致颗粒物中 Ca^{2+} 的比例较高而 SO_4^{2-} 的比例较低。此研究中，K^+ 的浓度水平在秋季和夏季较高，这可能与采样点周围农田秋收后玉米秸秆燃烧以及夏天的木炭烧烤活动有关。唯一的例外是 NO_3^-，其浓度无明显的季节变化特征，可能与太原市 NH_4NO_3 的分解和机动车的排放有关。

表 2-6　太原市各季节 $PM_{2.5}$ 中水溶性离子的浓度　　　　单位：$\mu g/m^3$

组分	夏季	秋季	冬季	春季	全年
F^-	0.04±0.05	0.21±0.26	0.27±0.14	0.21±0.08	0.19±0.18
Cl^-	1.57±0.86	3.87±2.62	13.50±5.50	5.69±5.11	6.48±6.15
NO_3^-	8.88±3.26	9.16±7.38	13.71±6.99	12.99±11.71	11.64±8.75
SO_4^{2-}	28.35±13.68	15.77±12.27	57.21±39.67	19.62±16.98	29.97±28.02
Na^+	10.10±0.64	1.67±3.26	9.52±2.62	0.85±0.48	5.06±4.81
NH_4^+	7.74±4.41	5.57±5.37	19.56±12.54	7.34±6.9	10.18±9.56
K^+	1.06±0.35	1.67±0.7	2.48±1.24	1.46±0.69	1.71±0.94
Mg^{2+}	0.54±0.24	0.92±0.85	0.99±0.56	0.96±0.39	0.88±0.60
Ca^{2+}	1.82±0.96	3.19±1.59	1.37±1.12	4.41±1.49	2.75±1.70
总浓度	60.11±20.31	42.04±24.53	118.59±62.33	53.51±36.54	68.86±49.12
占比	44.27%	23.07%	44.59%	20.99%	32.86%

Ca^{2+} 浓度与风速呈正相关（$R=0.794$），这意味着较高的风速更容易将沉降到地表的灰尘重新悬浮或将土壤颗粒转移至大气中。风会影响除了 Ca^{2+} 之外的 WSIIs 的分布和传播，这与太原大气 $PM_{2.5}$ 中水溶性离子的变化状况相同。SO_4^{2-} 与相对湿度显著相关，夏季、秋季、冬季和春季的皮尔逊相关系数分别为 0.416、0.707、0.660

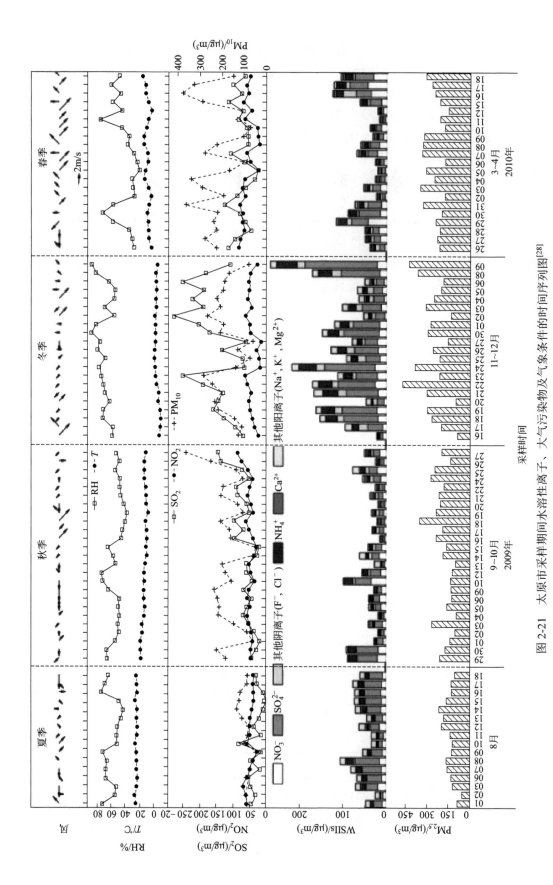

图 2-21　太原市采样期间水溶性离子、大气污染物及气象条件的时间序列图[28]

和 0.500（两侧均在 0.05 水平），这意味着非均相反应可能对采样期间硫酸盐的形成有影响[30]。与春季相比，夏、秋、冬季较高的相对湿度表明非均相过程可能对硫酸盐的形成影响更大[31]。而其余水溶性离子相互之间以及与温度、相对湿度的相关性均较弱（Pearson 相关系数低于 0.4）（图 2-21）。

2.3.2 OC 和 EC

颗粒物中 OC 和 EC 通过美国沙漠研究所研制的 DRI Model 2001A 型热光碳分析仪根据 IMPROVE-A 热光反射法（TOR 方法）进行测定。在使用 TOR 方法测定有机碳和元素碳时，经过不同加热阶段可得到 8 个组分，包括 OC1、OC2、OC3、OC4、EC1、EC2、EC3 和 OPC。根据 IMPROVE 方法，OC=OC1+OC2+OC3+OC4+OPC，EC=EC1+EC2+EC3-OPC。

介休市（2016～2017 年）OC 和 EC 的平均浓度分别为 35.14$\mu g/m^3$（范围为 10.89～344.78$\mu g/m^3$）和 7.58$\mu g/m^3$（范围为 0.59～38.29$\mu g/m^3$），碳质组分的质量占 $PM_{2.5}$ 平均质量的 33.71%（碳质组分的浓度为 1.6×OC 和 EC 浓度之和），与北京地区的占比（33%）[2]较为接近，对照点方山县 $PM_{2.5}$ 中碳质组分的比例为 31.48%。

从碳质组分的组成特征上来看，介休市冬季 $PM_{2.5}$ 中的碳质组分与秋季具有相似的组成特征，春季与夏季组成特征相近（图 2-22）。EC1 是最丰富的物种（占到总有机碳的 25%～48%），其贡献在寒冷季节（秋季和冬季）有所增加，表明煤炭燃烧对大气 EC1 的浓度水平有很大影响。尽管除 OC4 之外的所有碳质组分在冬季的浓度都大幅增加，但 OC1 和 OC2 是寒冷季节（秋季和冬季）尤其是在煤焦化区域中最丰富的物种。OC1 和 OC2 被归类为挥发性有机化合物（VOCs）[32]，可通过焦化过程和散煤燃烧大量排放。OC1 在焦化区域中的占比明显高于对照点，进一步说

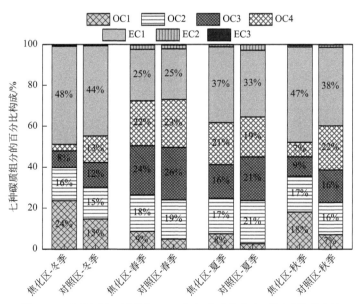

图 2-22　焦化区和对照区 $PM_{2.5}$ 中各碳质组分在不同季节的占比

明焦化源是 OC1 的重要来源。作为难降解有机化合物，OC3 和 OC4 在暖季贡献更大，表明道路扬尘和生物源的影响有所增加。OC2 相对于 OC1 的源识别作用是次要的，其在秋季和夏季也有较高的比例。EC2 和 EC3 作为柴油车辆排放的标识性物种，在焦化区域和对照区中所占的比例很小。

太原市（2009～2010 年）[38]OC 和 EC 的平均浓度分别为 33.3μg/m³、18.03μg/m³。其碳质组分浓度的季节性变化很大，顺序为：冬季>春季>秋季>夏季。OC 和 EC 的浓度季节性变化趋势与 $PM_{2.5}$ 浓度的变化趋势一致，这主要是由于 OC 和 EC 主要富集在 $PM_{2.5}$ 中[39]。冬季 OC 和 EC 的浓度分别是夏季的 4.8 倍和 2.9 倍，并且在中国其他城市，冬季 OC 和 EC 的浓度也高于夏季（见表 2-7）。这可能是由冬季取暖用煤较多所导致的。可以看出，太原市所有季节的 EC 浓度均高于其他城市相应季节的 EC 浓度，而太原四个季节的 OC 浓度则与大多数城市相应季节的 OC 浓度相当或更高。

表 2-7　太原市与不同城市的 $PM_{2.5}$、OC、EC 浓度以及 OC/EC 值的比较

城市	季节（时期）	$PM_{2.5}$/(μg/m³)	OC/(μg/m³)	EC/(μg/m³)	OC/EC 值	文献
太原市	夏季（2009.08）	135.8±40.9	13.2±4.3	8.8±4.1	1.7±0.7	本研究
	秋季（2009.09～10）	182.2±63.1	25.7±8.3	16.3±6.9	1.8±0.9	
	冬季（2009.11～2010.01）	260.8±113.6	62.7±27.7	25.4±8.5	2.5±0.6	
	春季（2010.03～04）	248.7±89.6	31.6±8.7	21.6±7.9	1.5±0.3	
香港		31.0±16.9	5.3±2.1	3.2±2.6	1.9	[33]、[34]
		54.5±22.9	9.6±4.5	4.7±2.9	2.3	
广州市	夏季（2002.06～07）	78.1±29.7	15.8±6.4	5.9±2.1	2.7	
	冬季（2002.01～02）	105.9±71.4	22.6±18.0	8.3±5.6	2.7	
深圳市		47.1±16.7	7.6±4.9	4.2±3.1	1.8	
		60.8±18.0	13.2±4.1	6.1±1.8	2.2	
珠海市		31.0±20.0	5.4±3.4	1.9±0.9	2.9	
		19.3±23.7	12.2±4.4	5.0±1.6	2.5	
西安市	秋季（2003.09～10）	—①	34.1±18.0	11.3±6.9	3.3	[35]
	冬季（2003.11～2004.02）	—①	61.9±33.2	12.3±5.3	5.1	
北京市	冬季（2001.01～02）	184.5±33.9	40.1±4.4	9.9±3.0	4.3	[36]
	春季（2001.03）	118.5±27.3	21.5±7.3	6.5±0.1	3.3	
	夏季（2001.06～07）	94.4±15.6	17.1±2.3	8.0±1.6	2.1	
	秋季（2001.09～10）	92.2±18.5	21.0±2.3	10.7±1.8	2.0	
14 城市②	冬季（2003.01）	163.9	38.1	9.9	3.8	[37]
	夏季（2003.06～07）	71.2	13.8	3.6	4.2	

① "—" 表示无数据。

② 表示 14 个城市，包括 7 个北方城市（北京市、长春市、金昌市、青岛市、天津市、西安市和榆林市），7 个南方城市（重庆市、广州市、香港特别行政区、杭州市、上海市、武汉市和厦门市）。

图 2-23 显示了四个季节 OC 和 EC 浓度之间的线性回归结果，可以看出，夏季 OC 和 EC 之间具有较强的相关性（R^2=0.907），表明它们具有相似的来源（例如商业燃煤和汽车尾气排放等），并且经历了相似的大气扩散过程。OC 和 EC 在秋季、冬季和春季的相关性相对较差（R^2=0.422～0.596），表明存在其他额外来源，例如秋

季收获后的生物质燃烧，冬季取暖的生物质燃烧和煤炭燃烧以及春季的扬尘等。Cao等[37]对我国其他 10 个城市进行研究也发现，香港、厦门、长春和西安的 OC 和 EC 在夏季比冬季具有更好的相关性。在 OC 和 EC 之间的线性回归方程 $OC=a EC+b$ 中（图 2-23），$a EC$ 代表与燃烧源相关的一次 OC，a 则表示回归曲线的斜率值。冬季较高的 a 值（2.60）表明一次排放对含碳气溶胶的贡献较大，而夏季、秋季和春季的 a 值（0.68～1.01）较低，则是由二次有机气溶胶（SOA）的贡献导致的。

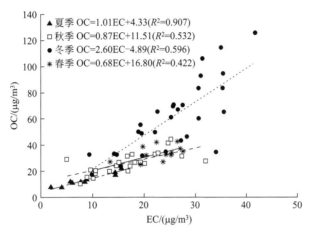

图 2-23　太原市各季节 $PM_{2.5}$ 中 OC 和 EC 之间的相关性

OC/EC 值常被用作碳质气溶胶排放源变化和二次转化的特征比值。所有季节的单日 OC/EC 值都在 1.0 和 4.0 之间（2009 年 10 月 1 日和 3 日除外，图 2-24），这与世界上大多数城市站点的观测结果相似[33]。这一结果表明，太原市的 OC 和 EC 主要来源于煤炭和生物质燃烧，以及机动车尾气[40]。各季节平均 OC/EC 值的排列顺序为：冬季（2.5）>秋季（1.8）>夏季（1.7）>春季（1.5）。冬季高 OC/EC 值可能主要归因于冬季取暖会燃烧更多的煤炭和/或生物质，与车辆排放等其他污染源相

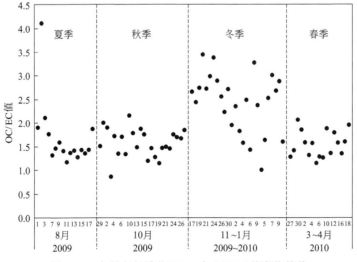

图 2-24　太原市各季节 $PM_{2.5}$ 中 OC/EC 值变化趋势

比，煤炭和生物质燃烧会排放出更多的高挥发性有机物[41]。此外，冬季稳定的大气状态和低温可以促进空气污染物的积累，加速挥发性次生有机化合物冷凝或吸附到气溶胶中[42]。秋季相对较高的 OC/EC 值是由于存在农田生物质燃烧[43]。夏季高温和高强度的太阳辐射比春季更有利于二次有机气溶胶的形成。与其他研究相比，中国其他城市夏季、秋季和春季的平均 OC/EC 值低于太原市相应季节的比值（表2-7），而冬季 OC/EC 值与表 2-7 中的大多数其他城市的比值相当（西安市、北京市和 14 个城市的平均值除外）。

2.3.3 痕量元素

将大气颗粒物滤膜剪成小块装入聚四氟乙烯烧杯中，加入 5mL 稀王水（HCl：HNO_3：H_2O=3：1：20）、1 滴 HF，消解后倒入比色管中，使用电感耦合等离子体质谱仪（ICP-MS，Agilent7500a）对 V、Cr、Mn、Co、Ni、Cu、Zn、As、Cd、Sb、Pb 共 11 种痕量元素进行浓度检测。按上述方法同时制备空白样品溶液，并制备标准溶液以绘制标准曲线（$R>0.999$）。测样之前对仪器调谐使之处在最佳工作条件，依据内标元素 [103]Rh 的相对标准偏差（relative standard deviation，RSD）保证仪器运行的稳定性。加标样品的加标回收率均在 85%～115% 之间。

研究得出，焦化区域介休市的 11 种痕量元素总浓度为 1.36μg/m³，占到 $PM_{2.5}$平均质量的 0.589%。图 2-25～图 2-27 为介休市与对照点采样期间 11 种痕量元素的浓度变化规律和其占比情况。介休市 11 种痕量元素浓度总和与 $PM_{2.5}$ 浓度的季节变化规律相符，春季到冬季逐渐增加。介休市的 11 种痕量元素按年均浓度值排列依次为 Zn[(576.25±389.51)ng/m³]、Pb[(468.25±344.54)ng/m³]、Mn[(146.34±135.68)ng/m³]、Cr[(76.79±26.44)ng/m³]、Cu[(41.19±27.30)ng/m³]、As[(28.54±24.15)ng/m³]、Sb[(6.81±5.65)ng/m³]、Ni[(6.10±2.85)ng/m³]、Cd[(5.47±4.43)ng/m³]、V[(4.55±1.79)ng/m³]、Co[(0.69±0.31)ng/m³]，分别约是方山的 9.0 倍、15.9 倍、7.0 倍、1/2、1.6 倍、7.4 倍、4.2 倍、1.3 倍、9.8 倍、1.1 倍、1.3 倍。Zn、Pb、As、Cd、Sb 五种元素的季平均浓度均是春季到冬季逐渐增加，Pb 元素在秋季和冬季的浓度分别为534.56ng/m³、603.84ng/m³，Cd 在秋冬季的浓度分别为 8.1ng/m³、8.38ng/m³，均超过了国家标准（GB 3095—2012）的限值 [500ng/m³（Pb）、5ng/m³（Cd）]；As 浓度春季最低（10.44ng/m³），冬季最高（58.29ng/m³），均高于 6ng/m³ 的标准；而 Cr 浓度秋季最低（63.24ng/m³），夏季最高（90.49ng/m³），按六价铬占总铬的 1/10 换算成 Cr(Ⅵ)后，浓度仍远远高于标准（0.025ng/m³）。对照点 Cr 浓度的季节变化规律与介休市相一致，均是夏季最高，但对照点 Cr 浓度（76.12ng/m³）大于煤焦化区域介休市的 Cr 年均浓度，可能和对照点方山分布有较多的水泥生产企业，而水泥中含有较多的 Cr 元素有关。由图 2-26 看出，在 Zn、Pb、Mn、Cr、Cu、As 六种各季节占比均最多的元素中（图 2-27），Zn、Pb 元素的占比最高且季节变化不大，而 Mn在春季的含量高于其他季节。Zn、Pb 既在煤炭中含量较高又广泛存在于机动车构件及尾气中。Mn 元素在地壳中含量较高，且其是钢铁冶炼中的重要原料。

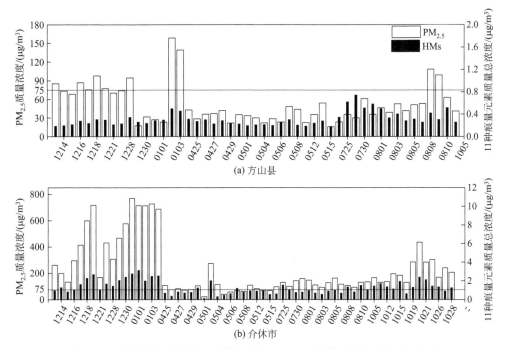

图 2-25 采样期间方山县、介休市大气 PM₂.₅ 及痕量元素浓度的时间序列

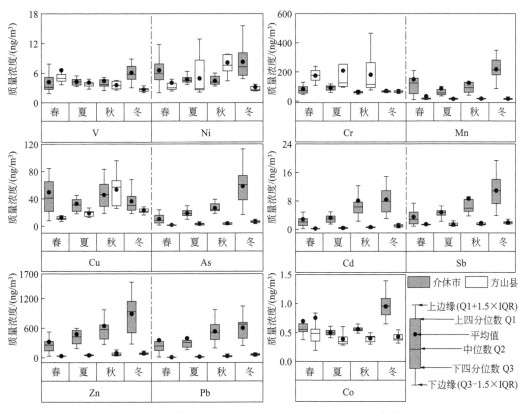

图 2-26 介休市和方山县 11 种痕量元素各季质量浓度变化

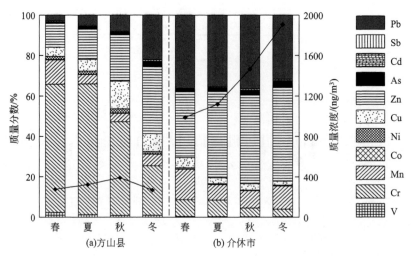

图 2-27 方山县（a）和介休市（b）11 种痕量元素在各季总元素中的占比

2.3.4 多环芳烃

大气颗粒物样品中的 PAHs 利用岛津 GC/MS-2010 plus 进行分析测定。色谱柱为 RTX-5MS（30m×0.32mm×1μm），具体升温程序如下：起始温度为 65℃，在该温度下维持 2min，然后以 5℃/min 的升温速率升到 290℃，在此温度下维持 20min[44]。质谱分析条件：离子源为电子轰击离子源（EI），离子扫描模式为单粒子扫描（SIM）。

我们对焦化区中的介休市和对照区的 PAHs 污染状况进行了研究，结果发现，在采样期间介休市和对照区大气 $PM_{2.5}$ 中总多环芳烃（T-PAHs）的日均浓度变化范围分别为 14.85～5930.80ng/m³ 和 6.63～856.06ng/m³，平均浓度分别为 1239.67ng/m³ 和 154.34ng/m³。2009～2013 年太原市采暖季 $PM_{2.5}$ 中多环芳烃总浓度范围分别为 276.6～1485.5ng/m³、282.7～1398.6ng/m³、145.5～1840.2ng/m³ 和 128.7～1150.9ng/m³，平均值分别为 826.2ng/m³、915.7ng/m³、658.3ng/m³ 和 420.8ng/m³。太原市（2014～2015 年）PM_{10} 中总多环芳烃质量浓度范围为 52.00～1506.11ng/m³，平均值为 689.19ng/m³。与其他城市比较发现（表 2-8），煤焦化区域介休市大气 $PM_{2.5}$-PAHs 的浓度高于太原市在不同年份的值，且显著高于郑州市[45]（工业区，254.0ng/m³，2011～2012 年）、北京市[46]（407.6ng/m³，2005～2006 年）、乌鲁木齐市[47]（303.37ng/m³，2011 年）、广州市[48]（33.89ng/m³，2012～2013 年）、上海市[49]（33.13ng/m³，2014～2015 年）、黄石市[50]（10.65ng/m³，2013 年）、青岛市（263ng/m³，2004～2005 年）[51]、福州市（7ng/m³，2008 年）[52]等国内城市以及国外的葡萄牙波尔图（9.1ng/m³，2007～2008 年）[53]、西班牙萨拉戈萨（2.6ng/m³，2011～2012 年）[54]、意大利佛罗伦萨（13.0ng/m³，2009～2010 年）[55]、土耳其宗古尔达克（169.2ng/m³，2007 年）[56]和德国奥格斯堡（11.0ng/m³，2008 年）[57]。

表 2-8　全球 PM$_{2.5}$ 和 T-PAHs 浓度比较

国家	城市	时期	PM$_{2.5}$/(µg/m³)	T-PAHs/(ng/m³)	城市类型	文献
中国	太原	冬季（2013）	181.4	420.8[①]	城市	本研究
	北京	2005～2006		407.6[①]	城市	
	郑州	2011～2012		254.0[①]	工业区	
	青岛	冬季（2004～2005）	201.0	263.0[①]	路边（交通区域）	
	广州	冬季（2009）		13.0[①]	城市（商业和交通繁忙地区）	
	福州	2008.1.17～23	36.6	7.0[①]	城市	
	乌鲁木齐	2011		303.37		
	广州	2012～2013		33.89		
	上海	2014～2015		33.13		
	黄石	2013		10.65		
葡萄牙	波尔图	冬季（2007～2008）	29.0	9.1[①]	城市	
西班牙	萨拉戈萨	寒冷季（2011～2012）	12.4	2.6[②]	郊区	
意大利	佛罗伦萨	寒冷季（2009～2010）	29.6	13.0[③]	城市（交通繁忙地区）	
土耳其	宗古尔达克	冬季（2007）	40.7	169.2[①]	煤炭开采与相关钢铁工业中心	
德国	奥格斯堡	2008.02～03		11.0[④]	城市	

① Σ16PAH（Nap, Acy, Ace, Flu, Phe, Ant, Fla, Pyr, BaA, Chr, BbF, BkF, BaP, DahA, IcdP, BghiP）。

② Σ15PAH（Phe, Ant, Fla, Pyr, BaA, Chr, BbF, BkF, BjF, BeP, BaP, IcdP, DahA, BghiP, Cor）。

③ Σ16PAH（Flu, Phe, Ant, Fla, Pyr, BaA, Chr, BbF, BkF, BeP, BaP, Per, IcdP, DahA, BghiP, Cor）。

④ Σ11PAH（Fla, Pyr, BaA, Chr, BbF, BkF, BeP, BaP, IcdP, BghiP, Cor）。

2.3.4.1　大气 PM$_{2.5}$ 中 PAHs 的环数分布特征

PAHs 按环数可以分为：2 环、3 环、4 环、5 环、6 环和 7 环。从两个采样点四个季节 PAHs 的环数分布来看（图 2-28），介休市在每个季节主要以 4 环和 5 环 PAHs 为主，和对照点一致。介休市 4～5 环 PAHs 占到总 PAHs 的 77.74%，高于对照点的 68.92%。有文献报道称，化石燃料燃烧是中环 PAHs（4 环）和高环 PAHs（5 环）的主要来源，其中 Fla、Pyr、Phe、Ant 和 Chr 等 4 环物质是煤燃烧污染源的特征指示物[58]。介休市 5 环 PAHs 具有较高的占比，很大程度上是由其中所含 BbF 单体的高贡献导致的，而 BbF 在一定程度上也能指示燃煤源。这说明研究区域和对照点在不同程度上受到燃煤源的影响。介休市作为典型的焦化生产基地，大气 PAHs 污染必然受到焦化源的影响。李恩科等[59]在对炼焦煤粉中 PAHs 分布规律的研究中发现焦炉粉尘中主要含有 4～5 环 PAHs，占比高达 86.32%。He 等[60]研究了中国几种典型焦煤中 16 种 PAHs 的分布特征，发现以 3～5 环 PAHs 为主，其占比高达 83%。有文献，BaP、BbF、BkF 和 DahA 等 5 环物质主要与交通污染源有关[61-63]，Slezakova

等[53]在关于交通污染源排放对大气颗粒物中PAHs的浓度水平以及对人类健康的影响的研究中发现，5环PAHs是其中最主要的化合物。由此说明，介休市采样点受燃煤和交通源的影响较大。

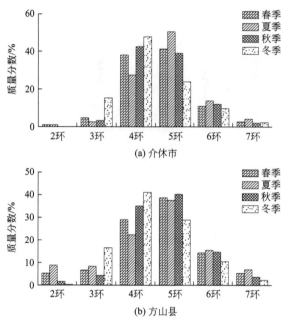

图2-28 介休市（a）和方山县（b）采样点大气PM$_{2.5}$中PAHs在四个季节的环数分布

4环PAHs物质在总PAHs中的占比在两个研究区域具有相同的季节变化规律，即在冬季最高（介休市，48.07%；方山县，41.21%），其次是秋季（介休市，42.77%；方山县，35.09%）和春季（介休市，38.42%；方山县，29.25%），夏季最低（介休市，27.56%；方山县，22.05%），这主要与冬季燃煤污染源源强显著高于其他季节有关。而5环PAHs物质在总PAHs中的占比在两个采样点的变化特征则不太一样，介休市采样点5环PAHs在夏季的占比（50.67%）最高，其次是春季（41.61%）和秋季（39.05%），冬季（24.06%）最低。方山县采样点5环PAHs在秋季（40.37%）、春季（38.69%）和夏季（37.63%）的贡献较为接近，冬季（29.03%）则明显低于其他季节。方山县和介休市采样点冬季3环PAHs的贡献比例分别为16.52%和15.49%，远高于其他季节，分别是其他季节的1.96～3.75倍和3.15～5.70倍。

多环芳烃还可以进一步根据其性质和来源分为低环PAHs（LMWPAHs，2～3环）、中环PAHs（MMWPAHs，4环）和高环PAHs（HMWPAHs，5～7环）。图2-29展示了两个研究区域不同环数组PAHs的季节变化规律，可以发现，两个研究区域春夏秋三个季节均以高环PAHs为主，占比高达50%以上。其一是因为高环PAHs具有较低蒸气压，容易吸附在颗粒物表面；其二是由于BbF单体物质的贡献非常大。冬季中环PAHs占比明显增加，这同样是与冬季燃煤取暖有关。介休市冬季低环PAHs明显增加是因为低环PAHs性质不稳定，冬季气温低，有利于其通过冷凝吸附作用从气相向颗粒相转移。方山县冬季低环PAHs占比较高也是由同样的原因导致的，

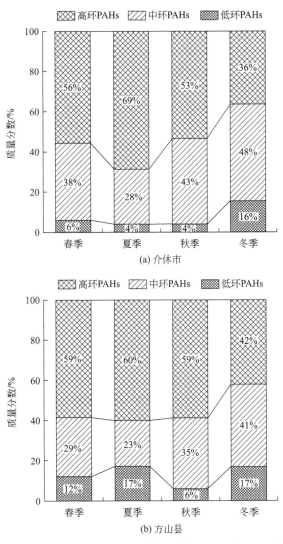

图 2-29　介休市（a）和方山县（b）采样点大气 $PM_{2.5}$ 中 PAHs 的环数分布

而夏季低环 PAHs 占比较高则是由于当地居民在夏季燃煤活动最少，导致中环 PAHs 占比最小，高环 PAHs 占比较为稳定的情况下，低环 PAHs 占比就会相应地有所增高。

以前的研究报告显示，化石燃料燃烧是中分子量（4 环）和高分子量（5～6 环）多环芳烃的主要来源，而 Fla、Pyr、Phe 和 Chr 是燃煤的标志物[58]。在我们的研究中，2009 年、2011 年、2012 年和 2013 年太原市中分子量 PAHs 在总 PAHs 中的占比分别达到 59.8%、54.5%、53.6%和 56.9%；其次是高分子量多环芳烃，分别占总量的 21.5%、28.7%、20.6%和 29.6%。Fla、Pyr、Phe 和 Chr 是主要的 PAHs 单体物质，它们在总 PAHs 中的比例在 4 个调查年份分别高达 68.2%、57.3%、58.2%和 58.9%（图 2-30）。这些结果暗示燃煤可能是太原市 PAHs 的最大贡献源。太原市多环芳烃的组成特征与广州市等交通类城市不同，后者以高分子量 PAHs 为主，单体以 Fla、BbF 和 BkF 含量最多[48]。

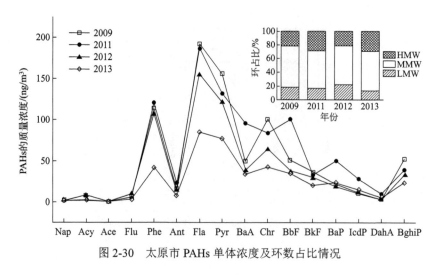

图 2-30　太原市 PAHs 单体浓度及环数占比情况

2.3.4.2　大气 PM$_{2.5}$ 中 PAHs 的单体分布特征

图 2-31 呈现出了介休市和对照点大气 PM$_{2.5}$ 中 17 种 PAH 单体在春夏秋冬四个季节的组成变化特征。可以看出，两个采样点具有一定的相似性。

① 单体物质 BbF 几乎在每个季节的贡献都是最显著的（介休市冬季 BbF 的贡献略低于 Fla），介休市采样点 BbF 单体的贡献比例为 15.53%（冬季）～33.55%（夏季），而方山县 BbF 单体的贡献比例为 17.87%（冬季）～25.92%（秋季）。

② 冬季 PAH 单体的组成分布特征均明显不同于其他三个季节。介休市春夏秋三个季节以 BbF、Chr、BaA、BghiP 这几种单体物质为主，其对总 PAHs 的贡献达到了 59.13%～63.48%，而冬季贡献最为显著的单体物质为 Fla（15.53%）、BbF（15.35%）、Phe（12.93%）、Pyr（11.87%）和 BaA（11.01%），其对总 PAHs 的贡

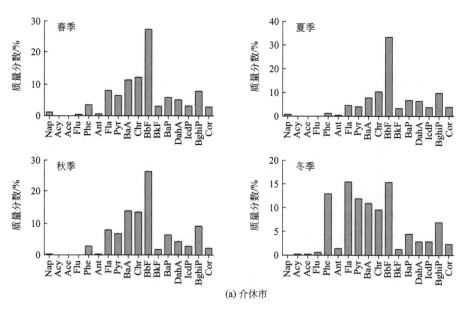

(a) 介休市

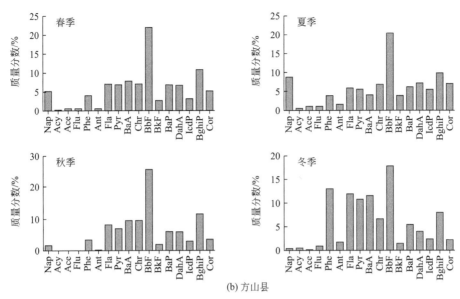

图 2-31　介休市（a）和方山县（b）采样点大气 PM$_{2.5}$ 中 PAHs 的单体分布特征

献达到了 66.70%。方山县采样点春夏秋三个季节贡献最大的两种单体物质为 BbF 和 BghiP，其次是 BaA、Chr 和 Fla（春季和秋季），夏季为 Nap、DahA 和 Cor，而冬季除 BbF 之外，Phe（13.09%）、Fla（12.06%）、BaA（11.59%）和 Pyr（10.86%）的贡献最为显著。这主要与冬季燃煤活动显著增强有关。对照区方山县采样点单体 Nap 和 Phe 具有非常明显的季节变化特征，Nap 在夏季最高，其贡献比例达到了 8.85%，是其他季节的 1.66～21.65 倍。而 Phe 在冬季最高，贡献比例达到了 13.09%，是其他季节的 3.11～3.77 倍。

2.4
颗粒物及其化学组分的粒径分布特征

2.4.1　颗粒物粒径分布特征

牟玲等[64]对四个典型焦化厂装煤和推焦过程中排放的颗粒物的粒径分布特征进行研究后发现，PM$_{1.4}$ 和 PM$_{2.1}$ 分别占总颗粒物的 77% 和 86% 以上（图 2-32）。这一发现与其他研究的发现是一致的，即中国发电厂排放的颗粒物中细颗粒物占有很高的比重[65]。亚微米颗粒的形成可以通过燃料中无机成分的蒸发、冷凝和成核来解释[66]。

众所周知，细颗粒比粗粉煤灰颗粒更容易从空气污染控制装置（APCD）逸出到环境中，这是 $PM_{1.4}$ 在焦化过程排放的总 PM 中占比居多的重要原因。对使用顶装方式装煤的工厂 A 和 B 与使用捣固方式装煤的工厂 C 和 D 进行对比后发现，工厂 C 和 D 释放的 $PM_{1.4}$ 在 PM 中的比例（平均为87.64%）略高于工厂 A 和 B（71.35%），

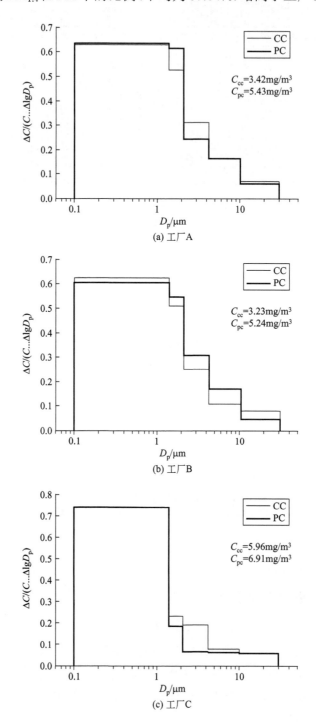

(a) 工厂A

(b) 工厂B

(c) 工厂C

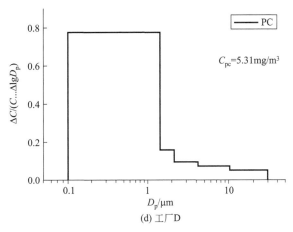

(d) 工厂D

图 2-32　不同焦化厂装煤（CC）和推焦（PC）过程排放的颗粒物的粒径分布特征

提示焦化厂排放颗粒物的粒径分布与其装煤方式也有关系。对于顶装，部分煤粉可能会被蒸汽和焦炉煤气携带升起，然后进入烟气从而导致排放物中粗颗粒的比例较高。此外，图 2-32 还显示出在每个选定的焦化厂中来自装煤（CC）和推焦（PC）的 PM 具有相似的粒径分布规律。这样的结果并不惊奇，因为每个工厂装煤和推焦过程中排放的烟气均使用了相同的袋式除尘器来去除 PM。

颗粒物从污染源排放出来以后，会与大气中已有的颗粒物进行混合，在扩散过程中还会经历复杂的物理和化学过程，导致大气中的颗粒物粒径分布特征与源排放颗粒物的粒径分布出现较大的差异。图 2-33 显示的是孝义市大气颗粒物质量浓度在不同季节的粒径分布情况，所采用的采样器为安德森八级颗粒物撞击采样器（TE-20-800 型），共有 8 个粒径段。春季和冬季的质量浓度谱呈双峰分布，粗粒径段峰值出现在 4.7～5.8μm 处，细粒径段峰值在 0.43～0.65μm 处。夏季和秋季的粗粒径段峰值均出现在 5.8～9.0μm 处，夏季细粒径段峰值在 0.43～0.65μm 处，而秋季的细粒径段峰值在 0.65～1.1μm 处。

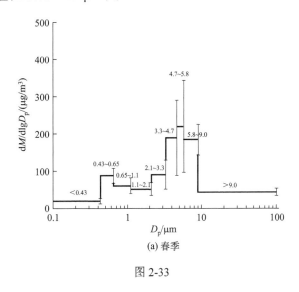

(a) 春季

图 2-33

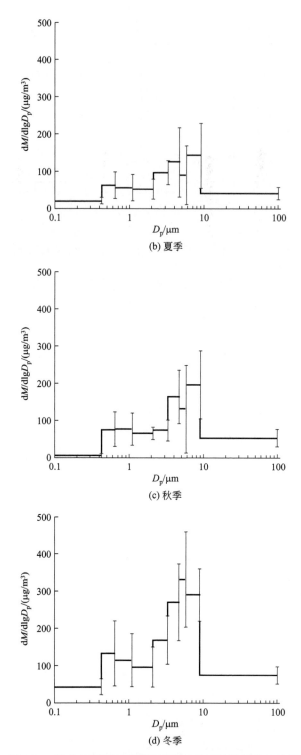

图 2-33　孝义市不同季节颗粒物质量浓度的粒径分布特征

图 2-34 是孝义市不同季节大气颗粒质量浓度的粒径分布情况。其中 5.8～9.0μm 粒径段颗粒物浓度占比最高，约占总颗粒物浓度的 1/4，在秋季占比达到最高（27%）。

4.7～5.8μm 和 3.3～4.7μm 粒径段均在春季占比达到最高，分别为 14%和 20%，研究表明 Ca、Mg 和 Al 等地壳元素的浓度峰值主要出现在 3.3～9.0μm 粒径范围，提示春季的颗粒物主要与扬尘、沙尘等的污染有关[67,68]。2.1～3.3μm 粒径段在夏季占比达到最高（17%）；1.1～2.1μm 粒径段在夏季和秋季的占比最高，均为 13%。文献报道[69]，二次无机气溶胶（SNA：NO_3^-、SO_4^{2-} 和 NH_4^+）主要富集在 1.1～3.3μm 粒径段。0.65～1.1μm 粒径段的颗粒物浓度在秋季占比最高（13%），这可能与近年来太原盆地秋季多雨，大气湿度较高有关。研究表明，由于吸湿性增长和液相转化（0.65～2.1μm）二次形成的增强，SNA 的粒径分布峰值有从 0.43～0.65μm 向 0.65～2.1μm 转移的趋势[70,71]。0.43～0.65μm 粒径段颗粒物浓度占比在四季相差不大，均在 10%～11%的范围内。

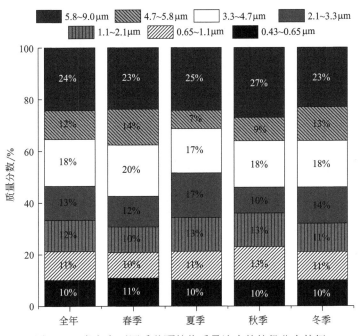

图 2-34 孝义市不同季节颗粒物质量浓度的粒径分布特征

在太原市的研究中，所采用的采样器为 TE-235（Tisch，美国）5 级采样器，共有 5 个粒径段。如图 2-35 所示，太原市 PM_{10} 颗粒物的粒径分布呈现出双峰分布的特征，峰值分别出现在<0.95μm 和 3.0～7.2μm 处，在 5 个粒径范围内，$PM_{0.95}$ 的浓度最高（110.7μg/m³），占 PM_{10} 均值的 64%；其次是 $PM_{3.0\sim7.2}$（29.8μg/m³），占 PM_{10} 均值的 17%。由于采样器限制，本研究把空气动力学直径小于 1.5μm 的大气颗粒物视为细粒子，大于 1.5μm 而小于 10μm 的视为粗粒子，类似区分方法在之前研究中也有使用[72]。细颗粒 $PM_{1.5}$ 平均质量浓度季节变化表现为冬季（142.4μg/m³）>春季（118.8μg/m³）>夏季（67.1μg/m³），分别占 PM_{10} 的 72%、61%和 53%，是 PM_{10} 的重要组成部分。由于目前没有相关 $PM_{1.5}$ 环境空气质量标准，本研究参照二级环境空气质量标准中规定的 $PM_{2.5}$ 日均值限值（75μg/m³）进行对比后发现，冬季和春季的 $PM_{1.5}$ 浓度水平远高于该标准值。冬季的 $PM_{1.5}$ 浓度最高，

占 PM_{10} 的比例也最高。这与冬季燃煤取暖排放出大量污染物有关。夏季由于燃煤减少等原因，细粒子的浓度远低于其他季节。$PM_{1.5\sim10}$ 浓度的变化规律为春季（75.4μg/m³）>夏季（59.9μg/m³）>冬季（56.7μg/m³），虽然夏季和冬季的粗粒子浓度相当，但由于夏季细粒子浓度低导致夏季粗颗粒物所占比例（46.89%）远高于其他季节。

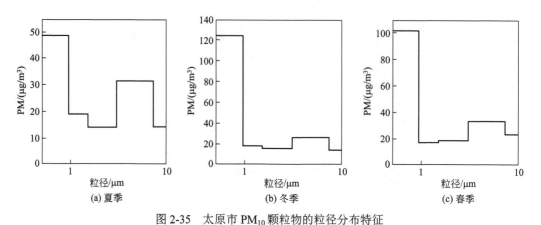

图 2-35　太原市 PM_{10} 颗粒物的粒径分布特征

2.4.2　水溶性离子粒径分布特征

太原市不同季节大气颗粒物中水溶性离子的粒径分布如图 2-36 所示。其与颗粒物粒径分布一致，平均浓度呈双峰分布，峰值分别在<0.95μm 和 3.0～7.2μm 处。小于 0.95μm 颗粒物中的离子在夏季、冬季和春季占总离子的质量分数分别为 47%、

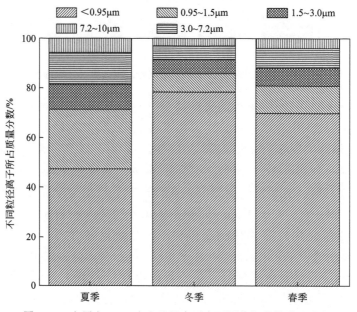

图 2-36　太原市 PM_{10} 中水溶性离子在不同粒径段的分配比例

78%和 70%，是水溶性离子的主要组成，与之前其他地区的研究一致[72]。粗颗粒（$PM_{1.5\sim10}$）中阴离子主要以 NO_3^-、SO_4^{2-}为主，阳离子主要以 Ca^{2+}和 Na^+为主，这 4 种离子分别占粗颗粒中水溶性离子的 28%、23%、22%和 11%。细颗粒（$PM_{1.5}$）中阴离子主要以 NO_3^-和 SO_4^{2-}为主，阳离子主要以 NH_4^+为主，这 3 种离子之和占总离子的质量分数为 79%。

不同离子在不同粒径上的分布差异较大（图 2-37）。夏、冬、春季 SO_4^{2-}、NH_4^+、K^+、Cl^-和冬、春季 NO_3^-均呈单峰分布，峰值在<0.95μm 处；夏、冬、春季 Ca^{2+}、Mg^{2+}和夏季 NO_3^-均呈双峰分布，峰值分别在<0.95μm 和 3.0～7.2μm 处。空气中 SO_4^{2-}的主要来源是化石燃料燃烧直接排放以及其前体物 SO_2 经过光化学反应后生成的[73]，主要集中在细颗粒物上[74]。夏季的高温高湿条件和高浓度 O_3 更有利于光化学反应的进行，这可能是导致夏季细粒子中 SO_4^{2-}比例明显高于冬、春季的原因。分级颗粒物中的 NO_3^-分布类似于 SO_4^{2-}，但夏季高温会使细粒子中的硝酸盐（如 NH_4NO_3）分解，气相中的 HNO_3 被颗粒物再次吸附后与颗粒物中富含的 Ca^{2+}等碱性离子反应而存在于粗颗粒物中（粗颗粒中的 NO_3^-与 Ca^{2+}的相关性为 $R^2=0.896$，$P<0.01$），这是导致夏季 NO_3^-在粗细粒子中各占约 50%的原因。NH_4^+主要来源于排放到空气中的 NH_3 与酸性物质（H_2SO_4、HNO_3 和 HCl）的中和反应，多以$(NH_4)_2SO_4$、NH_4NO_3 和 NH_4Cl 等形式存在，因此多存在于细颗粒物上。大气颗粒物中的 Ca^{2+}和 Mg^{2+}有相似的来源，多来自土壤、建筑、燃煤等源，因此粒径分布基本一致。

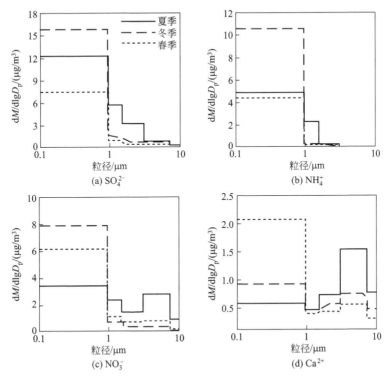

图 2-37

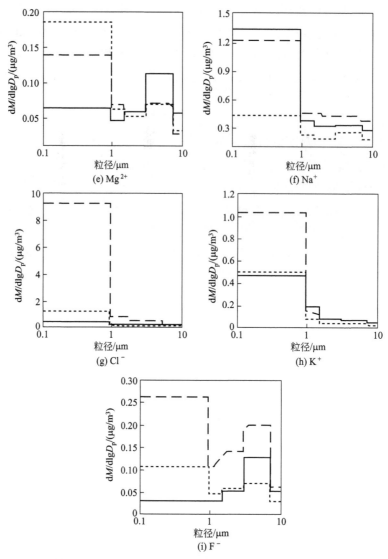

(e) Mg²⁺

(f) Na⁺

(g) Cl⁻

(h) K⁺

(i) F⁻

图 2-37　太原市 PM_{10} 中主要水溶性离子的粒径分布特征

2.4.3　PAHs 的粒径分布特征

太原市（2014～2015 年）PM_{10} 和 PAHs 的浓度变化趋势相似[75]，它们之间呈现强正相关（R^2=0.88），表明它们具有相似的来源。同时，PM_{10} 和 PAHs 的粒径分布也相似，粒径<0.95μm 的颗粒物和 PAHs 是主要的粒径部分，分别占 PM_{10} 和总 PAHs 总量的 53.61%～81.19%和 63.19%～95.03%［图 2-38（b）和（c）］。PM_{10} 中小粒径占比较高提示其来源主要受人为源所控制（例如车辆尾气排放和煤炭燃烧）[76]。文献报道[77]，细颗粒（D_p<2μm）主要由气体到颗粒的转化和不完全燃烧产生，以焦炭企业气溶胶样品为例，$PM_{1.4}$ 和 $PM_{2.1}$ 分别占总颗粒物的 77%和 86%以上[64]。在燃煤

排放中，超过 77% 的排放物是粒径小于 2.5μm 的细颗粒物[78]。较小尺寸的颗粒物具有较大的比表面积，因此可以吸附或吸收更多的多环芳烃。因此，粒径<0.95μm 的 T-PAHs 的富集度也是最高的。

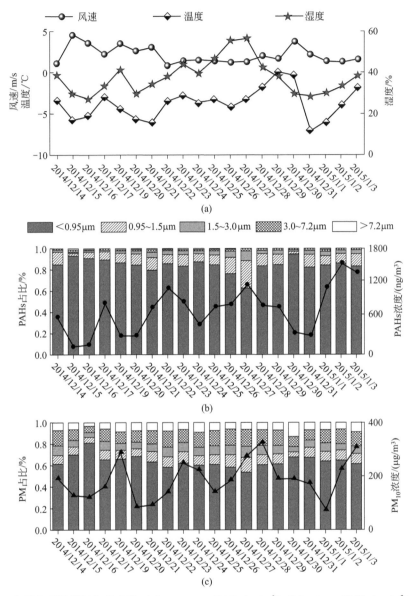

图 2-38　太原市采样期间气象参数（a）、T-PAHs 浓度（ng/m³）（b）、PM$_{10}$ 浓度（μg/m³）（c）的时间序列，以及 T-PAHs（b）和 PM$_{10}$（c）的分粒径百分比

在不同粒径范围的总 PAHs 中燃烧源 PAHs（COMPAHs：Flu、Pyr、Chr、BbF、BkF、BaA、BaP、IcdP 和 BghiP）[79]和致癌性 PAHs（CANPAHs：BaA、BbF、BkF、BaP 和 IcdP）[79]的占比如图 2-39 所示，随着粒径的减小，这两组 PAHs 的贡献占比在逐渐增加，COMPAHs 的总浓度占各粒径范围内总 PAHs 的 53.47%～66.42%，说明汾河平原冬季多环芳烃的主要来源是燃烧源，5 种粒径范围中 CANPAHs 与总

PAHs 的质量百分比区间为 23.82%～38.00%。本研究获得的数据低于其他研究——中国郑州市[80]（>50%），中国南京市[81]（49.24%～64.51%），巴西圣保罗[82]（50%）；高于印度阿姆利则[83]（12%）；与中国辽宁省[84]（29%）、中国厦门市[85]（28%）、中国黄河三角洲国家级自然保护区[86]（27%）的研究结果相似。BaP 是一种强致癌单体，其浓度已被用来表明 PAHs 对人类的潜在健康风险[87]。许多国家和城市都为此化合物制定了相应的环境空气质量标准。中国 BaP 的日标准浓度值为 2.5ng/m³。在本研究中，BaP 的平均质量浓度为 42.54ng/m³，约为标准限值的 17 倍。而世界卫生组织建议的更为严格的 BaP 室内参考日均浓度值为 1ng/m³。这表明汾河平原冬季污染严重，可能对当地居民的健康构成威胁。

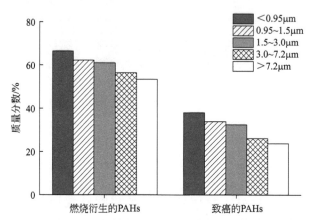

图 2-39　太原市不同粒径颗粒物中燃烧源 PAHs 和致癌性 PAHs 占比

如图 2-40（a）所示，随着粒径的增加，低分子量（LMW）PAHs（2、3 环 PAHs）的占比也在增加，相反，高分子量（HMW）PAHs 的比例（5～7 环 PAH）在减少。中等分子量（MMW）PAHs 的分布比例在不同粒径范围内无显著差异。不同城市的结果相似，因为挥发性较低的 PAHs 优先凝结在细颗粒上，而挥发性较高的物质由于开尔文效应有向较大粒径颗粒转移的趋势。虽然低环数 PAHs 在粗颗粒中的分布比例高于其在细颗粒中的分布，但所有 PAHs 主要集中在<0.95μm 的粒径范围内，其次是 0.95～1.5μm 的范围［图 2-40（b）］。除 Nap 外，粒径范围<0.95μm 的其他 PAHs 化合物的比例达到 80%以上。

为了更好地表征 PM_{10} 和 PAHs 的粒径分布，我们在对数坐标系统中绘制了 $dC/dlgD_p$ 与 D_p 的相对质量的直方图，这是比较粗颗粒和细颗粒对 PAHs 浓度贡献的有效方法。如图 2-41 所示，PM_{10} 和有 2 个环的 Nap 呈现双峰分布。PM_{10} 的主要峰值在<0.95μm（积聚模态）和 3.2～7.2μm（粗粒子模态）的粒径范围内，而 Nap 的峰值处在 0.95～1.5μm（积聚模态）和 7.2～10μm（粗粒子模态）的粒径范围内，Nap 的这种分布特征与其他报道的结果相似[88]。其余 16 种 PAHs 均呈现出近乎单峰的粒度分布特征，Acy（3 环）、Ace（3 环）和 Cor（7 环）的峰值处在<0.95μm 范围内（累积模式），其余单体的峰值均在 0.95～1.5μm 的范围内。PM_{10} 中 PAHs 的不同粒径分布特征表明 PM_{10} 的分布不是太原市 PAHs 粒径分布的控制因素。

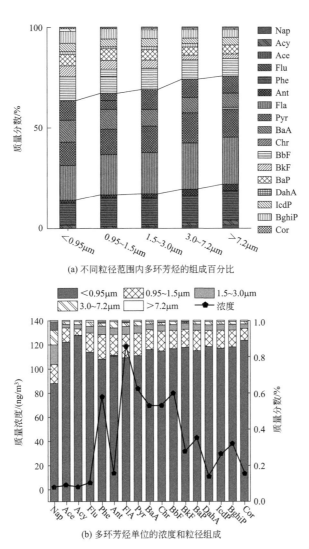

(a) 不同粒径范围内多环芳烃的组成百分比

(b) 多环芳烃单位的浓度和粒径组成

图 2-40　太原市不同粒径范围内多环芳烃的组成百分比（a）以及太原市
多环芳烃单体的浓度（ng/m³）和粒径组成（%）（b）

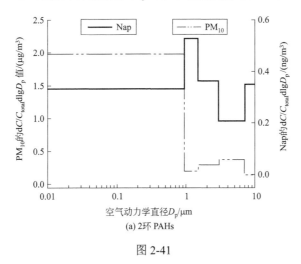

(a) 2环 PAHs

图 2-41

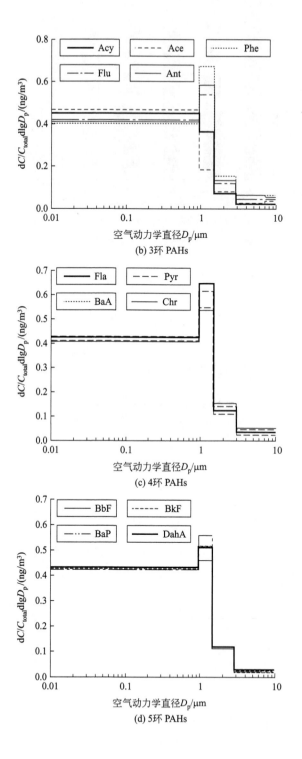

(b) 3环 PAHs

(c) 4环 PAHs

(d) 5环 PAHs

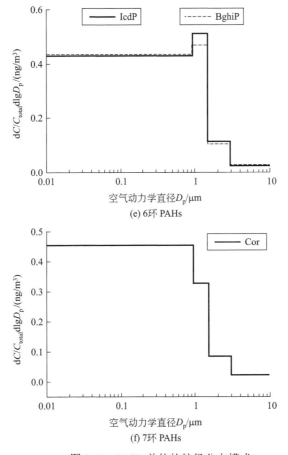

图 2-41　PAHs 单体的粒径分布模式

[dC 是每张滤膜的质量浓度，C_{total} 是所有滤膜上的总浓度，$dlgD_p$ 是 5 级撞击式采样器
相邻层级之间空气动力学直径（D_p）的对数差]

　　前人对源排放中 PAHs 粒径分布规律的研究表明[78, 89]，PAHs 主要分布在积聚模态的颗粒物中。城市颗粒中 PAHs 的粒径分布模式总是与刚排放的源颗粒不同。早期的城市研究发现，LMWPAHs 具有双峰粒径分布特征，其中一个峰值位于积聚模态的粒径范围（<2.5μm），另一个峰值位于粗粒子模态的粒径范围（>2.5μm）。随着 PAHs 环数的增加，积聚模态峰值逐渐增加，而 5 环和 6 环 PAHs 的粗粒子模态的峰值在逐渐减小甚至消失。具有相同分子量的物种在老化气团中呈现出相似的分布类型，这是因为 PAHs 化合物在释放到空气中后会经历气体和颗粒之间或不同大小颗粒之间的再分配过程。这两个过程都由多环芳烃的蒸气压所控制，而这通常与它们的分子量直接相关。因此，老化时间越长，分布类型与分子量的关系越明显。也就是说，具有相同分子量和相似偶极矩的 PAHs 化合物具有几乎相同的粒径分布。

　　在本研究中，除 Nap 外，在其他单体上均没有观察到双峰分布特征，提示太原市 PAHs 的粒径分布特征与其分子量之间没有关系。相反，太原市气溶胶样品的粒径分布特征更接近源样品的分布特征，表明 PAHs 可能主要来自当地的新鲜排放，在短距离传输过程中，环境空气中不同大小的颗粒之间没有达到平衡。先前的研究报告表明[90]，到源头的距离越短，细颗粒中含有的 PAHs 的比例就越高。此外，汾河平原冬季低温干燥的大气条件不利于燃烧产生的细小颗粒的生长和 PAHs 从细颗粒中的挥发，而这却是 PAHs 附着于粗颗粒中的重要途径。

使用 Kavouras 和 Stephanou[91]提供的方程计算质量中值直径（MMD），即颗粒物筛下或筛上累积质量达到总质量 1/2 时所对应的颗粒物的直径。在太原市，PM_{10} 的 MMD 值在 0.59～0.89μm 之间，平均为 0.75μm，远低于天津市[92]（1.84～1.88μm）、广州市[90]（0.98μm）和希腊北部的塞萨洛尼基[93]（1.26μm）等其他城市。我们的研究结果表明，太原市的细颗粒物污染非常严重。单个 PAH 的 MMD 值低于 PM_{10} 的 MMD 值，除 Nap（0.72μm）外，其余各 PAHs 的 MMD 值均在 0.53～0.59μm 范围内，这些值高于交通尾气（汽油动力汽车，0.45μm；摩托车，0.15～0.42μm）和低黏性煤燃烧（0.11～0.13μm）排放颗粒物中 PAHs 的 MMD 值，也高于台湾南部交通繁忙的路边所采集颗粒物中 PAHs 的 MMD 值（总多环芳烃含量在 0.01～10μm 范围内，约为 0.3μm），但低于生物质和煤炭燃烧排放颗粒物中 PAHs 的 MMD 值（室内作物残渣燃烧，0.96～1.5μm；薪柴，0.75μm；灌木丛，1.4μm；低黏性煤，0.95～0.98μm，表明汾河平原 PAHs 来源属于各源的综合污染。另外，源排放污染物的气化-凝结过程生成的主要是细粒径颗粒物，导致随烟气排出的 PAHs 优先富集在细粒径颗粒物上，是其 MMD 值较低的另一重要原因。

牟玲等[64]对焦化厂排放颗粒物中 PAHs 的粒径分布进行研究发现，颗粒相 PAHs 与 $PM_{1.4}$ 密切相关，分别占焦化过程中来自装煤（CC）和推焦（PC）的 PAHs 总量的 85.27%和 85.03%。$PM_{1.4}$ 对烟道烟气中总 PAHs 的贡献比其他粒径段的颗粒物要高得多，这与中国焦化厂环境空气中收集到的颗粒物样品的粒径分布特征一致。但是，来自捣固装煤的工厂的 $PM_{1.4}$ 中 PAHs 的质量分数为 89.30%，略高于顶部装煤的工厂（82.01%），与捣固装煤的工厂排放出的颗粒物的粒径较小有关。众所周知，$PM_{2.5}$ 等细颗粒物很容易通过人的咽喉进入肺部，焦化行业细颗粒物中 PAHs 含量较高，对人体健康，尤其是对炼焦工人的危害极大。由于中国焦化厂采用单一高炉无法达到将各种尺寸的颗粒物捕集到 99.99%的高效率，因此未来焦炭生产中应考虑在空气污染控制装置（APCD）中进行一些改进。CC 和 PC 过程中排放的单个 PAH 的粒径分布如图 2-42 所示。可以看出，分子量较大的 PAHs（HMWPAHs，包括 Chr、BaA、BbF、BkF、BaP、InP、DbA 和 BghiP）的尺寸分布是单峰的，在 $PM_{1.4}$ 中达到峰值，占颗粒中 PAHs 总量的 91.90%。相比之下，分子量在 128～202 之间的 PAHs 在较大颗粒中的含量相对较高。推测低分子量多环芳烃（LMWPAHs）通过挥发和冷凝变成粗颗粒。已经证明 PM 的数量浓度和大小、每种 PAH 单体的饱和蒸气压及其在气相中的浓度是冷凝过程的关键因素。一般来说，细颗粒更容易发生冷凝，因为它们的数量更大，且可以提供更大的比表面积。具有低挥发性的高分子量 PAHs 与烟灰一起排放并吸附在细颗粒上，而低分子量 PAHs 受到开尔文效应的影响在较小的 PM 上的吸附受到抑制。因此，高分子量多环芳烃在形成的早期往往以较小的颗粒形式存在，而低分子量多环芳烃主要在焦化过程中烟气冷却时凝结成较大的颗粒。

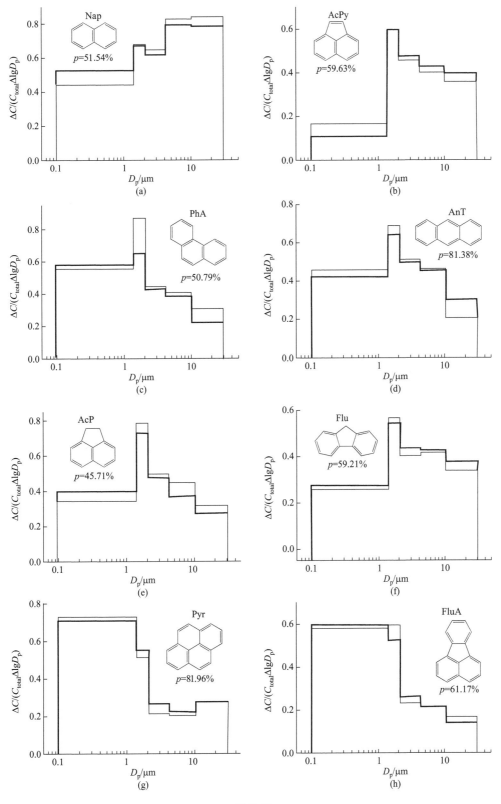

图 2-42

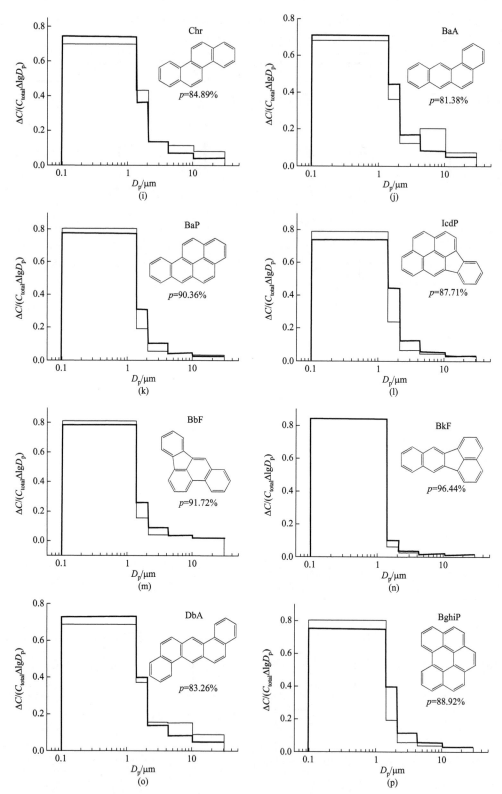

图 2-42 焦化厂装煤（CC）和推焦（PC）过程中排放的单个多环芳烃的粒度分布
（粗线和细线分别是 CC 和 PC 的流程；p 表示≤1.4μm 颗粒物中多环芳烃的平均质量分数）

煤焦化区域大气污染特征及健康危害效应

2.5
酸性

酸性计算方法如下。

离子平衡是评估气溶胶酸度的一个很好的指标，它由阳离子当量（CE）和阴离子当量（AE）来确定，计算公式如下[94]：

$$AE = \frac{[F^-]}{19} + \frac{[Cl^-]}{35.5} + \frac{[NO_3^-]}{62} + \frac{[SO_4^{2-}]}{96} \tag{2-1}$$

$$CE = \frac{[Na^+]}{23} + \frac{[NH_4^+]}{18} + \frac{[K^+]}{39} + \frac{[Mg^{2+}]}{24} + \frac{[Ca^{2+}]}{40} \tag{2-2}$$

式中　[X]——被测离子的质量浓度。这种方法假设：当与 $PM_{2.5}$ 中的阴离子电荷相比，其阳离子电荷不足时可由 H^+ 贡献[95]。因此，当阴离子当量浓度与阳离子当量浓度之比（AE/CE）大于 1 时，颗粒物被认为是酸性的；否则，颗粒物呈碱性[96]。

焦化区介休市采样点 AE/CE 的年均比值具有良好的线性相关关系（$R=0.93$），表明样品离子在中和过程中保持较为恒定的关系。介休市冬季 AE/CE 回归方程的斜率为 1.38（图 2-43），远大于 1，表明该季节 $PM_{2.5}$ 呈酸性。冬季 AE/CE 的比值较高可能是由于冬季燃煤量增加，排放出较多的 SO_2、NO_x 等酸性气体。据报道，气溶胶酸度会影响气溶胶表面发生的依赖于 pH 值的非均相化学过程，例如 SO_2 的氧化、N_2O_5 的水解和有机气溶胶的形成[97]；Hung 和 Hoffmann[98]发现 SO_2 可以在酸性水化气溶胶表面（发生非均相反应）上被 O_2 快速氧化，尤其是在没有光的情况下。Tian 等[97]报道，较高的颗粒物酸度可以促进无机和有机二次气溶胶的形成，增强颗粒物的吸湿性并促进颗粒物吸湿生长。这可以进一步解释为什么除了大气污染物排放量高和天气条件静稳这两个条件外，在焦化区的冬季，雾霾总是相对严重且发生频繁。此外，气溶胶酸度会影响 Fe 和 Cu 等微量金属的溶解度，并影响 $PM_{2.5}$ 的总毒性。

与冬季相反，$PM_{2.5}$ 在春季和夏季呈碱性，因为 AE/CE 的比值小于 1。春季 AE/CE 的比值接近 1，表明 $PM_{2.5}$ 呈中性。与焦化区不同的是，对照区 AE/CE 的比值在四个季节均低于或接近 1，表明对照点中 $PM_{2.5}$ 全年呈碱性或中性（图 2-43）。

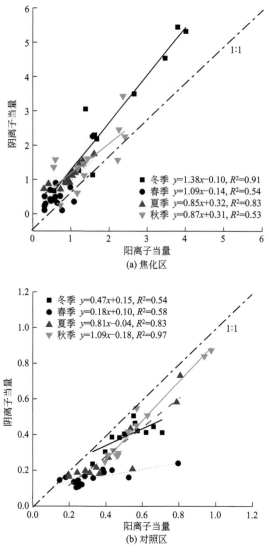

图 2-43　不同季节焦化区（a）和对照区（b）PM$_{2.5}$阴阳离子平衡关系

图 2-44 显示了太原市四个季节的阴阳离子之间的线性关系。结果表明，四个季节中阳离子和阴离子当量浓度的相关性都较强（夏季，R^2=0.9476；秋季，R^2=0.7339；冬季，R^2=0.9050；春季，R^2=0.8927）。除秋季外，夏季、冬季和春季拟合直线的斜率大于 1，这意味着存在阳离子缺失。在夏季，阳离子缺乏可能与本研究未检测到羧酸和磷酸盐有关，跟较高的气温和较强的光化学反应也有一定的关系。在秋季，拟合直线的斜率几乎等于 1，颗粒接近中性，主要是由于碱性离子 Ca^{2+}浓度较高（仅略低于春季）而主要的酸性离子 SO$_4^{2-}$浓度全年最低。在冬季，拟合直线的斜率高于 1，且 40.74%的样本分布在 1∶1 的线的上方。因为酸性离子 SO$_4^{2-}$（57.21μg/m^3）和 Cl$^-$（13.50μg/m^3）在冬季浓度较高，因此，颗粒呈弱酸性。至于春季，拟合直线的斜率也大于 1，但 38.24%的样本分布在 1∶1 的线的下方，这表明由于沙尘暴中碱性化合物显著增加导致颗粒物呈弱碱性。

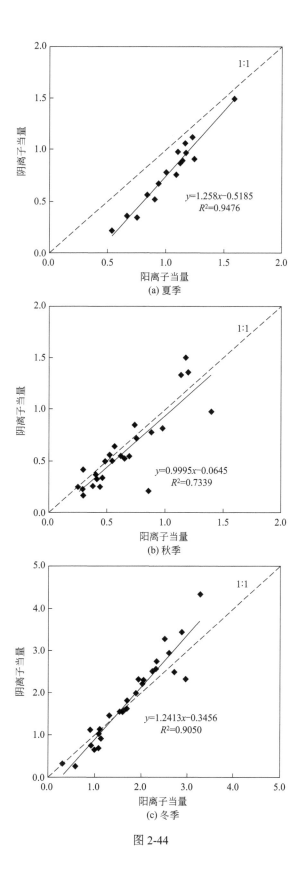

(a) 夏季

$y=1.258x-0.5185$
$R^2=0.9476$

(b) 秋季

$y=0.9995x-0.0645$
$R^2=0.7339$

(c) 冬季

图 2-44

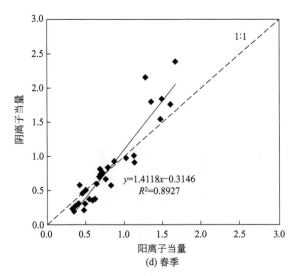

图 2-44　太原市四个季节的总阳离子与阴离子当量浓度平衡关系

2.6

消光性

　　我们使用式（2-3）[99]计算了消光系数 b_{ext}，并探讨了哪些类型的化学成分是导致采样点能见度下降的关键因素。计算过程中，有 6 种主要成分参与了计算，包括硫酸铵 [$(NH_4)_2SO_4$]、硝酸铵（NH_4NO_3）、有机物 [OM，基于测量的有机碳（OC）质量]、元素碳（EC）、细粒径土壤颗粒（FS、地壳元素加氧化物）和粗粒子（coarse mass，CM）。由于研究地点位于内陆地区，海盐被排除在算法之外。f(RH)是关于湿度（RH）的函数，用于校正硫酸盐和硝酸盐的吸湿增长对干粒子消光效率的影响。式（2-3）的详细算法如下所示：

$$b_{ext} \approx 2.2 \times f_s(RH) \times [Small(NH_4)_2SO_4] + 4.8 \times f_L(RH) \times [Large(NH_4)_2SO_4] +$$
$$2.4 \times f_s(RH) \times [Small\ NH_4NO_3] + 5.1 \times f_L(RH) \times [Large\ NH_4NO_3] +$$
$$2.8[Small\ OM] + 6.1[Large\ OM] + 10 \times [EC] + 1 \times [FS] + 0.6 \times [CM] +$$
$$Rayleigh\ Scattering + 0.33 \times [NO_2(ppb)] \tag{2-3}$$

　　式中，括号内的单位为 b_{ext} 和颗粒成分的浓度，分别以 L/(mol·m)和 $\mu g/m^3$ 表示；对 f(RH)、[FS]和 OM 的估算采用 Guo 等[100]的报道，并将$(NH_4)_2SO_4$、NH_4NO_3和 OM 的浓度分为大粒径（Large）和小粒径（Small）两部分；[CM]=[PM_{10}]−[$PM_{2.5}$]；当 NH_4^+过量时，即过量[NH_4^+]=([NH_4^+]/[SO_4^{2-}]−2)×[SO_4^{2-}]>0$\mu g/m^3$ 时，使用式（2-4）计算$(NH_4)_2SO_4$ 和 NH_4NO_3 的浓度，而当NH_4^+不足时则使用式（2-5）进行计算：

$$[(NH_4)_2SO_4]=1.375[SO_4^{2-}], \quad [NH_4NO_3]=1.29[NO_3^-] \qquad (2\text{-}4)$$

$$[(NH_4)_2SO_4]=0.944[NH_4^+]+1.02[SO_4^{2-}], \quad [NH_4NO_3]=0 \qquad (2\text{-}5)$$

根据 Tao 等[101]的研究，使用式（2-6）计算重建的 $PM_{2.5}$ 质量：

$$[PM_{2.5}]=[(NH_4)_2SO_4]+[NH_4NO_3]+[OM]+[EC]+[FS] \qquad (2\text{-}6)$$

我们在检测和重建的颗粒物质量之间发现了良好的相关性（焦化区，$R^2=0.96$；对照区，$R^2=0.78$；太原市，$R=0.90$），这表明上述化学成分之和可以很好地代表检测的细颗粒物。

在介休市，计算得出的年平均 b_{ext} 为(1445.9 ± 1385.6)L/(mol·m)，b_{ext} 最大值出现在冬季［(2803.5 ± 1800.8)L/(mol·m)］，其次是秋季［(1685.1 ± 825.3)L/(mol·m)］、夏季［(1023.4 ± 325.2)L/(mol·m)］和春季［(388.8 ± 142.0)L/(mol·m)］（图 2-45）。在对照区，计算得出的年平均 b_{ext} 为(308.4 ± 194.7)L/(mol·m)，季节平均值为 $166.0\sim499.9$L/(mol·m)。

与使用类似评估方法的其他城市相比，介休市的平均 b_{ext} 值高于太原市[100]［(470.7 ± 308.4)L/(mol·m)］、北京市[102]［879.9L/(mol·m)］和广州市[103]［326L/(mol·m)］。此前的研究表明[100]，$(NH_4)_2SO_4$ 和 OM 是山西太原市 b_{ext} 的主要贡献者，分别占 b_{ext} 总量的 29.6% 和 27.6%。在本研究的焦化区中，$(NH_4)_2SO_4$ 在冬季对 b_{ext} 的贡献最大（43%），其次是 OM（33%）。在对照区则与之相反，有机质冬季 b_{ext} 的贡献最大（42%），而$(NH_4)_2SO_4$ 贡献了 20%，EC 贡献了 14%。在春季，CM 是两个采样点的最大贡献者（焦化区域为 31%；对照区为 29%）。OM 在焦化区的贡献位列第二（26%），而 FS 在对照区的贡献位列第二（27%）。在夏季和秋季，$(NH_4)_2SO_4$ 在焦化区和对照区对 b_{ext} 的贡献均超过 46%。OM 是焦化区的第二大贡献物种（夏季 15%；秋季 23%），在对照区，OM 和 FS 在夏季对 b_{ext} 的贡献相当（11%），而 NH_4NO_3 在秋季是第二大贡献物种（19%）（图 2-46）。

太原市的年均消光系数为(470.7 ± 308.4)L/(mol·m)，在冬季最高［(604.0 ± 358.8)L/(mol·m)］，其次是夏季［(430.1 ± 276.6)L/(mol·m)］和春季［(298.3 ± 104.6)L/(mol·m)］。虽然春季 $PM_{1.5}$ 的浓度（106.3μg/m³）高于夏季（67.8μg/m³），但春季 b_{ext} 相对较低。因此，化学成分的组成对 b_{ext} 有着重要影响。通过 IMPROVE 算法与其他城市相比，太原市各化学组分的消光系数平均值低于宝鸡市[104]［494L/(mol·m)］和北京市[102]［879.9L/(mol·m)］，高于南方城市，如厦门市[105]［214.3L/(mol·m)］、广州市[103]［326L/(mol·m)］等。

先前的研究表明，化学物质对 b_{ext} 的相对贡献与地理位置有关。$(NH_4)_2SO_4$ 是济南市[106]、广州市[103]和西安市[107]b_{ext} 的最大贡献者，而据报道，OM 是宝鸡市[104]、厦门市[105]、北京市[102]b_{ext} 的最大贡献者。在本研究中，如图 2-47（b）所示，我们发现$(NH_4)_2SO_4$ 和 OM 在整个采样期间是太原市 b_{ext} 的主要贡献者，分别占 b_{ext} 的 38.2% 和 26.2%。EC、NH_4NO_3、FS、CM 对 b_{ext} 的平均贡献分别为 13.0%、12.0%、6.3%、4.5%。就不同季节而言，$(NH_4)_2SO_4$ 是夏季 b_{ext}（55.4%）的最大贡献者，而 OM 是冬季（41.7%）b_{ext} 的最大贡献者。NH_4NO_3 在夏冬季贡献占比都很大，对 b_{ext}

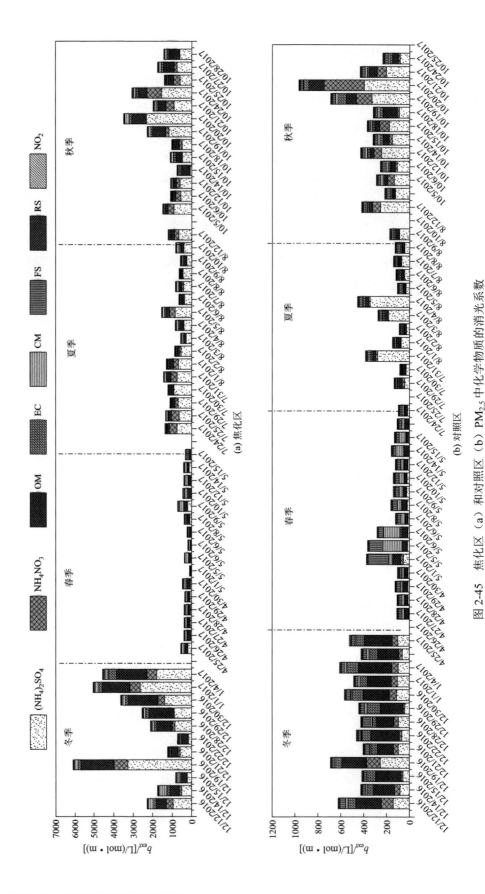

图 2-45　焦化区（a）和对照区（b）PM$_{2.5}$中化学物质的消光系数

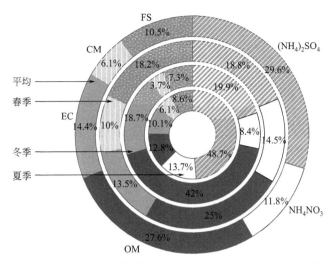

图 2-46　介休市 PM 化学成分对消光系数（b_{ext}）的相对贡献

的贡献为从夏季的 9.0% 到冬季的 15.1% 不等。CM 在夏季对 b_{ext} 的贡献最大，贡献率为 5.3%，而 FS 在冬季对 b_{ext} 的贡献最大，贡献率为 6.6%。

我们进一步分析了主要化学成分在非雾霾天和雾霾天的贡献特征。如图 2-47（a）所示，与非雾霾天相比，除细粒径土壤颗粒外，夏季雾霾天中 $(NH_4)_2SO_4$、NH_4NO_3、OM、EC、CM 的消光系数值分别增加了 4.0 倍、2.9 倍、1.3 倍、1.1 倍、1.6 倍。而在冬季的雾霾天 $(NH_4)_2SO_4$、NH_4NO_3、OM、EC、CM、FS 的消光系数值分别是非雾霾天的 4.6 倍、7.4 倍、2.5 倍、1.9 倍、2.2 倍和 1.3 倍。图 2-47（b）还显示了不同化学成分在夏季和冬季的雾霾天、非雾霾天对 b_{ext} 的贡献。$(NH_4)_2SO_4$ 和 NH_4NO_3 是夏季 b_{ext} 的主要贡献者，在雾霾天的贡献比非雾霾天更大。雾霾天的平均贡献率分别为 66.2% 和 15.6%，非雾霾天的平均贡献率分别为 44.5% 和 14.6%。在冬季，OM 是 b_{ext} 的最大贡献者，在雾霾天和非雾霾天分别占 38.9% 和 44.5%。$(NH_4)_2SO_4$ 在冬季非雾霾天的贡献率为 15.9%，在雾霾天这一比例增加到 26.0%。这些结果与之前中国的一些研究一致。Yu 等[108]还发现 OM 是南京市能见度良好天气（能见度>10km）的最大贡献者，而 OM 和 $(NH_4)_2SO_4$ 对能见度较差天气（能见度<5km）的 b_{ext} 贡献持平。

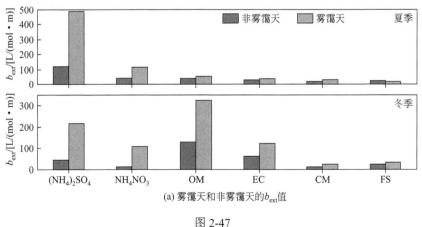

图 2-47

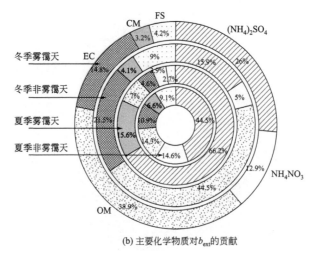

(b) 主要化学物质对b_{ext}的贡献

图 2-47　太原市雾霾天和非雾霾天的 b_{ext} 值（a）及主要化学物质对 b_{ext}（b）的贡献

2.7

二次成分

2.7.1　二次无机气溶胶生成机制研究

2.7.1.1　SO_4^{2-}、NO_3^- 和 NH_4^+ 的结合方式

由于 SO_4^{2-}、NO_3^- 和 NH_4^+（SNA）是焦化区和对照区 $PM_{2.5}$ 中主要的水溶性离子，因此我们对其存在形式进行了详细探讨。以往的研究表明，SO_4^{2-}、NO_3^- 和 NH_4^+ 主要来源于气态污染物的二次转化。它们的存在形式受大气中大量氨的控制。由于硝酸铵的蒸气压远高于硫酸铵，因此在 NH_3 含量丰富和高湿度的条件下，铵先以硫酸铵或硫酸氢铵的形式存在，然后以硝酸铵的形式存在（$[NH_4^+]/[SO_4^{2-}]>1.5$，特别是>2），最后以氯化铵的形式存在。在介休市和对照区，许多情况下，NH_4^+ 与 NO_3^- 和 SO_4^{2-} 高度相关，但与 Cl^- 的相关性较弱。这表明 NH_4^+、NO_3^- 和 SO_4^{2-} 在两地大气气溶胶中可能主要以$(NH_4)_2SO_4$、NH_4HSO_4 和 NH_4NO_3 的形式存在。为了更清楚地了解焦化区 SNA 的存在形式，我们提出了五个假设（图 2-48），并根据摩尔单位（$\mu mol/m^3$）进行了不同假设下铵浓度的计算。例如，当所有的硝酸盐都是以 NH_4NO_3 的形式存在、硫酸盐都是以$(NH_4)_2SO_4$ 的形式存在时，计算出的铵离子=$2\times[SO_4^{2-}]+1\times[NO_3^-]$。另外，根据$[NH_4^+]$的计算值与实测值的拟合度，可以推断出三种 SNA 之间的形成过程。

在焦化区域的冬、春、秋季以及对照区的秋季，当假定$(NH_4)_2SO_4$ 和 NH_4NO_3 共存时，计算的 NH_4^+ 与实测的 NH_4^+ 具有良好的相关性，曲线斜率接近 1.0（图 2-48），说明 NH_4^+ 主要以$(NH_4)_2SO_4$ 和 NH_4NO_3 的形式存在。如果这种假设成立，硝酸盐浓度应该与"过量 NH_4^+"浓度成正比。对照区秋、冬季硝酸盐摩尔浓度与过量 NH_4^+ {即过量$[NH_4^+]$=$([\ NH_4^+]/[SO_4^{2-}]-1.5)\times[SO_4^{2-}]$} 摩尔浓度呈线性相关，斜率接近 1.0，这与 HNO_3 与 NH_3 气相均相反应的摩尔比一致。在对照区中观察到的这种现象与在许多其他地方观察到的现象一致。出乎意料的是，焦化区域中大约 60%的硝酸盐没有被氨平衡，因此这些样品中的硝酸盐的形成不能用氨和硝酸之间的气体均相反应机制来解释。一种可能性是，一些硝酸气溶胶未与 NH_3 结合，而是与其他盐类或细颗粒中的地壳物质发生了反应 [例如 $NaCl+HNO_3(g) \longrightarrow NaNO_3+HCl(g)$]。另一种可能是，一些 NH_4^+ 可能以另一种形式呈现，例如 NH_4Cl。焦化区域春秋两季 NH_4^+ 与 NO_3^- 之间不存在显著相关性，进一步支持了这一推论。

在对照区的夏季，计算出的 NH_4^+ 与实测 NH_4^+ 的散点图位于 1∶1 的平衡线上，表明 NH_4^+ 主要以$(NH_4)_2SO_4$的形式存在。焦化区域的夏季和对照区的冬季，在 "SNA 以$(NH_4)_2SO_4$ 和 NH_4NO_3 的形式存在" 的这一假设下计算出的 NH_4^+浓度高于实际检测的水平（图 2-48），而硝酸盐浓度随着过量铵浓度的增加而增加，且二者呈现出良好的线性关系，暗示氨不足以中和硫酸盐和硝酸盐。上述结果表明，在对照区的春季，大部分硫酸盐和硝酸盐没有被氨中和，而是与其他地壳物质如 Mg^{2+} 和 Ca^{2+} 结合。

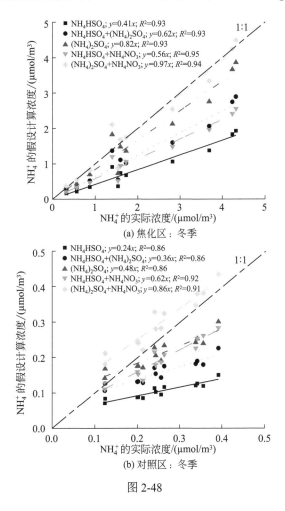

图 2-48

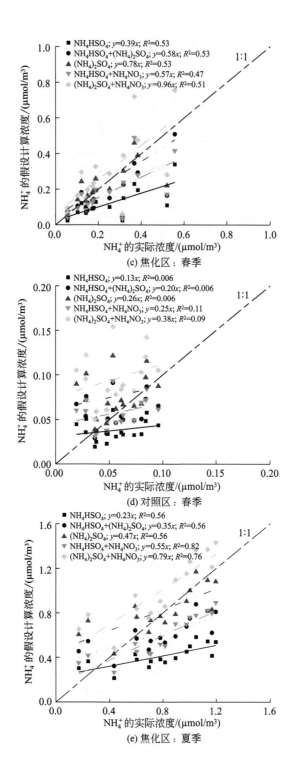

(c) 焦化区：春季

(d) 对照区：春季

(e) 焦化区：夏季

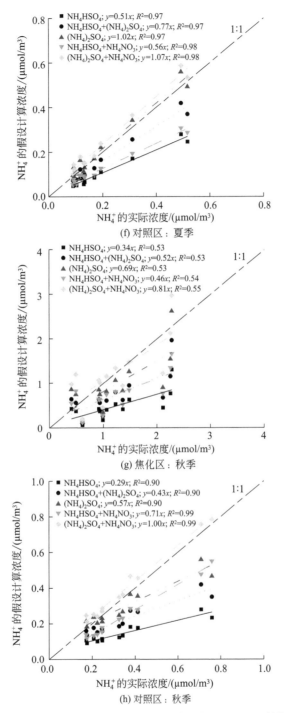

图 2-48　焦化区和对照区实际浓度与不同季节采样点不同假设计算的浓度的比较

无论是焦化区域还是对照区，SNA 占 $PM_{2.5}$ 的比例在夏季和秋季均最高，其次是冬季，然后是春季。因为夏季和秋季充足的阳光和更多的水分可以为 SNA 的光化学形成反应提供有利条件。在对照区的夏季，尽管 SO_2 的局部排放量较低，但富含硫酸盐的气溶胶的远距离传输可能会对观测到的 SO_4^{2-} 浓度产生额外的贡献。虽然冬季低温低湿不利于污染物气体（SO_2、NO_x 和 NH_3）向盐类转化，但在高浓度和静稳大气条件下它们之间的高碰撞机会可以促进 SNA 的二次形成。春季，低浓度气态污染物、低温、大风联合作用，使得 SNA 在 $PM_{2.5}$ 中的丰度较低。

图 2-49 展示的是太原市 SO_4^{2-}、NH_4^+ 及 $NO_3^-+2SO_4^{2-}$、NH_4^+ 之间在春、夏、秋、冬四季的线性拟合图。此前 Pathak 等[109]的研究表明，当 NH_4^+ 和 SO_4^{2-} 的摩尔当量浓度比值大于 0.75 时，表明大气环境处于富铵状态，当比值小于 0.75 时，大气环境处于贫氨状态。本研究中，NH_4^+ 和 SO_4^{2-} 的摩尔当量浓度比在春、夏、秋、冬四季分别为 6.49、2.98、3.88 和 2.59，NH_4^+ 和 SO_4^{2-} 的摩尔比值均远大于 0.75，表明太原市的大气环境全年都处于富铵状态。NH_4^+/SO_4^{2-} 的比值均大于 2，又表明太原市的 SO_4^{2-} 在春、夏、秋、冬四季均可以被 NH_4^+ 完全中和，SO_4^{2-} 均以 $(NH_4)_2SO_4$ 的形式存在。NH_4^+ 和 $NO_3^-+2SO_4^{2-}$ 二者的比值在四季均接近 1.0，分别为 0.99、0.97、0.97 和 0.98，这说明过量的 NH_4^+ 几乎可以与所有的 NO_3^- 结合。因此，与对 NO_3^- 和 SO_4^{2-} 的浓度进行控制相比，加强对 NH_4^+ 的管控更有利于降低颗粒物的浓度，又考虑到 NH_4^+ 主要来

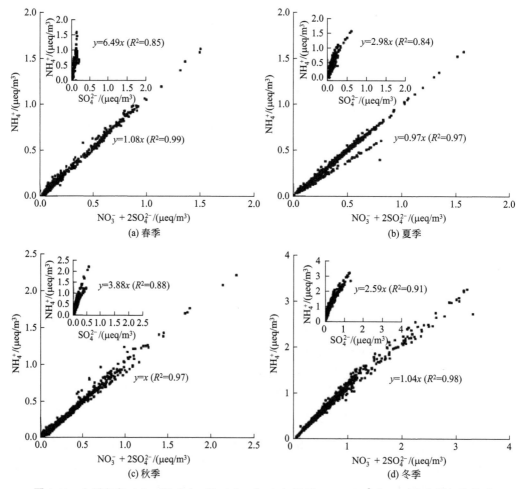

图 2-49　太原市春（a）、夏（b）、秋（c）、冬（d）四季 $NO_3^-+2SO_4^{2-}$ 和 NH_4^+ 浓度的相关关系

自 NH_3 的二次转化，因此，控制 NH_3 的排放对降低二次水溶性离子浓度进而降低 $PM_{2.5}$ 的浓度具有十分重要的意义。

2.7.1.2 四季硫、氮转化率

多地的研究都表明 SO_4^{2-}、NO_3^-、NH_4^+ 是颗粒物中含量最高的三种无机组分，本研究中 SO_4^{2-}、NO_3^-、NH_4^+ 三种离子的年均浓度在 $PM_{2.5}$ 浓度中的占比高达 49.50%，夏季浓度占比更是高达 67.17%。这三种物质可能来自污染源的一次排放，也有可能是由气态污染物二次转化生成的。污染物二次转化的速率可以粗略地表征三种离子的转化程度。因此，为了评估太原市二次离子的转化程度[110]，我们分别计算了硫转化率（SOR）和氮转化率（NOR）两项参数指标[111]。具体的计算公式如下：

$$SOR = \frac{[SO_4^{2-}]}{[SO_2]+[SO_4^{2-}]} \tag{2-7}$$

$$NOR = \frac{[NO_3^-]}{[NO_2]+[NO_3^-]} \tag{2-8}$$

式中　$[SO_4^{2-}]$——SO_4^{2-} 的摩尔浓度，$\mu mol/m^3$；

　　　$[SO_2]$——SO_2 的摩尔浓度，$\mu mol/m^3$；

　　　$[NO_3^-]$——NO_3^- 的摩尔浓度，$\mu mol/m^3$；

　　　$[NO_2]$——NO_2 的摩尔浓度，$\mu mol/m^3$。

硫酸盐的反应机制主要为气相中发生的均相氧化反应和在云、雾水环境中以及气溶胶液滴表面发生的非均相氧化反应。气相反应中，SO_2 被·OH 自由基氧化形成 H_2SO_4，生成的 H_2SO_4 或在颗粒物表面冷凝成核，或进一步与 NH_3 或 $NaCl$ 等物质发生中和反应生成硫酸盐。因此，该反应多发生在日间光照充足的情况下，光照和温度越高，SOR 值越大。其反应方程式如下：

$$SO_2 + \cdot OH + M \longrightarrow HOSO_2 + M$$
$$SO_2 + \cdot OH + O_2 \longrightarrow HO_2 + SO_3$$
$$SO_3 + \cdot M + H_2O \longrightarrow H_2SO_4 + M$$

液相 SO_2 的氧化包括两个步骤：首先是 SO_2 气体溶于水中，并以 HSO_3^-、SO_3^{2-} 或 $SO_2 \cdot H_2O$ 三种形式存在；然后 H_2SO_3 再被氧化剂如 O_3 或 H_2O_2 等氧化生成硫酸盐。

硝酸盐的反应机制按日间和夜间也大致可以分为两种：白天，气态前体物 NO_x 与·OH 自由基发生光化学反应生成 HNO_3，HNO_3 进一步与 NH_3 等碱性物质发生中和反应生成硝酸盐；夜间，NO_2 先与 O_3 发生反应生成硝基自由基（·NO_3），·NO_3 再进一步与 NO_2 反应生成 N_2O_5，N_2O_5 最后经水解反应生成 HNO_3。反应机理如下：

日间：
$$NO_2 + \cdot OH + M \longrightarrow HNO_3 + M$$

夜间：
$$NO_2 + O_3 \longrightarrow \cdot NO_3 + O_2$$

$$\cdot NO_3 + NO_2 + M \longrightarrow N_2O_5 + M$$

$$N_2O_5+H_2O \longrightarrow 2HNO_3$$

SOR 值和 NOR 值越大，气态污染物向二次离子的转化速率越快。当 SOR 值<0.1 时，硫酸盐主要来自污染源的一次排放，反之，则主要来自气态污染物的二次转化。本研究中春、夏、秋、冬四季的 SOR 值均高于 0.1，年平均值为 0.29，这表明太原市的硫酸盐主要来自污染物的二次转化。与 SOR 值相比，研究期间 NOR 四季的浓度值均小于 SOR 值，尤其在夏季，NOR 值仅约为 SOR 值的 1/3（图 2-50）。

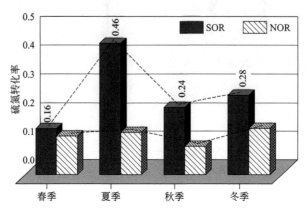

图 2-50 太原市春、夏、秋、冬四季 SOR 和 NOR 的变化情况[110]

从 SOR 值的季节变化来看，太原市四季的平均 SOR 值按从大到小的顺序依次为夏季（0.46）、冬季（0.28）、秋季（0.24）、春季（0.16）。与周边城市郑州市[112]及吕梁市[113]相同，SOR 值均在夏季最高，这是因为夏季温度高，湿度还较大，伴随着强太阳辐射，SO_2 发生光化学反应，与 O_3 产生的•OH 自由基作用，生成了 SO_4^{2-}。此外，夜间在高湿度环境下发生的非均相反应同样也是 SO_4^{2-} 的重要来源。秋冬季节气温低，空气干燥，光照辐射明显减弱，对应的大气中的•OH 的浓度水平也下降，由此导致 SO_2 的二次转化速率下降。春季的 SOR 值在四季中最低，这可能是由气态前体物 SO_2 的排放减少加之气象条件不利于二次转化共同导致的。

NOR 的四季转化率相差不大，太原市春、夏、秋、冬四季 NOR 值分别为 0.14、0.15、0.10、0.16。NOR 值在冬季最高，春夏季节的转化率相当，秋季的转化率最低，季节变化规律与周边省会城市郑州市基本一致[114]。NO_3^- 的二次生成主要有两种途径，即白天的光化学反应和夜间 N_2O_5 的水解反应，但目前关于两种方式对 NO_3^- 形成的贡献还未有明确的结果。Pathak 等[115]的研究结果表明夜间 N_2O_5 的非均相水解对硝酸盐生成的贡献高达 50%～100%。本研究中冬季的 NOR 值最高，可能是由冬季气态前体物 NO_2 的排放量大，且经二次转化生成的硝酸盐在低温环境下不容易分解导致的。夏季的浓度高于春秋两季，这可能是由于夏季 O_3 浓度高，导致 N_2O_5 大量生成并在夜间适宜的条件下发生水解反应，促进了 NO_3^- 的生成。虽然硝酸铵在白天高温下会分解进而使得 NO_3^- 浓度有所降低，但硫酸铵的存在以及夜间的非均相水解反应的贡献可能对 NO_3^- 的贡献更大。秋季的 NOR 值最低则可能与 O_3 浓度和相对湿度的降低有关。

2.7.2 二次有机气溶胶的污染特征研究

2.7.2.1 SOA 的季节变化

由于仪器无法检测到 SOC，因此使用间接方法（EC 示踪法）来估算四个季节的 SOC 浓度。在本研究中，由于采暖季节和非采暖季节之间存在较大差异，因此将全年划分为两个时期（采暖季节 2016.11～2017.1，非采暖季节 2017.4～2017.10）来确定最小 OC/EC 值。使用这种方法估算的 SOC 浓度可能代表了 SOC 丰度的下限，因为尽管 OC/EC 值最小，但仍可能存在生成 SOC 的一些化学反应。SOC 的平均浓度及其对 OC 的贡献如图 2-51 所示。焦化区域的 SOC 浓度在冬季（49.26μg/m³）最高，其次为秋季（25.20μg/m³）、夏季（5.92μg/m³）和春季（3.79μg/m³）。除春季外，其他三个季节 SOC 的平均浓度比对照区高出 5 倍以上。SOC 主要由 VOCs 和半挥发性 VOCs 的气粒转化形成。由于燃烧不完全，焦化工业排放了大量 VOCs 和半挥发性 VOCs，导致焦化污染区 SOC 含量较高。焦化区域人口密集导致供暖和交通源排放的有机污染物较多，而对照区人口稀少，供暖和交通也随之减少，有机污染物排放量相应也比较少，这是两个地区之间差异较大的另一个重要原因。在焦化区域冬季（2016 年 12 月 19 日；2016 年 12 月 21 日至 2017 年 1 月 1 日）发生 PM$_{2.5}$ 爆炸性增长（EG）事件期间，观察到 SOC 急剧增加，表明有机气溶胶的二次形成在雾霾形成与演化过程中具有重要作用。

与 SNA 不同的是，无论是介休市还是对照区，SOC 在寒冷季节的 PM$_{2.5}$ 浓度中所占的份额都显著升高（图 2-51）。一是由于冬季采暖导致有机前体物排放量大幅增加；二是冬季不利的气象条件限制了污染物的稀释和扩散，为 VOCs 的冷凝或吸附创造了条件。在夏季，虽然光化学活动较强，但介休市和对照区的转化率（SOC/OC）仍相对较低（图 2-51），主要是由黄土高原特有的气象条件导致的。近年来，该地区降雨主要集中在夏季，其他季节降雨较少。夏季降雨频繁且充沛，有效去除了老化的气溶胶。夏季较高的大气边界层高度和稀薄的有机前体物浓度也导致 SOC 浓度较低。

太原市 PM$_{2.5}$ 中估算的 SOC 年平均浓度为(17.2±18.9)μg/m³（如表 2-9 所列），占 OC 的 39.0%，高于上海市[116]（27.0%～33.2%）。而 SOA 的浓度为 SOC 乘以 1.6，见表 2-9，其年浓度值为(27.5±30.3)μg/m³，占 PM$_{2.5}$ 浓度的 12.2%，浓度值和占比均高于珠江流域（PRDR）[42]和上海市[116]。这一结果表明，SOC 是太原市有机碳的重要组成部分。在季节变化中，最高浓度的 SOC 以及其在 OC 中的贡献都发生在冬季，而在夏季则均为最低，它们分别相差约 14 倍和 2 倍（表 2-9）。这一结果与 Duan 等[42]和 Dan 等[117]对珠江流域（PRDR）和北京市的研究结果一致。然而，本研究评估的冬季 SOC 高于夏季与 Cao 等[34]在中国其他 14 个城市中所观察到的现象正好相反（夏季 SOC 高于冬季）。SOA 的浓度值和 SOA/PM$_{2.5}$ 值的最大值在冬季，最小值在夏季。这与 PRDR[42]的结果一致，但与在上海市[116]这两个值的最大值都在秋季不同。年平均百分比为 12.2%（高于夏季、秋季和春季），这表明 SOA 对太原 PM$_{2.5}$ 质量的贡献很

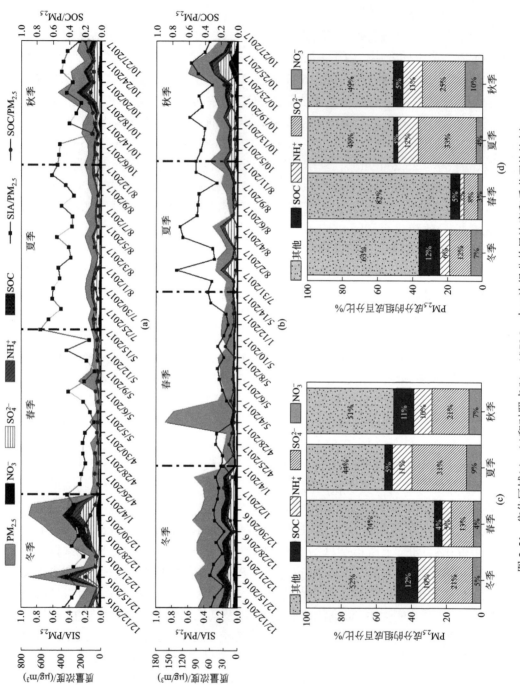

图 2-51　焦化区域(a)、(c)和对照点(b)、(d)PM$_{2.5}$中二次组分的日浓度和季节平均比例

小，但有时在冬季可高达 23.7%（表 2-9）。冬季 SOC 浓度和 SOC/OC 值较高可归因于以下两个原因：一是太原市冬季供暖导致（半）挥发性有机化合物的排放增多；二是低温增强了气溶胶中挥发性次生有机化合物的凝结，另外，冬季稳定的大气条件延长了有机物的停留时间，这也会促进冷凝过程。此外，考虑到 OC 和 EC 在区域扬尘、降低能见度、大气化学和人体健康等方面的重要作用，太原市碳质颗粒的组成仍需进一步研究。

表 2-9　基于 OC/EC 最小值估算的太原市 SOC 和 SOA

季节	(OC/EC)$_{min}$	SOC/($\mu g/m^3$)	POC/($\mu g/m^3$)	SOC/OC/%	SOA/($\mu g/m^3$)	SOA/PM$_{2.5}$/%
全年	1.1±0.1	17.2±18.9	20.2±9.5	39.0±20.3	27.5±30.3	12.2±10.9
夏季	1.2	2.6±1.5	10.5±4.9	22.9±17.6	4.2±2.5	4.0±4.3
秋季	0.9	11.0±5.7	14.7±6.2	42.8±15.5	17.7±9.1	10.5±5.5
冬季	1.0	37.4±21.6	25.4±8.5	56.2±14.6	59.8±34.6	23.7±11.3
春季	1.1	7.8±5.0	23.8±8.7	25.9±14.2	12.5±8.0	5.5±3.0

2.7.2.2　冬季 SOA 的形成过程

针对污染事件的分析发现湿度和温度对 SOA 的影响不同，因此通过统计冬季 SOA 随温度和湿度的变化来研究其影响。如图 2-52（a）所示，当 RH 小于 60% 时，OA 中 LO-OOA 的比例没有出现明显变化，湿度对 LO-OOA 的转化几乎没有影响。随着 RH 处于 60% 和 100% 之间时，LO-OOA 的比例持续升高。RH 大于 60% 时，会促进 LO-OOA 的转化，表明 LO-OOA 的形成可能以液相化学过程为主。与 LO-OOA 不同，MO-OOA 的形成受温度影响，如图 2-52（b）所示。随着温度升高，MO-OOA 的比例逐渐上升，在温度低于−3℃时，MO-OOA 的比例快速升高。随着温度持续上升，MO-OOA 占比的上升趋势逐渐变缓，从平均值来看，上升趋势呈抛物线形。温度可能会促进 MO-OOA 的形成，并且随着温度的升高，这种促进作用逐渐减弱。

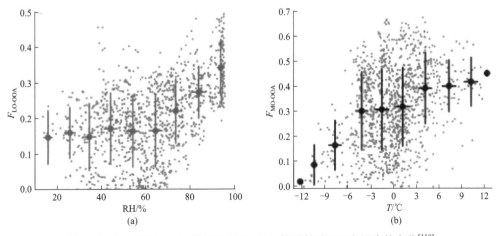

图 2-52　LO-OOA（a）和 MO-OOA（b）的贡献随 RH 和温度的变化[118]

氧化剂 Ox 和气溶胶中的液态水含量常用来指示大气中的光化学反应和液相反应[119-121]。如图 2-53 （a）所示，OOA 与液态水含量呈现强正相关（R^2=0.72），表明 OOA 的形成过程可能由液相化学过程驱动。Ox 与 OOA 之间未显示出清晰的变化，提示光化学过程并不是 OOA 生成的主要机制。如前所述，温度和湿度会影响二次 OA 的形成。MO-OOA 与液态水浓度的相关性（R^2=0.55）低于 OOA，提示液相氧化过程可能不是 MO-OOA 形成的主导过程，而且随着温度的变化，其斜率也出现改变 ［图 2-53 （b）］。温度低于−9℃时斜率为 0.03，而当温度高于 10℃时斜率升高到 1.38，说明温度可能是加速 MO-OOA 氧化的因素。LO-OOA 与液态水则显示出更好的相关性（R^2=0.77），并且温度对其回归方程的斜率没有明显影响 ［图 2-53 （c）］，同时结合 LO-OOA 与硫酸盐紧密的相关性可以认为 LO-OOA 主要由液相氧化过程形成。Sun 等[121]报道了一种液相 OOA，同样与硫酸盐和液态水含量具有良好的相关性，并且与云雾过程中生成的乙二醛、甲基乙二醛和甲磺酸的典型离子也高度相关。因此本研究中的 LO-OOA 可能同样来自液相或云雾过程，而 MO-OOA 的形成过程主要受温度的影响。

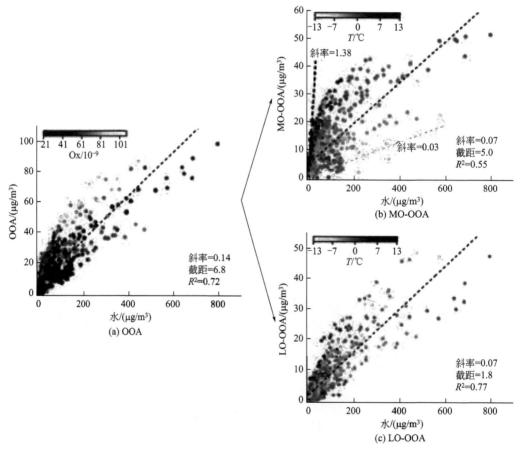

图 2-53　SOA 与气溶胶液态水的相关性

气溶胶质谱信息中 m/z 44 和 m/z 43 是 OOA 的特征离子，这两种离子可以代表不同的含氧官能团，通过这些离子在 OA 中比例（f_{44} 和 f_{43}）的变化可以了解 OA 在大气中的老化过程。Ng 等[122]将北半球范围内观测和实验室研究得到的 43 个 AMS 数据集进行汇总，定义出三角区域用于比较气溶胶的老化程度。m/z 60 是生物质燃烧排放的特征指示离子，Cubison 等[123]通过实验室和飞机航测研究，将 m/z 44 和 m/z 60 结合提出一种表征生物质燃烧排放烟气老化过程的概念图。图 2-54（a）显示，所有点都处在三角区域内。需要注意的是，由于蒸发器的差异，导致 m/z 44 和 m/z 43 的丰度增大，在此应用更新的三角曲线[124]。随着 OA 氧化程度的升高，数据点逐渐从三角的下半部分向上半部分移动。随着 RH 的增大，图中点从三角区域的右下角逐渐向左上角移动[122]。HOA、COA、NCIOA 等 POA 处于三角形的底部，而 BBOA

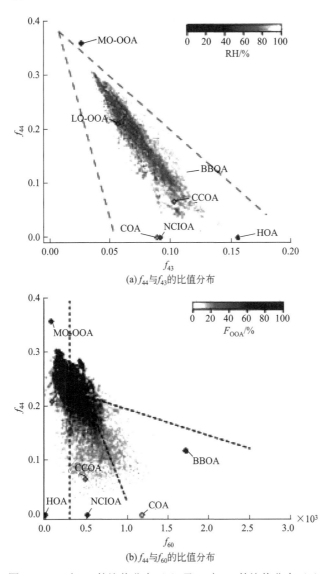

(a) f_{44} 与 f_{43} 的比值分布

(b) f_{44} 与 f_{60} 的比值分布

图 2-54 f_{44} 与 f_{43} 的比值分布（a）及 f_{44} 与 f_{60} 的比值分布（b）

和 CCOA 相对高,而更高氧化程度的 MO-OOA 和 LO-OOA 处于三角区域的左上角,并且老化程度更高的 MO-OOA 处于三角形的顶部。湿度的增大会促进 OA 氧化,印证了 SOA 与液相过程相关。在 f_{44} 与 f_{60} 的比值图中,部分点位于图中左侧虚线内以及右侧三角区域 [图 2-54(b)]。虚线表示 f_{60} 在环境中的背景水平,当点处于左侧带状区域中时,表明这些气溶胶中受生物质燃烧的影响可以忽略,而图中右侧的三角区域内的点可以表示生物质燃烧烟气的老化过程[123]。OOA 高占比的点主要分布在带状区域内,并且 MO-OOA 和 LO-OOA 也处于这一区域内,表明 SOA 中 m/z 60 被充分氧化和分解。右侧三角区域内,OOA 占比较低的点和 BBOA 都位于三角形的右下角,随 OOA 比例增大,点逐渐向三角形顶部移动,说明随着 OA 老化程度的增加,BBOA 逐渐老化,并转变为 OOA。

Van Krevelen(VK)图由 Van Krevelen 提出,最初用于解释煤在形成过程中元素组成的变化。Heald 等[125]将 VK 图引入大气 OA 研究中,使 OA 中元素比例的变化与其在老化过程中官能团的改变联系起来,可以表征 OA 的碳氧化态(OSc)和 OA 的演变途径。当脂肪族碳(—CH₂—)发生羟基取代或与过氧化氢反应生成醇时,氢原子没有减少而且增加了一个氧原子,此时的斜率为 0;当一个氢原子被羧基(—COOH)取代,在未发生碳链断裂的情况下斜率为 -1,而发生碳-碳键(—C—C—)断裂时斜率为 -0.5;斜率为 -2 则表示脂肪族碳被羰基(—CO—)取代生成醛或酮,失去两个氢原子而得到一个氧原子[125, 126]。如图 2-55 所示,本研究中拟合斜率为 -0.25,表明在 OA 老化过程中生成了醇和羧酸,并伴有碳链断裂。在北京市冬季的重污染过程[127]和印度坎普尔冬季[128]也发现了这一反应途径。

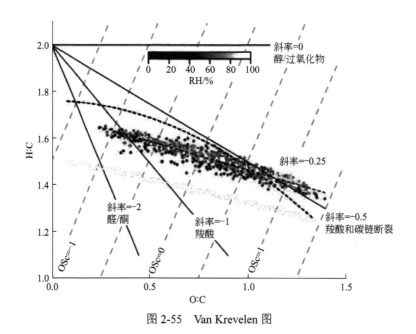

图 2-55 Van Krevelen 图

参考文献

[1] Yue D L, Zhong L J, Zhang T, et al. Pollution properties of water-soluble secondary inorganic ions in atmospheric PM$_{2.5}$ in the Pearl River Delta region[J]. Aerosol and Air Quality Research, 2015, 15(5): 1737-1747.

[2] Ji D S, Gao M, Maenhaut W, et al. The carbonaceous aerosol levels still remain a challenge in the Beijing-Tianjin-Hebei region of China: Insights from continuous high temporal resolution measurements in multiple cities[J]. Environment International, 2019, 126: 171-183.

[3] Zhang X Y, Zhao X, Ji G X, et al. Seasonal variations and source apportionment of water- soluble inorganic ions in PM$_{2.5}$ in Nanjing, a megacity in southeastern China[J]. Journal of Atmospheric Chemistry, 2019, 76(1): 73-88.

[4] Ming L L, Jin L, Li J, et al. PM$_{2.5}$ in the Yangtze River Delta, China: Chemical compositions, seasonal variations, and regional pollution events[J]. Environmental Pollution, 2017, 223: 200-212.

[5] Zhang Y Y, Jia Y, Li M, et al. The characterization of water-soluble inorganic ions in PM$_{2.5}$ during a winter period in Xi'an, China[J]. Environmental Forensics, 2018, 19(3): 166-171.

[6] Juda R K, Reizzer M, Maciejewska K, et al. Characterization of atmospheric PM$_{2.5}$ sources at a Central European urban background site[J]. Science of The Total Environment, 2020, 713: 136729.

[7] Flores R M, Mertoglu E, Ozzdemir H, et al. A high-time resolution study of PM$_{2.5}$, organic carbon, and elemental carbon at an urban traffic site in Istanbul[J]. Atmospheric Environment, 2020, 223: 117241.

[8] Park S M, Song I H, Park J S, et al. Variation of PM$_{2.5}$ chemical compositions and their contributions to light extinction in Seoul[J]. Aerosol and Air Quality Research, 2018, 18(9): 2220-2229.

[9] Masiol M, Benetello F, Harrison R M, et al. Spatial, seasonal trends and transboundary transport of PM$_{2.5}$ inorganic ions in the Veneto region (northeastern Italy)[J]. Atmospheric Environment, 2015, 117: 19-31.

[10] Saxena M, Sharma A, Sen A, et al. Water soluble inorganic species of PM$_{10}$ and PM$_{2.5}$ at an urban site of Delhi, India: Seasonal variability and sources[J]. Atmospheric Research, 2017, 184: 112-125.

[11] 张瑾. 典型焦化污染环境大气颗粒物的理化特征与氧化潜势分析[D]. 太原: 太原科技大学, 2022.

[12] 张晓凯, 于蕾, 孙苗苗, 等. 济南市春季大气中 PM$_{2.5}$、PM$_{10}$ 颗粒物分布状态及元素分析[J]. 科学技术与工程, 2018, 18(25): 278-285.

[13] 段菁春, 谭吉华, 王淑兰, 等. 兰州市大气单颗粒来源识别及应用[J]. 环境工程技术学报, 2012, 2(03): 234-239.

[14] Gonzalez L T, Rodriguez F E L, Sanchez D M, et al. Determination of trace metals in TSP and PM$_{2.5}$ materials collected in the Metropolitan Area of Monterrey, Mexico: A characterization study by XPS, ICP-AES and SEM-EDS[J]. Atmospheric Research, 2017, 196: 8-22.

[15] Guascito M R, Cesari D, Chirizzi D, et al. XPS surface chemical characterization of atmospheric particles of different sizes [J]. Atmospheric Environment, 2015, 116: 146-154.

[16] Gilham R, Spencer S J, Butterfield D, et al. On the applicability of XPS for quantitative total organic and elemental carbon analysis of airborne particulate matter[J]. Atmospheric Environment, 2008, 42(16): 3888-3891.

[17] Wang Y, Zhuang G, Tang A, et al. The ion chemistry and the source of PM$_{2.5}$ aerosol in Beijing[J]. Atmospheric Environment, 2005, 39(21): 3771-3784.

[18] Li L, Wu W, Feng J, et al. Composition, source, mass closure of PM$_{2.5}$ aerosols for four forests in eastern China[J]. 环境科学学报:英文版, 2010, 022(003): 405-412.

[19] Khan M F, Shirasuna Y, Hirano K, et al. Characterization of PM$_{2.5}$, PM$_{2.5-10}$ and PM$_{>10}$ in ambient air, Yokohama, Japan[J]. Atmospheric Research, 2010, 96(1): 159-172.

[20] Tao J, Cheng T T, Zhang R J. Chemical composition of summertime PM$_{2.5}$ and its relationship to aerosol optical properties in Guangzhou, China[J]. 大气和海洋科学快报: 英文版, 2012, 5(2): 7.

[21] Wei D, Gao J, Gang C, et al. Chemical composition and source identification of PM$_{2.5}$ in the suburb of Shenzhen, China[J]. Atmospheric Research, 2013, 122(MAR.): 391-400.

[22] Tao J, Zhang L, Engling G, et al. Chemical composition of $PM_{2.5}$ in an urban environment in Chengdu, China: Importance of springtime dust storms and biomass burning[J]. Atmospheric Research, 2013, 122: 270-283.

[23] Xu J, Wang Z, Yu G, et al. Characteristics of water soluble ionic species in fine particles from a high altitude site on the northern boundary of Tibetan Plateau: Mixture of mineral dust and anthropogenic aerosol[J]. Atmospheric Research, 2014, 143(jun.): 43-56.

[24] Kulshrestha A, Bisht D S, Masih J, et al. Chemical characterization of water-soluble aerosols in different residential environments of semi aridregion of India[J]. Journal of Atmospheric Chemistry, 2009, 62(2): 121-138.

[25] Tan J, Duan J, Zhen N, et al. Chemical characteristics and source of size-fractionated atmospheric particle in haze episode in Beijing[J]. Atmospheric Research, 2015, 167: 24-33.

[26] Zhang T, Cao J J, Tie X X, et al. Water-soluble ions in atmospheric aerosols measured in Xi'an, China: Seasonal variations and sources[J]. Atmospheric Research, 2011, 102(1-2): 110-119.

[27] 曹润芳, 闫雨龙, 郭利利, 等. 太原市大气颗粒物粒径和水溶性离子分布特征[J]. 环境科学, 2016, 37(06): 2034-2040.

[28] He Q, Yan Y, Guo L, et al. Characterization and source analysis of water-soluble inorganic ionic species in $PM_{2.5}$ in Taiyuan city, China[J]. Atmospheric Research, 2017, 184: 48-55.

[29] TYEPB (Taiyuan Environmental protection Bureau). Taiyuan Environmental bulletin 2010 (Taiyuan).

[30] Wang Y, Zhuang G, Zhang X, et al. The ion chemistry, seasonal cycle, and sources of $PM_{2.5}$ and TSP aerosol in Shanghai[J]. Atmospheric Environment, 2006, 40(16): 2935-2952.

[31] Rengarajan R, Sudheer A K, Sarin M M. Wintertime $PM_{2.5}$ and PM_{10} carbonaceous and inorganic constituents from urban site in western India[J]. Atmospheric Research, 2011, 102(4): 420-431.

[32] Zhang F, Guo H, Chen Y, et al. Size-segregated characteristics of organic carbon (OC), elemental carbon (EC) and organic matter in particulate matter (PM) emitted from different types of ships in China[J]. Atmos Chem Phys, 2020, 20(3): 1549-1564.

[33] Cao J J, Lee S C, Ho K F, et al. Characteristics of carbonaceous aerosol in Pearl River Delta Region, China during 2001 winter period[J]. Atmospheric Environment, 2003, 37(11): 1451-1460.

[34] Cao J J, Lee S C, Ho K F, et al. Spatial and seasonal variations of atmospheric organic carbon and elemental carbon in Pearl River Delta Region, China[J]. Atmospheric Environment, 2004, 38(27): 4447-4456.

[35] Ye B M, Ji X, Yang H, et al. Concentration and chemical composition of $PM_{2.5}$ in Shanghai for a 1-year period[J]. Atmospheric Environment, 2003, 37(4): 499-510.

[36] Yang F, He K, Ye B, et al. One-year record of organic and elemental carbon in fine particles in downtown Beijing and Shanghai[J]. Atmospheric Chemistry & Physics, 2005, 5(6): 1449-1457.

[37] Cao J J, Lee S C, Chow J C, et al. Spatial and seasonal distributions of carbonaceous aerosols over China[J]. Journal of Geophysical Research Atmospheres, 2007, D112(D22): 22-11.

[38] He Q S, Guo W D, Zhang G X, et al. Characteristics and seasonal variations of carbonaceous species in $PM_{2.5}$ in Taiyuan, China[J]. Atmosphere, 2015, 6(6): 850-862.

[39] Offenberg J H, Baker J E. Aerosol size distributions of elemental and organic carbon in urban and over-water atmospheres[J]. Atmospheric Environment, 2000, 34(10): 1509-1517.

[40] Watson J G, Chow J C, Houck J E. $PM_{2.5}$ chemical source profiles for vehicle exhaust, vegetative burning, geological material, and coal burning in Northwestern Colorado during 1995[J]. Chemosphere, 2001, 43(8): 1141-1151.

[41] Cao J J, WuF, Chow J C, et al. Characterization and source apportionment of atmospheric organic and elemental carbon during fall and winter of 2003 in Xi'an, China[J]. Atmos Chem Phys, 2005, 5(11): 3127-3137.

[42] Duan J, Tan J, Cheng D, et al. Sources and characteristics of carbonaceous aerosol in two largest cities in Pearl River Delta Region, China[J]. Atmospheric Environment, 2007, 41(14): 2895-2903.

[43] Wang G, Xie M, Hu S, et al. Dicarboxylic acids, metals and isotopic compositions of C and N in atmospheric aerosols from inland China: Implications for dust and coal burning emission and secondary aerosol formation[J]. Atmospheric Chemistry and Physics, 2010, 10(13): 6087-6096.

[44] 崔阳, 郭利利, 张桂香, 等. 山西焦化污染区土壤和农产品中 PAHs 风险特征初步研究[J]. 农业环境科学学报, 2015 (1): 72-79.

[45] Wang J, Geng N B, Xu Y F, et al. PAHs in $PM_{2.5}$ in Zhengzhou: concentration, carcinogenic risk analysis, and source apportionment[J]. Environmental Monitoring and Assessment, 2014, 186(11): 7461-7473.

[46] Li X R, Wang Y S, Guo X Q, et al. Seasonal variation and source apportionment of organic and inorganic compounds in $PM_{2.5}$ and PM_{10} particulates in Beijing, China[J]. Journal of Environmental Sciences, 2013, 25(4): 741-750.

[47] Rekefu S, Talifu D, Gao B, et al. Polycyclic Aromatic Hydrocarbons in $PM_{2.5}$ and $PM_{2.5-10}$ in Urumqi, China: Temporal Variations, Health Risk, and Sources[J]. Atmosphere, 2018, 9(10): 412.

[48] Liu J J, Man R L, Ma S X, et al. Atmospheric levels and health risk of polycyclic aromatic hydrocarbons (PAHs) bound to $PM_{2.5}$ in Guangzhou, China[J]. Mar Pollut Bull, 2015, 100(1): 134-143.

[49] Yang H, Yu J Z, Ho S S H, et al. The chemical composition of inorganic and carbonaceous materials in $PM_{2.5}$ in Nanjing, China[J]. Atmospheric Environment, 2005, 39(20): 3735-3749.

[50] Hu T P, Zhang J Q, Xing X L, et al. Seasonal variation and health risk assessment of atmospheric $PM_{2.5}$-bound polycyclic aromatic hydrocarbons in a classic agglomeration industrial city, central China[J]. Air Quality Atmosphere and Health, 2018, 11(6): 683-694.

[51] Guo Z, Lin T, Zhang G, et al. Occurrence and sources of polycyclic aromatic hydrocarbons and n-alkanes in $PM_{2.5}$ in the roadside environment of a major city in China[J]. Journal of Hazardous Materials, 2009, 170(2): 888-894.

[52] Zhang F, Xu L, Chen J, et al. Chemical characteristics of $PM_{2.5}$ during haze episodes in the urban of Fuzhou, China[J].Particuology, 2013, 11(3): 264-272.

[53] Slezakova K, Castro D, Delerue M C, et al. Impact of vehicular traffic emissions on particulate-bound PAHs: Levels and associated health risks[J]. Atmospheric Research, 2013, 127: 141-147.

[54] Callén M S, Iturmeni A, López J M. Source apportionment of atmospheric $PM_{2.5}$-bound polycyclic aromatic hydrocarbons by a PMF receptor model. Assessment of potential risk for human health[J]. Environmental Pollution, 2014, 195: 167-177.

[55] Martellini T, Giannoni M, Lepri L, et al. One year intensive $PM_{2.5}$ bound polycyclic aromatic hydrocarbons monitoring in the area of Tuscany, Italy. Concentrations, source understanding and implications[J]. Environmental Pollution, 2012, 164: 252-258.

[56] Akyüz M, Çabuk H. Meteorological variations of $PM_{2.5}/PM_{10}$ concentrations and particle-associated polycyclic aromatic hydrocarbons in the atmospheric environment of Zonguldak, Turkey[J]. Journal of Hazardous Materials, 2009, 170(1): 13-21.

[57] Pietrogrande M C, Abbaszade G, Schnelle K J, et al. Seasonal variation and source estimation of organic compounds in urban aerosol of Augsburg, Germany[J]. Environmental Pollution, 2011, 159(7): 1861-1868.

[58] Liu W, Hopke P K, Han Y J, et al. Application of receptor modeling to atmospheric constituents at Potsdam and Stockton, NY[J]. Atmospheric Environment, 2003, 37(36): 4997-5007.

[59] 李恩科, 王福生, 唐锐, 等. 炼焦粉尘中多环芳烃分布规律的研究[J]. 安全与环境学报, 2009, 9(6): 24.

[60] He X M, Huang L, Han J, Li Z D, Li Y L. Distribution characteristic of polycyclic aromatic hydrocarbons in coking coal[J]. Coal Conversion, 2009, 32: 70-73.

[61] Simcik M F, Eisenreich S J, Lioy P J. Source apportionment and source/sink relationships of PAHs in the coastal atmosphere of Chicago and Lake Michigan[J]. Atmospheric Environment, 1999, 33(30):5071-5079.

[62] Motelay M A, Ollivon D, Garban B, Tiphagne L K, Zimmerlin I, Chevreuil M. PAHs in the bulk atmospheric deposition of the Seine river basin: Source identification and apportionment by ratios, multivariate statistical techniques and scanning electron microscopy[J]. Chemosphere, 2007, 67(2): 312-321.

[63] Venkataraman C, Friedlander S K. Source resolution of fine particulate polycyclic aromatic hydrocarbons using a receptor model modified for reactivity[J]. Air & Waste, 1994, 44(9): 1103-1108.

[64] Mu L, Peng L, Liu X F, et al. Emission characteristics and size distribution of polycyclic aromatic hydrocarbons from coke production in China[J]. Atmospheric Research, 2017, 197: 113-120.

[65] Yi H, Guo X, Hao J, et al. Characteristics of inhalable particulate matter concentration and size distribution from

power plants in china[J]. Journal of the Air & Waste Management Association, 2006, 56(9): 1243-1251.

[66] Lighty J S, Veranth J M, SarofimA F. Combustion aerosols: Factors governing their size and composition and implications to human health[J]. Journal of the Air & Waste Management Association, 2000, 50(9): 1565-1618.

[67] 赵翔, 刘红霞, 张家泉, 等. 华中典型工矿城市大气颗粒物元素的粒径分布[J]. 湖北理工学院学报, 2021, 37(04): 16-24.

[68] Tian S L,Pan Y P, Wang Y S. Size-resolved source apportionment of particulate matter in urban Beijing during haze and non-haze episodes[J]. Atmospheric Chemistry and Physics, 2016, 16(1): 1-19.

[69] Tian Y Z, Harrison R M, Feng Y C, et al. Size-resolved source apportionment of particulate matter from a megacity in northern China based on one-year measurement of inorganic and organic components[J]. Environmental Pollution, 2021, 289: 117932.

[70] Yao Q, Liu Z R, Han S Q, et al. Seasonal variation and secondary formation of size-segregated aerosol water-soluble inorganic ions in a coast megacity of North China Plain[J]. Environmental Science and Pollution Research, 2020, 27(21): 26750-26762.

[71] Huang X J, Liu Z R, Zhang J K, et al. Seasonal variation and secondary formation of size-segregated aerosol water-soluble inorganic ions during pollution episodes in Beijing[J]. Atmospheric Research, 2016, 168: 70-79.

[72] Dordevic D, Mihalidi Z A, Rellc D, et al. Size-segregated mass concentration and water soluble inorganic ions in an urban aerosol of the Central Balkans (Belgrade)[J]. Atmospheric Environment, 2012, 46(Jan.): 309-317.

[73] Wang G H, Zhou B H, Cheng C L, et al. Impact of Gobi desert dust on aerosol chemistry of Xi'an, inland China during spring 2009: Differences in composition and size distribution between the urban ground surface and the mountain atmosphere[J]. Atmospheric Chemistry and Physics, 2013, 13(2): 819-835.

[74] Li X R, Wang L L, Ji D S, et al. Characterization of the size-segregated water-soluble inorganic ions in the Jing-Jin-Ji urban agglomeration: Spatial/temporal variability, size distribution and sources[J]. Atmospheric Environment, 2013, 77: 250-259.

[75] Li H Y, Li H Y, Zhang L, et al. High cancer risk from inhalation exposure to PAHs in Fenhe Plain in winter: A particulate size distribution-based study[J]. Atmospheric Environment, 2019, 216(1-3): 116924.

[76] Lv Y, Li X, Xu T T, et al. Size distributions of polycyclic aromatic hydrocarbons in urban atmosphere: sorption mechanism and source contributions to respiratory deposition[J]. Atmos Chem Phys, 2016, 16(5): 2971-2983.

[77] Whitby K T, Husar R B, Liu B Y H. The aerosol size distribution of Los Angeles Smog[J]. Aerosols and Atmospheric Chemistry, 1972: 237-264.

[78] Shen G, Wang W, Yang Y, et al. Emission factors and particulate matter size distribution of polycyclic aromatic hydrocarbons from residential coal combustions in rural Northern China[J]. Atmospheric Environment, 2010, 44(39): 5237-5243.

[79] Wang Q, Kobayashi K, Wang W, et al. Retracted: Size distribution and sources of 37 toxic species of particulate polycyclic aromatic hydrocarbons during summer and winter in Baoshan suburban area of Shanghai, China[J]. Science of The Total Environment, 2016, 566-567: 1519-1534.

[80] Wang J, Li X, Jiang N, et al. Long term observations of $PM_{2.5}$-associated PAHs: Comparisons between normal and episode days[J]. Atmospheric Environment, 2015, 104: 228-236.

[81] He J, Fan S, Meng Q, et al. Polycyclic aromatic hydrocarbons (PAHs) associated with fine particulate matters in Nanjing, China: Distributions, sources and meteorological influences[J]. Atmospheric Environment, 2014, 89: 207-215.

[82] Bourotte C, Forti M C, Taniguchi S, et al. A wintertime study of PAHs in fine and coarse aerosols in São Paulo city, Brazil[J]. Atmospheric Environment, 2005, 39(21): 3799-3811.

[83] Kaur S, Senthilkumar K, Verma V K, et al. Preliminary analysis of polycyclic aromatic hydrocarbons in air particles (PM_{10}) in Amritsar, India: Sources, apportionment, and possible risk implications to humans[J]. Archives of Environmental Contamination and Toxicology, 2013, 65(3): 382-395.

[84] Kong S, Ding X, Bai Z, et al. A seasonal study of polycyclic aromatic hydrocarbons in $PM_{2.5}$ and $PM_{2.5-10}$ in five typical cities of Liaoning Province, China[J]. Journal of Hazardous Materials, 2010, 183(1): 70-80.

[85] Hong H, Yin H, Wang X, et al. Seasonal variation of PM_{10}-bound PAHs in the atmosphere of Xiamen, China[J]. Atmospheric Research, 2007, 85(3): 429-441.

[86] Zhu Y, Yang L, Yuan Q, et al. Airborne particulate polycyclic aromatic hydrocarbon (PAH) pollution in a background site in the North China Plain: Concentration, size distribution, toxicity and sources[J]. Science of The Total Environment, 2014, 466-467: 357-368.

[87] Saarnio K, Sillanpää M, Hillamo R, et al. Polycyclic aromatic hydrocarbons in size-segregated particulate matter from six urban sites in Europe[J]. Atmospheric Environment, 2008, 42(40): 9087-9097.

[88] Zhou J, Wang T, Huang Y, et al. Size distribution of polycyclic aromatic hydrocarbons in urban and suburban sites of Beijing, China[J]. Chemosphere, 2005, 61(6): 792-799.

[89] Shen G, Wei S, Zhang Y, et al. Emission and size distribution of particle-bound polycyclic aromatic hydrocarbons from residential wood combustion in rural China[J]. Biomass and Bioenergy, 2013, 55: 141-147.

[90] Bi X, Sheng G, Peng P A, et al. Size distribution of n-alkanes and polycyclic aromatic hydrocarbons (PAHs) in urban and rural atmospheres of Guangzhou, China[J]. Atmospheric Environment, 2005, 39(3): 477-487.

[91] Kavouras I G, Stephanou E G.Particle size distribution of organic primary and secondary aerosol constituents in urban, background marine, and forest atmosphere[J]. Journal of Geophysical Research: Atmospheres, 2002, 107(D8): AAC 7-1-AAC 7-12.

[92] Wu S P, Tao S, Liu W X.Particle size distributions of polycyclic aromatic hydrocarbons in rural and urban atmosphere of Tianjin, China[J]. Chemosphere, 2006, 62(3): 357-367.

[93] Chrysikoiu L P, Samara C A. Seasonal variation of the size distribution of urban particulate matter and associated organic pollutants in the ambient air[J]. Atmospheric Environment, 2009, 43(30): 4557-4569.

[94] Zhou J B, Xing Z Y, Deng J J, et al. Characterizing and sourcing ambient $PM_{2.5}$ over key emission regions in China I: Water-soluble ions and carbonaceous fractions[J]. Atmospheric Environment, 2016, 135: 20-30.

[95] Farren N J, Dunmore R E, Mead M I, et al. Chemical characterisation of water-soluble ions in atmospheric particulate matter on the east coast of Peninsular Malaysia[J]. Atmospheric Chemistry and Physics, 2019, 19(3): 1537-1553.

[96] CuiY, Yin Y, Chen K, et al. Characteristics and sources of WSI in North China Plain: A simultaneous measurement at the summit and foot of Mount Tai[J]. Journal of Environmental Sciences, 2020, 92: 264-277.

[97] Tian S L,Pan Y P, Wang Y S. Ion balance and acidity of size-segregated particles during haze episodes in urban Beijing[J]. Atmospheric Research, 2018, 201: 159-167.

[98] Hung H M, Hoddmann M R. Oxidation of gas-phase SO_2 on the surfaces of acidic microdroplets: Implications for sulfate and sulfate radical anion formation in the atmospheric liquid phase[J]. Environmental Science & Technology, 2015, 49(23): 13768-13776.

[99] Pitchford M, Malm W, Schichtel B, et al. Revised algorithm for estimating light extinction from improve particle speciation data[J]. Journal of the Air & Waste Management Association, 2007, 57(11): 1326-1336.

[100] Guo L L, Cui Y, He Q S, et al. Contributions of aerosol chemical composition and sources to light extinction during haze and non-haze days in Taiyuan, China[J]. Atmospheric Pollution Research, 2021, 12(8): 101140.

[101] Tao J, Zhang L M, Gao J, et al. Aerosol chemical composition and light scattering during a winter season in Beijing[J]. Atmospheric Environment, 2015, 110: 36-44.

[102] Wang H B, Tian M, Li X H, et al. Chemical composition and light extinction contribution of $PM_{2.5}$ in urban Beijing for a 1-year period[J]. Aerosol and Air Quality Research, 2015, 15(6): 2200-2211.

[103] Tao J, Zhang L M, Ho K F, et al. Impact of $PM_{2.5}$ chemical compositions on aerosol light scattering in Guangzhou—The largest megacity in South China[J]. Atmospheric Research, 2014, 135: 48-58.

[104] Xiao S, Wang Q Y, Cao J J, et al. Long-term trends in visibility and impacts of aerosol composition on visibility impairment in Baoji, China[J]. Atmospheric Research, 2014, 149: 88-95.

[105] Zhang F, Xu L, Chen J, et al. Chemical compositions and extinction coefficients of $PM_{2.5}$ in peri-urban of Xiamen, China, during June 2009–May 2010[J]. Atmospheric Research, 2012, 106: 150-158.

[106] Yang L X, Wang D C, Cheng S H, et al. Influence of meteorological conditions and particulate matter on visual range impairment in Jinan, China[J]. Science of The Total Environment, 2007, 383(1): 164-173.

[107] Cao J J, Wang Q Y, Chow J C, et al. Impacts of aerosol compositions on visibility impairment in Xi'an, China[J]. Atmospheric Environment, 2012, 59: 559-566.

[108] Yu X, Ma J, An J, et al. Impacts of meteorological condition and aerosol chemical compositions on visibility impairment in Nanjing, China[J]. Journal of Cleaner Production, 2016, 131: 112-120.

[109] Pathak R K, Yao X, Chan C K. Sampling artifacts of acidity and ionic species in $PM_{2.5}$[J]. Environmental Science Technology, 2004, 38(1): 254-259.

[110] 王阳. 太原市 $PM_{2.5}$ 中无机气溶胶污染特征及酸度研究[D]. 太原: 太原科技大学, 2022.

[111] Meng Z, Xu X, Lin W, et al. Role of ambient ammonia in particulate ammonium formation at a rural site in the North China Plain[J]. Atmospheric Chemistry Physics, 2018, 18(1): 1-30.

[112] 吴瑞杰. 郑州市大气颗粒物 $PM_{2.5}$ 和 PM_{10} 的特性研究[D]. 郑州: 郑州大学, 2011.

[113] 郑利荣. 吕梁市大气颗粒物中水溶性无机离子的分布特征及来源解析[D].太原: 太原理工大学, 2020.

[114] 杨留明. 基于在线监测的郑州市 $PM_{2.5}$ 中水溶性离子特征研究[D]. 郑州: 郑州大学, 2019.

[115] Pathak R K, Wang T, Wu W S. Nighttime enhancement of $PM_{2.5}$ nitrate in ammonia-poor atmospheric conditions in Beijing and Shanghai: Plausible contributions of heterogeneous hydrolysis of N_2O_5 and HNO_3 partitioning[J]. Atmospheric environment, 2011, 45(5): 1183-1191.

[116] Feng Y L, Chen Y J, Guo H, et al. Characteristics of organic and elemental carbon in $PM_{2.5}$ samples in Shanghai, China[J]. Atmospheric Research, 2009, 92(4): 434-442.

[117] Dan M, Zhuang G S, Li X X, et al. The characteristics of carbonaceous species and their sources in $PM_{2.5}$ in Beijing[J]. Atmospheric Environment, 2004, 38(21): 3443-3452.

[118] 李荣杰. 晋中市某地大气 $PM_{2.5}$ 中有机气溶胶特征及来源解析[D]. 太原: 太原科技大学, 2021.

[119] Duan J, Huang R J, Li Y J, et al. Summertime and wintertime atmospheric processes of secondary aerosol in Beijing[J]. Atmospheric Chemistry and Physics, 2020, 20(6): 3793-3807.

[120] Zhong H B, Huang R J, Duan J, et al. Seasonal variations in the sources of organic aerosol in Xi'an, Northwest China: The importance of biomass burning and secondary formation[J]. Science of the Total Environment, 2020, 737: 139666.

[121] Sun Y L, Du W, Fu P Q, et al. Primary and secondary aerosols in Beijing in winter: Sources, variations and processes[J]. Atmospheric Chemistry and Physics, 2016, 16(13): 8309-8329.

[122] Ng N L, Canagaratna M R, Zhang Q, et al. Organic aerosol components observed in Northern Hemispheric datasets from Aerosol Mass Spectrometry[J]. Atmospheric Chemistry and Physics, 2010, 10(10): 4625-4641.

[123] Cubison M J, Ortega A M, Hayes P L, et al. Effects of aging on organic aerosol from open biomass burning smoke in aircraft and laboratory studies[J]. Atmospheric Chemistry and Physics, 2011, 11(23): 12049-12064.

[124] Hu W W, Day D A, Campuzano J P, et al. Evaluation of the new capture vaporizer for aerosol mass spectrometers: Characterization of organic aerosol mass spectra[J]. Aerosol Science and Technology, 2018, 52(7): 725-739.

[125] Heald C L, Kroll J H, Jimenez J L, et al. A simplified description of the evolution of organic aerosol composition in the atmosphere[J]. Geophysical Research Letters, 2010, 37(8): L08803.

[126] Ng N L, Canagaratna M R, Jimenez J L, et al. Changes in organic aerosol composition with aging inferred from aerosol mass spectra[J]. Atmospheric Chemistry and Physics, 2011, 11(13): 6465-6474.

[127] Zhao J, Qiu Y M, Zhou W, et al. Organic aerosol processing during winter severe haze episodes in Beijing[J]. Journal of Geophysical Research-Atmospheres, 2019, 124(17-18): 10248-10263.

[128] Chakraborty A, Mandariya A K, Chakeaborti R, et al. Realtime chemical characterization of post monsoon organic aerosols in a polluted urban city: Sources, composition, and comparison with other seasons[J]. Environmental Pollution, 2018, 232: 310-321.

第3章

煤焦化污染区域大气挥
发性有机物(VOCs)的
污染特征

在大气中，挥发性有机物在发生光化学反应之后会生成低挥发性的有机物，通过凝结作用生成新颗粒，或吸附于已有颗粒物的表面，因此挥发性有机物在灰霾的形成过程中发挥着重要的作用，是灰霾的重要前体物。本研究在太原盆地布设了三个采样点，位置如图 3-1（a）所示，分别为太原市（37.88°N，112.49°E）、北格镇（37.64°N，112.57°E）、介休市（37.09°N，112.00°E），和一个对照点方山县（37.74°N，111.33°E），太原市又包含了四个采样点位，如图 3-1（b）所示，分别为位于太原市区的桃园站点（37.87°N，112.54°E）、太原市南部的小店站点（37.74°N，112.56°E）、太原市西南部的晋源站点（37.71°N，112.47°E）和太原市北部的上兰站点（38.01°N，112.43°E）。

(a) 太原盆地内的采样点分布图
(五角星为采样点，圆点为焦化厂)
(b) 太原市区内的采样点分布图

图 3-1　VOCs 采样点位图

通过采样和数据分析对煤焦化区域 VOCs 的污染特征进行了研究。书中所有非甲烷烃样品均使用装有 TOV-2 阀的 3.2L 不锈钢苏玛罐（Entech，美国）并外接限流阀（39-CS1200ES3）进行恒流采样，样品通过预浓缩系统（Nutech8900DS，USA）和气相色谱仪-氢火焰离子检测器/质量选择检测器（GC-FID/MSD）系统（Agilent 7890A-5975C，USA）分析。醛酮的采集基于衍生化反应进行，即用小流量真空泵抽取一定体积的空气样品，使空气通过硅胶采样管，空气中的醛酮类物质与涂覆在采样管上的衍生剂（2,4-二硝基苯肼，DNPH）经强酸催化反应，生成稳定且有颜色的腙类衍生物而被采集，采样时应在采样管前串联 KI 除臭氧柱，消除干扰。每支采样管用 5mL 乙腈（acetonitrile，ACN）洗脱，洗脱后将洗脱液过滤，转移至 2 mL 棕色样品瓶中，通过自动进样器注入高效液相色谱-紫外检测（HPLC-UV）系统（Agilent 1260，USA）进行分析。

3.1

VOCs 的污染状况

3.1.1 非甲烷烃的污染状况

2015 年观测到太原市总 VOCs（TVOCs）的年均浓度为 38.43nL/L，2019 年夏季（7月）对太原市四个城区 VOCs 的情况进行了分区观测，观测期间太原市 TVOCs 平均浓度为 14.8nL/L，其中，桃园站点（17.2nL/L）的 TVOCs 浓度最高，其次是小店（16.3nL/L）、晋源（14.7nL/L）和上兰（11.0nL/L）站点。2017 年对太原盆地三个典型区域（太原市、北格镇、介休市）和一个对照点（方山县）夏秋季的 TVOCs 进行了研究，各采样点 TVOCs 的平均浓度分别为 29.78nL/L、39.29nL/L、49.28nL/L 和 28.75nL/L。

图 3-2 展示了 2015 年观测期间 VOCs、SO_2、CO 和 PM 浓度的时间变化规律以及气象条件。TVOCs 呈明显的季节性变化，由春季到冬季逐渐增加（春季为 31.08nL/L；夏季为 32.44nL/L；秋季为 44.89nL/L；冬季为 67.33nL/L）。各季节 VOCs 浓度的变化趋势与常规污染物 SO_2、CO、$PM_{2.5}$ 相似，而且相关性较强（相关系数 R 分别为 0.76、0.67、0.72）。其中 SO_2 主要来自煤炭燃烧，煤炭燃烧也是华北地区 CO 和 $PM_{2.5}$ 的重要来源，说明煤燃烧是太原市挥发性有机化合物的重要来源。春季 VOCs 的低浓度在一定程度上可以归因于相对较低的能量需求。此外，风对挥发性有机化合物的扩散和稀释起着重要作用。春季平均风速（2.62m/s）明显高于其他季节。夏季采样期间风速低于其他季节，但 TVOCs 浓度显著低于秋冬季节，主要是由于与煤燃烧有关的排放较少，另外，高边界层和大气层不稳定又有利于大气污染物的垂直扩散，夏季高温和强烈的紫外线照射也有利于 VOCs 的氧化转化。秋季 SO_2 和 CO 浓度明显高于春季和夏季，这是因为秋季是收获季节，山西省的火点数量明显增加，燃烧相关排放较大，从而使 VOCs 浓度也明显升高，这种增加主要见于烯烃、芳香烃和卤代烃。冬季 TVOCs 浓度显著高于其他季节，平均值高达 67.33nL/L，主要原因是中国北方大部分地区在冬季进行燃煤供暖，排放出了大量的空气污染物，导致 VOCs、SO_2、CO、$PM_{2.5}$ 等排放量增加。另外，由于行星边界层（PBL）高度较低，逆温层较深，特别是夜间，加之较弱的光化学反应，使得污染物总是在局部区域聚集[1]。在天气稳定时，污染物浓度会迅速增加，对于盆地内城市，如太原市，其影响更明显。从图 3-2 可以看出，12 月 14～16 日，风速大于 3m/s 时，TVOCs 浓度保

持在 23.50～25.91nL/L 范围内。12 月 16～22 日，大气污染物快速累积，低风速条件下 TVOCs 浓度增加 3 倍。12 月 22 日以后，随着风速的增加，TVOCs 浓度再次急剧下降（34.33nL/L）。12 月 24 日以后，气象条件趋于稳定，风速下降，TVOCs 浓度超过 100nL/L，在 12 月 28 日达到最大值 122.59nL/L，这与中国污染最严重的城市 TVOCs 的水平相当，如兰州市[2]和北京市[3]。

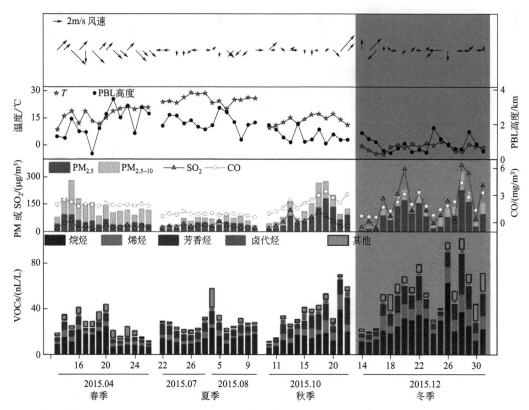

图 3-2   2015 年太原市采样期间 VOCs、无机气体（SO₂、CO、NO₂、O₃）、PM 的日均浓度和
气象参数的时间序列及 PBL 高度（行星边界层高度）[4]

此外，2019 年太原市城区设置的四个站点中最北部上兰站点夏季 VOCs 浓度最低，最南部晋源站点浓度次之，而城区中部两站点浓度最高，甲基叔丁基醚（MTBE）在四个站点的浓度分别为 0.02nL/L（上兰）、0.06nL/L（桃园）、0.05nL/L（晋源）和 0.07nL/L（小店），说明太原盆地北部城市虽然受到焦化生产的影响，但机动车排放是当地 VOCs 的主要来源。表 3-1 显示，太原市 2019 年夏季排名前 15 的 VOCs 物种总浓度低于 2015 年 7 月的北京市（22.5nL/L）和 2016 年 6 月的宝鸡市（32.5nL/L），与 2018 年 7 月的西安市（19.0nL/L）较为接近，但高于 2013 年 6 月至 7 月的德州市（11.5nL/L）。北京市、西安市、宝鸡市、德州市和太原市虽然都位于中国北方，但是城市能源结构、采样时间、地点和方法的差异也会影响 TVOCs 的水平[5]。与这些城市（北京市、宝鸡市和西安市）相比，太原市 TVOCs 浓度较低可能与中国第

二届全国青年运动会（2019 年 8 月 8～18 日）的一系列管控措施有关。2019 年 3 月以来，山西省政府先后对部分污染企业进行整治，确保第二届全运会空气质量。

表 3-1　太原市与其他城市 VOCs 中排名前 15 的 VOCs 物种浓度对比　　单位：nL/L

物种	本研究			北京市[15] （2015.07）	德州市[16] （2013.06～07）	宝鸡市[17] （2016.06）	西安市[18] （2018.07）
	EP1	EP2	平均值	平均值	平均值	平均值	平均值
乙烷	3.03	4.52	3.77	4.13	2.70	—	1.97
乙烯	1.30	1.78	1.54	1.76	0.90	2.14	1.14
乙炔	1.07	1.56	1.32	2.25	0.90	—	1.80
丙烷	1.06	1.48	1.27	3.60	1.10	—	1.20
苯	0.59	1.09	0.84	0.49	0.60	4.54	0.62
正戊烷	0.73	0.93	0.83	0.65	0.20	—	0.79
正丁烷	0.49	0.78	0.64	2.13	0.50	—	1.65
异戊烷	0.43	0.67	0.55	1.10	0.40	—	1.87
异戊二烯	0.35	0.60	0.47	0.86	0.40	7.19	0.86
甲苯	0.39	0.50	0.45	—	0.90	5.90	0.94
异丁烷	0.23	0.38	0.31	1.35	0.40	2.21	1.72
丙烯	0.24	0.35	0.29	0.48	0.40	—	0.27
正定烯	0.27	0.32	0.29	0.16	0.04	5.06	0.37
丁二烯	0.24	0.33	0.28	0.02	—	—	0.02
正己烷	0.14	0.22	0.18	0.15	0.70	—	0.59
总 VOCs	12.20	17.39	14.79	22.45	11.48	32.52	18.96

注：EP1 为 O_3 达标期；EP2 为 O_3 污染期；—代表未检测或未列出。

2017 年在太原盆地内 4 个采样点测得的总 VOCs 浓度如图 3-3（a）、（b）所示。作为焦化行业聚集区，介休市的挥发性有机物含量最高，从 9.72nL/L 到 125.23nL/L 不等。沿着太原盆地走向从西南到东北，随着焦化厂密度的下降，挥发性有机物水平从介休市到北格镇（范围：11.93～80.44nL/L）逐渐下降，太原市（范围：8.90～74.78nL/L）降至更低水平。作为清洁的对照点，方山县的挥发性有机物含量最低，从 6.43nL/L 到 66.70nL/L 不等。尽管北格镇当地的排放量较低，由于受到介休市污染物输送的巨大影响，其在夏季的 VOCs 平均浓度与介休市相当。秋季介休市污染物输送影响减弱时，北格镇的平均 VOCs 浓度接近太原市，但明显低于介休市。这些现象表明，当气象条件有利于污染物的传输时，介休市污染物的排放对太原盆地的整体空气质量有很大影响。从 VOCs 浓度的空间分布来看，太原盆地区域内 VOCs 浓度呈现出南高北低的变化趋势。

表 3-2 列出的 15 种 VOCs 为挥发性有机物中浓度较高，或者有指示性的 VOCs 物种，从 2015 年的观测数据来看，太原市 VOCs 总浓度为 31.67nL/L，显著高于武汉市（19.90nL/L）、上海市（23.88nL/L），与北京市（32.34nL/L）的浓度接近，略低于深圳市（42.39nL/L），说明太原盆地挥发性有机物的污染在国内处于较为严重情况。

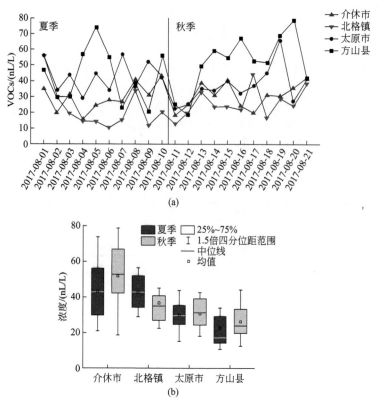

图 3-3　太原盆地整个采样周期内 4 个站点 VOCs 的时间序列（a）及太原盆地
四个采样点分季节 TVOCs 浓度的箱线图（b）

表 3-2　不同城市所选 VOCs 浓度对比　　　　　　单位：nL/L

VOCs	太原市	深圳市[6]	北京市[7]	上海市[8]	武汉市[9]
	2015 年	2010~2011 年	2014 年	2007~2010 年	2013~2014 年
乙烷	4.13	—	4.90	—	5.20
丙烷	3.87	4.38	5.21	4.81	1.90
异丁烷	3.04	4.08	1.46	1.43	1.10
正丁烷	2.43	2.84	2.19	2.03	1.30
异戊烷	1.10	2.05	0.07	2.29	1.00
正戊烷	0.74	4.55	0.55	—	0.50
乙烯	3.02	—	5.98	—	3.30
丙烯	1.00	1.8	2.06	0.84	0.50
1-丁烯	0.88	0.68	0.21	0.26	0.30
苯	2.20	2.23	1.43	1.81	1.70
甲苯	1.26	10.4	1.83	4.70	2.00
乙苯	1.01	2.76	0.69	1.23	0.50
间/对二甲苯	2.23	3.41	1.43	1.40	0.40
邻二甲苯	0.76	3.21	0.32	0.38	0.20
乙炔	4.00	—	4.02	2.70	—
总 VOCs	31.67	42.39	32.34	23.88	19.90

3.1.2 醛酮的污染状况

太原市连续 3 年的大气羰基化合物年均浓度分别为(15.99±8.41)nL/L(2018 年)、(17.02±5.50)nL/L(2019 年）和（13.47±4.08）nL/L（2020 年），与 2018 年相比，2020 年总羰基化合物出现明显下降，降幅达 15.76%，其中甲醛下降 11.55%，丙酮下降 9.28%，乙醛无明显变化。甲醛是含量最高的单种羰基化合物，其不同年度的浓度水平分别为（7.27±4.79）nL/L（45.44%）、（8.16±3.08）nL/L（47.94%）和（6.43±2.52）nL/L（47.73%）。丙酮在大气中的含量仅次于甲醛，各年度浓度水平分别为（4.31±2.44）nL/L（26.97%）、（4.84±1.82）nL/L（28.43%）和（3.91±1.61）nL/L（29.04%）。乙醛各年度浓度水平较为稳定，分别为（2.40±1.18）nL/L（15.02%）、（2.43±1.05）nL/L（14.29%）和（2.39±0.80）nL/L（17.78%）。

3.2
VOCs 的组成特征

3.2.1 非甲烷烃的组成特征

2015 年太原市 VOCs 主要由烷烃、烯烃、芳香烃、卤代烃和炔烃（乙炔）组成（见图 3-4），分别占总挥发性有机化合物的 47.20%（18.14nL/L）、15.06%（5.79nL/L）、22.14%（8.51nL/L）、4.63%（1.04nL/L）和 10.40%（4.00nL/L）。其他组分只占 0.57%（0.22nL/L），其中交通排放来源的重要标志物——甲基叔丁基醚（MTBE）（0.21nL/L）对总挥发性有机物（TVOCs）的浓度贡献仅为 0.56%，是其他组分中最主要的物质，占到了其他组分浓度的 95.45%。

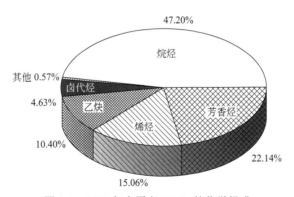

图 3-4　2015 年太原市 VOCs 的化学组成

表 3-2 显示，2015 年太原市苯和乙炔的浓度高于国内其他城市（太原市苯的浓度略低于深圳市，乙炔的浓度略低于北京市），这可能是由本地及周边地区大量的燃

煤和焦化生产活动所致。此外，被认为是 LPG 良好示踪剂的正丁烷、异丁烷和 1-丁烯[10]在太原市的浓度高于全国其他城市（太原市正丁烷、异丁烷的浓度略低于深圳市）。异戊烷是汽车尾气和汽油蒸发的典型标识性物种[8]，其浓度在本研究中低于深圳市和上海市，这可能是因为太原市的车流密度相对较低。中国珠江三角洲和长江三角洲地区城市（如深圳市和上海市等）塑料和涂料相关行业众多，与这些城市相比，太原市排放的相关化合物（如甲苯、乙苯）因产业结构不同而相对较低。

2019 年夏季太原市 4 个站点 VOCs 种类占比如图 3-5 所示[11]。就 VOCs 物种组成而言，烷烃的贡献最大（55%～59%），其次是烯烃（19%～25%）、芳香烃（12%～14%）和乙炔（8%～10%）。上兰的烯烃比例（25%）在 4 个站点中最高，异戊二烯对烯烃的贡献为 32%，高于桃园（11%）、晋源（9%）和小店（11%）。

太原市 2019 年环境空气中 VOCs 排名前 15 的化合物（表 3-1）中，乙烷是太原市最丰富的 VOCs 种类，占 TVOCs 的 26%，其浓度低于北京市（4.13nL/L），但高于西安市（1.97nL/L）和德州市（2.70nL/L）。其次是乙烯（10%）、乙炔（9%）、丙烷（9%）和苯（6%）。一般来说，C_2 物种（乙烷、乙烯和乙炔）主要与机动车尾气和煤/生物质燃烧有关[12,13]，苯和乙炔与燃煤及焦化生产密切相关[14]。丰富的 C_2 和苯表明太原市 VOCs 的主要来源是燃煤、焦化生产以及汽车尾气排放。异戊烷是机动车尾气和汽油蒸发的典型示踪剂，而太原市异戊烷浓度（0.55nL/L）明显低于西安市（1.87nL/L）和北京市（1.10nL/L），表明机动车尾气对太原市 VOCs 污染的影响较小。

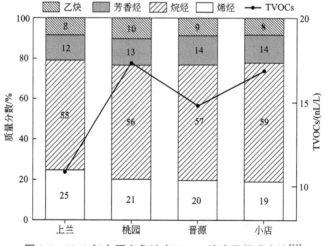

图 3-5　2019 年太原市各站点 VOCs 浓度及组成占比[11]

图 3-6 为太原盆地观察期内 4 个采样点 VOCs 物种的化学组成。介休市作为污染最严重的区域，在 4 个采样点中，烷烃的比例最低，烯烃的比例最高，尤其是在秋季。沿传输通道，从介休市到北格镇再到太原市，烷烃的比例在增加，烯烃的比例在减少，太原市秋季除外。作为清洁对照区，方山县的烷烃比例最高，烯烃比例最低。烷烃（47%～72%）的组成在所有采样点中都是最高的，因为它们的寿命更长，来源广泛；其次是烯烃（10%～20%）、芳香烃（6%～18%）和乙炔（6%～17%）。

秋季乙炔的比例显著高于夏季，尤其是方山县。这主要是因为采样时间覆盖了农作物收获季节，农民经常使用农作物秸秆作为维持生计的生物燃料，以农业生产为主的方山县背景点更是如此。

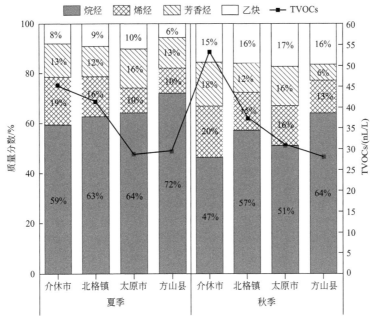

图 3-6　太原盆地采样点 VOCs 浓度及各类物质的占比情况

可以看出，近年来由于焦化行业的管控，焦化生产得到了一定程度的遏制，因此，在太原盆地芳香烃占比出现了明显的变化，由 2015 年的 22.14%降到了 2017 年的 16%，再到 2019 年的 13.75%（2019 年夏天）；而烯烃、烷烃出现了增长的趋势，烯烃由 15.06%增到 16%再到 21%，烷烃由 47.20%增到 56.50%再到 56.83%。此外，在太原盆地芳香烃的占比沿介休市—北格镇—太原市的传输路线也出现了逐渐降低的趋势，同时，太原市的 4 个站点芳香烃占比均为南高北低（上兰、桃园占比为 13%，而晋源和小店分别为 15%、14%），说明太原盆地南部城市的焦化生产对太原盆地内城市的影响由南向北依次减弱。

图 3-7 显示了太原盆地 4 个采样点中各 VOC 单体的平均浓度，以及它们在北格镇、太原市、方山县与介休市之间的相对变化趋势。在太原盆地的所有采样点中，乙烷和正丁烷是最丰富的 VOCs 种类。乙烷、乙烯、苯和乙炔被认为是其组别中含量最丰富的挥发性有机化合物。北格镇、太原市、方山县与介休市的相对下降趋势相似，介于−1～+1。其中，太原市的 3-甲基戊烷、2-甲基己烷和正丙苯以及方山县的正壬烷明显高于介休市，这可能是由于该采样点的排放特征与介休市焦化源排放不同。

3.2.2　醛酮的组成特征

对于醛酮类 VOCs，甲醛、乙醛和丙酮是太原市大气中含量最丰富的三种羰基化合物，三者占总羰基化合物浓度的 87.50%，甲醛是含量最高的单种化合物，其占总羰基化合物浓度的 45.35%，主导了羰基化合物的变化。除甲醛、乙醛和丙酮外，其他羰基化合物在大气总羰基化合物中的含量最高不超过 3%。

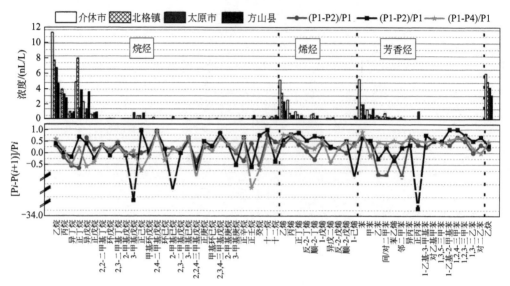

图 3-7　太原盆地 4 个采样点中各 VOC 单体的平均浓度及其在 P2、P3 和 P4 采样点与 P1 采样点的相对减少量（其中 P1、P2、P3 和 P4 分别为介休市、北格镇、太原市和方山县）

3.3

特征比值

3.3.1　苯与甲苯（B/T）比值分析

多项研究表明，单一来源释放的 VOCs 的组成特征相对稳定，并且不同于其他来源。根据代表性污染物之间的相关性和特征比，可以粗略推断环境 VOCs 的来源。苯与甲苯（B/T）的比值是用于区分汽车尾气与其他燃烧源以及工业过程的、使用最广泛的比值。高于 1 的 B/T 值意味着生物质、木炭和煤的燃烧对受体环境有相当大的影响[19,20]。比值在 0.3～0.7 的范围内指示污染类型以汽车尾气为主，比值小于 0.2 指示工业污染占主导地位[14,21]。同样，甲苯/苯（T/B）的比值分析也可以用来判断环境 VOCs 的污染源。当 T/B 值在 1～2 范围内变化时，大气受到了汽车排放的严重影响；T/B 值小于 0.6 时，可以归因于煤炭燃烧和生物质燃烧；当 T/B 值大于 3 时，工业活动占主导地位，如图 3-9 所示。

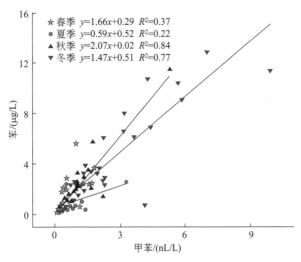

图 3-8　2015 年太原市采样点苯与甲苯的散点图（不同形状代表不同季节）[14]

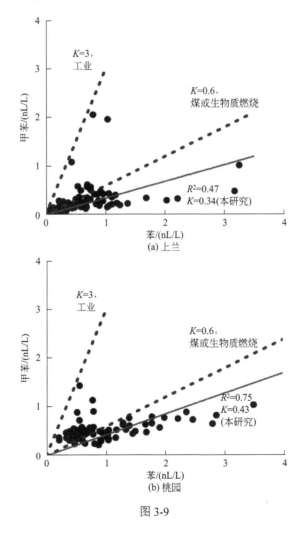

图 3-9

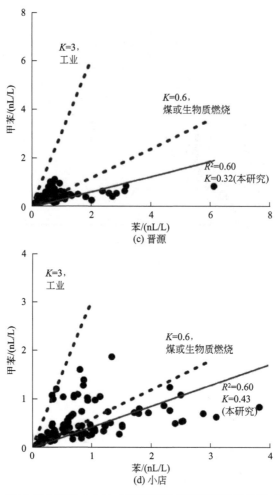

图 3-9　2019 年太原市 4 个站点甲苯/苯比值及其线性相关性（R^2）[22]

在 2015 年对太原市 VOCs 的研究中发现，使用春季、秋季和冬季线性回归线的斜率估计的 B/T 值的季节平均值高于 1（图 3-8），表明煤炭和生物质燃烧是太原市 VOCs 的主要来源。苯在秋季（R^2=0.84）和冬季（R^2=0.77）与甲苯相关性较强，春季相关性较弱（R^2=0.37），说明苯和甲苯在秋季与冬季的来源相似，而春天的来源较为复杂。夏季，线性回归线的斜率为 0.59，虽然该值与汽车尾气的值非常接近，但它可能不是主要来源。相反，该斜率可能是多种来源组合的结果，因为苯和甲苯之间的相关性非常弱（R^2=0.22）。

图 3-9 显示了 2019 年太原市 4 个站点（上兰、桃园、晋源、小店）在整个采样期间的 T/B 值，除上兰站点（R^2=0.47）外，其他 3 个站点的相关性较好（R^2=0.60～0.75），说明苯和甲苯在桃园、晋源和小店站点有相似的来源。由于地理位置的差异，上兰站点 T/B 值相关性较低。T/B 值在上兰、桃园、晋源和小店站点分别为 0.34、0.43、0.32 和 0.43，说明太原市 VOCs 受煤或生物质燃烧排放的影响较大。

3.3.2　异戊烷/正戊烷比值分析

异戊烷/正戊烷也是判断 VOCs 污染来源的重要指标，例如天然气、机动车排放和燃料蒸发等。一般来说，该比值在 0.82~0.89 之间时[23,24]，表明天然气泄漏占主要地位。车辆排放的比值在 2.2~3.8 之间，燃料蒸发的比值在 1.8~4.6 之间[25]，燃煤排放的比值为 0.6~0.8[26]。太原市异戊烷/正戊烷的比值为 0.8±0.1，低于北京市（1.6）、西安市（2.0）和德州市（3.2），表明太原市 VOCs 主要来源于燃煤。图 3-10 显示，2019 年夏季太原市城区 4 个站点异戊烷与正戊烷的相关性较好（R^2=0.61~0.82），表明 4 个站点异戊烷与正戊烷的来源较为一致。其中异戊烷/正戊烷的比值在小店站点（0.69）最高，其次为桃园（0.67）和晋源（0.59）站点，提示这些站点均受到了煤炭燃烧的影响。上兰（0.43）站点比值低于煤炭燃烧的特征比值，这可能是由上兰站点处于郊区，受到多种不确定因素的影响造成的。

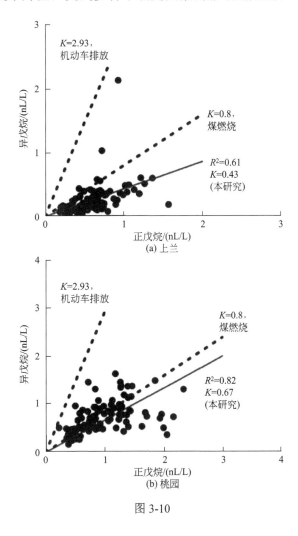

图 3-10

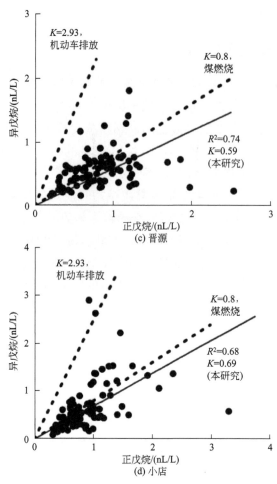

图 3-10　2019 年太原市 4 个站点异戊烷/正戊烷比值及其线性相关性（R^2）

　　综上可知，异戊烷/正戊烷和甲苯/苯的比值分析可以初步确定煤或生物质燃烧对太原市环境空气 VOCs 的贡献较大。

3.3.3　苯、甲苯和乙苯（B∶T∶E）的比值分析

　　由于不同排放源具有特定的 VOCs 物种，因此可通过 VOCs 特征污染物的比值来初步判断相关物种的污染来源。苯、甲苯和乙苯的比值（B∶T∶E）可用于划分以下 3 种 VOCs 来源，如图 3-11 所示（书后另见彩图），分别是以苯比值较高为特征的燃烧源，其中燃烧源包括生物质、生物燃料和煤燃烧，燃烧源 B∶T∶E 的平均值为 0.69∶0.27∶0.04（图 3-11 灰色线框范围）；以甲苯和苯比值较高为特征的交通源，其 B∶T∶E 平均值为 0.31∶0.59∶0.10（图 3-11 浅灰色线框范围）；以甲苯和乙苯比值较高而苯比值较低为特征的工业和溶剂使用源，工业和溶剂使用源的 B∶T∶E 平均值为 0.06∶0.59∶0.35（图 3-11 黑色线框范围）[27]。其中，交通源 B∶T∶E 区域划分是基于柴油车尾气、汽油车尾气、燃油蒸发以及路边和隧道测试的结

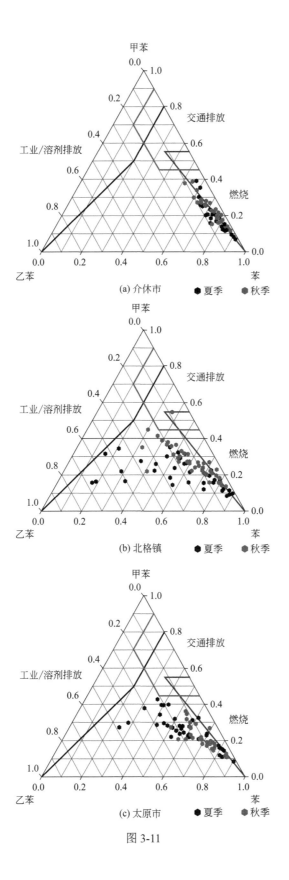

图 3-11

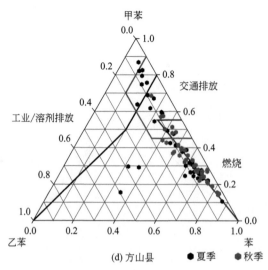

图 3-11　太原盆地 4 个采样点各个季节苯（B）、甲苯（T）和乙苯（E）的比例

果[1]。由图 3-11 可知，在介休市，大部分样品的比例均分散在或接近生物质/生物燃料/煤燃烧组成的区域内，以苯为主，夏季和秋季没有明显变化，说明该地区受生物质/生物燃料/煤燃烧的影响比车辆排放的影响更大。介休市作为焦化产业聚集区，焦化过程中会产生大量苯，导致大气环境 VOCs 中苯的占比较高。方山站点的 B：T：E 主要分散在交通排放和生物质/生物燃料/煤燃烧范围内，尤其是秋季均分散在生物质/生物燃料/煤燃烧附近，这可能主要与当地以农业生产为主的环境有关，秋季生物质/生物燃料/煤燃烧的排放量会增加，因此方山站点主要受生物质/生物燃料/煤燃烧和交通排放的影响。

太原市和北格镇的三元相图比例相似，其中一部分分散在生物质/生物燃料/煤燃烧的组成范围内或附近，但图 3-11 也显示一些样品分散在 3 个源类别之外，并且乙苯比值较高，特别是在太原市和北格镇的夏季，表明太原市和北格镇 VOCs 的主要来源是生物质/生物燃料/煤燃烧，但在一定程度上也受到工业和溶剂使用的影响。

综上可知，位于太原盆地焦化区域的介休市，三元相图散点集中分散在或接近生物质/生物燃料/煤燃烧的区域内，以苯为主，验证了焦化过程中存在苯的额外排放；随着焦化厂密度的降低，在北格镇和太原市环境空气中 VOCs 主要来自煤或生物质燃烧，某种程度上也受到工业和溶剂使用的影响；对照点方山县环境空气中的 VOCs 主要与其城市产业背景有关，其作为以农业和旅游业发展为主的地区，夏季受交通排放源影响较大，而秋季受煤或生物质燃烧影响较大。

3.3.4　羰基化合物的比值分析

甲醛是由自然源排放的烃类经光化学反应生成，并且甲醛相比乙醛具有较高的生成速率。一般地，城市地区一次来源影响较大，C_1/C_2 值在 1～2 之间；而在乡村或森林地区,甲醛多为植物排放的高活性 VOCs 发生光化学反应后生成的主要产物,

C_1/C_2 值在 10 以上[28,29]。大气光化学反应很少产生丙醛，丙醛被认为只来自人为排放[30]，而其他羰基化合物与自然源和人为源均有关联，故乙醛/丙醛（C_2/C_3）被用作大气中醛类化合物人为源的重要判识指标[31]。因此 C_2/C_3 值在乡村地区较高，而在污染严重的地区较低[32]。本章采用甲醛/乙醛（C_1/C_2）和乙醛/丙醛（C_2/C_3）的浓度比值来判断羰基化合物的可能来源。图 3-12 和表 3-3 显示了 2018～2020 年各季节 C_1/C_2 值及 C_2/C_3 值的变化。

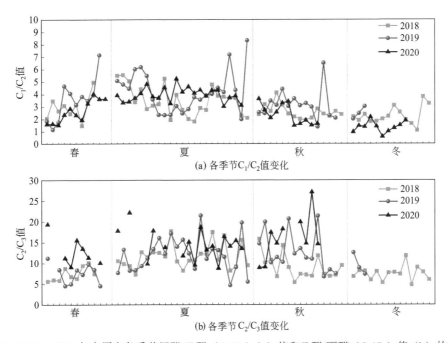

图 3-12　2018～2020 年太原市各季节甲醛/乙醛（C_1/C_2）（a）值和乙醛/丙醛（C_2/C_3）值（b）的变化[33]

表 3-3　2018～2020 年太原市及其他城市各季节甲醛/乙醛（C_1/C_2）值和乙醛/丙醛（C_2/C_3）值汇总

地点	时间	C_1/C_2 值		C_2/C_3 值	
		AM±SD	范围	AM±SD	范围
太原市 (2018)	春季	2.99±0.99	1.48～4.96	7.36±1.67	5.66～10.14
	夏季	3.51±1.16	1.83～5.56	11.64±2.89	7.28～17.74
	秋季	2.59±0.57	1.94～4.13	9.10±3.01	5.38～15.85
	冬季	2.28±0.71	1.09～3.81	7.47±1.75	4.75～11.81
	均值	2.93±1.03	1.09～5.56	9.43±3.11	4.75～17.74
太原市 (2019)	春季	3.51±1.71	1.17～7.15	7.49±2.38	4.51～11.25
	夏季	4.21±1.63	2.01～8.33	12.05±4.21	4.69～21.46
	秋季	3.18±1.21	1.38～6.51	12.82±4.78	6.73～21.39
	冬季	2.51±0.51	2.03～3.04	9.60±2.70	7.33～12.59
	均值	3.68±1.56	1.17～8.33	11.29±4.40	4.51～21.46
太原市 (2020)	春季	2.62±0.91	1.52～4.03	12.86±3.59	9.04～19.37
	夏季	3.97±0.56	3.03～5.24	14.51±3.58	8.77～22.16
	秋季	2.37±0.81	1.50～3.65	16.12±5.59	8.91～27.16

地点	时间	C₁/C₂ 值		C₂/C₃ 值	
		AM±SD	范围	AM±SD	范围
太原市 (2020)	冬季	1.38±0.46	0.59～2.18	ND	ND
	均值	2.89±1.20	0.59～5.24	14.60±4.26	8.77～27.16
北京市[36]	2006.08	2.69±0.78	1.39～3.78	6.29±2.87	3.54～14.33
武汉市[37]	2017.02	1.15	—	2.65	—
	2017.07	4.33	—	10.28	—
南宁市[28]	2012.01	0.40±0.23	0.11～0.69	18.23±7.68	6.50～30.82
	2012.07	0.75±0.45	0.32～1.94	24.49±27.93	2.01～88.60
上海市[38]	2014.07	2.29	—	2.03	—
佛山市[39]	2014.12	1.56	—	14.35	—
	2015.07	2.63	—	15.56	—
广州市[40]	2006.07	1.04	—	7.51	—
香港[41]	2005.01	1.04	0.73～1.64	7.70	3.62～46.6
	2005.07	0.32	0.59～1.95	5.90	4.52～7.75
西安市[42]	2010.01	—	0.57～1.43	—	—
Los Angeles, USA[43]	—	0.91	—	3.84	—
Langmuir, Mexico[41]	—	1.57	—	0.63	—
Socorro, Mexico[42]	—	1.66	—	0.38	—

注：ND 代表未检测；—代表未列出。

表 3-3 和图 3-12 显示，太原市 C_1/C_2 值和 C_2/C_3 值的范围分别为 0.59～8.33 和 4.51～27.16，平均值分别为 3.14±1.31 和 11.23±4.32。总体来看，C_1/C_2 值一般在夏季最高，冬季最低。

如表 3-3 所列，太原市 2018～2020 年夏季的 C_1/C_2 平均值分别为 3.51、4.21 和 3.97，与武汉市（4.33）夏季比值特征相似，远高于南宁市（0.75）、广州市（1.04）的比值，并且夏季比值远高于一般城市的比值特征（1～2），表明二次生成对太原市大气中甲醛有重要贡献。冬季观测期间 C_1/C_2 值分别为 2.28、2.51 和 1.38，仅 2020 年冬季比值处于 1～2 之间，提示可能受到较强的一次排放的影响。太原市 2018 年和 2019 年冬季比值大于 2，高于大部分城市观测到的比值，如武汉市（1.15）、南宁市（0.40）、佛山市（1.56）和西安市（0.57～1.43），表明 2018 年和 2019 年冬季羰基化合物主要受一次排放影响，二次生成对羰基化合物也有部分贡献。2020 年各季节 C_1/C_2 值整体波动相比于 2018 年和 2019 年较为平稳，表明 2020 年各季节羰基化合物的来源较为稳定，受一次排放影响较大。大气中的羰基化合物受到多种来源的影响，包括一次源（如机动车尾气排放、燃煤和生物排放）和二次源（如烃类 VOCs 的光化学反应）。有研究表明，相比于乙醛，甲醛是光化学反应的主要产物，其产率高达 63%～84%[28,34]。与•OH 进行化学反应是大多数羰基化合物的主要去除途径，去除效率与它们的反应活性密切相关，高分子量化合物的反应活性高于低分子量化合物的反应活性[35]，因此乙醛比甲醛具有更高的去除速率。夏季较强的光化学反应可导致羰基化合物的生成，甲醛生成速率快并且乙醛去除速率快，因此夏季观察到的 C_1/C_2 值要普遍高于其他季节。

从表 3-3 的 C_2/C_3 值可知，太原市 2018～2020 年 C_2/C_3 值的季节变化范围分别为 7.36～11.64、7.49～12.82 和 12.86～16.12，平均值分别为 9.43、11.29 和 14.60。C_2/C_3 值在温度较高的夏季和秋季出现明显的上升，三年最高比值分别为 11.64（夏季）、12.82（秋季）和 16.12（秋季），与二次污染较为严重的武汉市（10.28）和佛山市（15.56）夏季比值相似，表明夏季受到较为严重的光化学反应影响，人为排放影响相对降低。而在春季和冬季大部分处于较低水平，最低值分别为 7.36（春季）、7.49（春季）和 12.86（春季），表明 2018 年和 2019 年春冬季节受到较为稳定的一次人为源排放影响，如煤燃烧和机动车尾气排放等。而 2020 年春季比值相比于 2018 年和 2019 年有较大的上升，可能是由于 2020 年疫情期间一次排放大幅降低，导致丙醛排放减少，但乙醛除一次排放外，二次生成对乙醛有部分贡献，导致 C_2/C_3 值升高。

3.4
二次有机气溶胶生成潜势

3.4.1 VOCs 的反应性

3.4.1.1 非甲烷烃的反应性

VOCs 的大气光化学反应活性特征是导致其在大气中发生变化的重要因素。本研究利用等效丙烯当量浓度法和最大增量反应活性法（MIR）计算了太原盆地城市 VOCs 的等效丙烯当量浓度（PE）和臭氧生成潜势（OFP）。这两种方法对近地面 O_3 的计算结果存在差异，等效丙烯当量浓度法主要基于 VOCs 与 OH 自由基的反应，会忽略大气中的其他反应，同时还会高估与 OH 自由基反应速率较快的物质。而最大增量反应活性法（MIR）对 VOCs 反应机理及活性的考虑相对比较充分。

太原市 2015 年 VOCs 的等效丙烯当量浓度为 6.59nL/L，其中烯烃、烷烃和芳香烃的丙烯当量浓度分别为 3.67nL/L、1.01nL/L 和 1.91nL/L，分别占总等效丙烯当量浓度的 55.71%、15.30% 和 28.99%。VOCs 的 OFP 为 72.62nL/L，其中烯烃、烷烃、芳香烃和其他 VOCs 的 OFP 分别为 42.90nL/L、10.19nL/L、15.85nL/L 和 3.68nL/L，各占总 OFP 的 59.08%、14.03%、21.83% 和 5.06%。芳香烃对 OFP 的贡献为 15.85%～21.83%，远低于 Zhang 等[43]报道的 93.00%，以及 Wu 等[44]报道的 40.95%。

对各 VOC 单体物质的 OFP 在 TOFP 中的相对贡献进行排名，是确定臭氧污染防治优控物种的重要手段。基于等效丙烯当量法分析发现，太原市 2015 年排名前

10 位的 VOC 种类为异戊二烯（1.47nL/L）、乙烯（0.92nL/L）、萘（0.60nL/L）、丙烯（0.44nL/L）、间二甲苯、对二甲苯（0.39nL/L）、正烯（0.39nL/L）、苯乙烯（0.25nL/L）、甲苯（0.18nL/L）、正戊烷（0.15nL/L）和 1-戊烯（0.13nL/L），占等效丙烯总当量浓度的 74.84%。根据 MIR 方法，太原市 2015 年排名前 10 位的 VOC 种类为乙烯（25.62nL/L）、丙烯（5.19nL/L）、间、对二甲苯（4.26nL/L）、异戊二烯（4.06nL/L）、甲苯（3.37nL/L）、正丁烯（3.15nL/L）、乙炔（2.44nL/L）、丁二烯（2.41nL/L）、萘（2.30nL/L）和乙烷（1.90nL/L），占总 OFP 的 75.32%。

太原市 2019 年夏季不同指标 VOCs 物种的贡献如图 3-13 所示，从体积浓度和碳原子浓度来看，烷烃的比例在 4 个站点最大（均大于 50%）。从丙烯当量浓度和 MIR 浓度分析发现，烯烃对 OFP 的贡献最高（63%～87%），其中在上兰站点表现最为突出（83%～87%），这可能与上兰站点周围较高的植被覆盖有关。

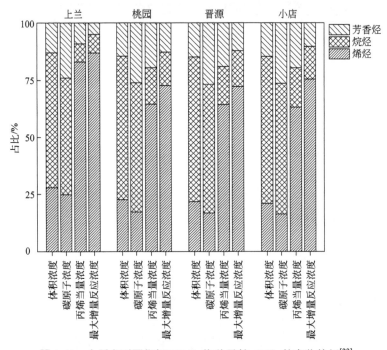

图 3-13 太原市不同指标 VOCs 物种贡献（%）的变化特征[22]

基于等效丙烯当量法分析发现，太原市 2019 年排名前 10 位的 VOC 种类为异戊二烯（38%）、丁二烯（12%）、正丁烯（6%）、乙烯（4%）、丙烯（4%）、间二甲苯（3%）、甲苯（3%）、正戊烷（3%）、对二甲苯（2%）、1-戊烯（2%）。根据 MIR 方法，太原市 2019 年夏季排名前 10 位的化合物为异戊二烯（32%）、乙烯（23%）、丙烯（7%）、正丁烯（6%）、丁二烯（6%）、甲苯（3%）、正戊烷（2%）、乙烷（2%）、异戊烷（2%）、正丁烷（2%）。

此外，对 2019 年太原市夏秋季丙烯当量浓度和 OFP 随时间的变化进行了研究，太原市大气 VOCs 等效丙烯当量浓度整体呈现秋季对近地面 O_3 的贡献大于夏季的趋势。桃园和晋源的最大等效丙烯当量浓度均出现在 10 月，上兰和小店分别在 7 月和

9月达到最高；最小丙烯当量浓度出现在桃园、晋源和小店的8月，上兰11月浓度最低（图 3-14）。同时，桃园、上兰和晋源采样点烯烃和芳香烃物质等效丙烯当量浓度的变化同总等效丙烯当量浓度变化具有相同的趋势，即桃园8月最小、10月

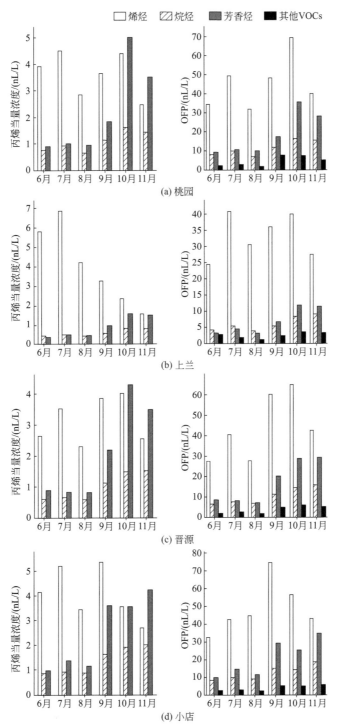

图 3-14　太原市各点位大气 VOCs 等效丙烯当量浓度及 OFP[45]

最大，上兰 11 月最小、7 月最大，晋源 8 月最小、10 月最大；晋源采样点烯烃的等效丙烯当量浓度与总浓度趋势一致，在 8 月浓度最小，而 10 月最大。此外，OFP 的时间变化趋势与等效丙烯当量浓度稍有不同，表现为桃园和晋源的 OFP 变化同等效丙烯当量浓度变化一致，而上兰（6 月最小，10 月最大）及小店（6 月最小，9 月最大）与其趋势不同。但与等效丙烯当量浓度法相同的是，除晋源采样点外，烯烃和芳香烃物质 OFP 的变化同 TOFP 变化趋势相同，而晋源采样点烯烃的 OFP 与 TOFP 趋势与小店相同，因为这两个采样点位于太原市南部，距离焦化工业聚集区更近。综上，太原市不同区域大气 VOCs 活性物种存在差异。桃园、上兰和小店的主要活性物质是烯烃和芳香烃，而晋源则以烯烃为主。

2017 年太原盆地 4 个采样点 VOCs 的总 OFP（TOFP）浓度水平和贡献组成如图 3-15 所示。在所有四个采样点，烯烃对 TOFP 的贡献最大，其次是烷烃、芳香烃和炔烃。烯烃在 TVOCs 中的比例范围为 11%～20%，对 TOFP 的贡献率为 52%～71%。结果与郑州市[46]（55.9%±14.2%）和华北平原区域背景站点上甸子[47]（49.7%～64.4%）的结果相同。然而，与 Wu 和 Xie[48]在华北平原、长江三角洲和珠江三角洲中基于排放清单估计的 TOFP 最大贡献者是芳香烃的结果不同，反映了太原盆地溶剂使用和表面涂层行业相对较少的事实。尽管烷烃的浓度在采样点最高，但较低的光化学反应活性限制了它们对臭氧形成的贡献[49]。芳香烃和乙炔对 TVOCs 的贡献没有显著差异，分别为 10%～16% 和 11%～14%，但对 TOFP 的贡献有显著差异，分别为 12%～18% 和 4%～6%。这主要是由于芳香烃的光化学活性高于乙炔。

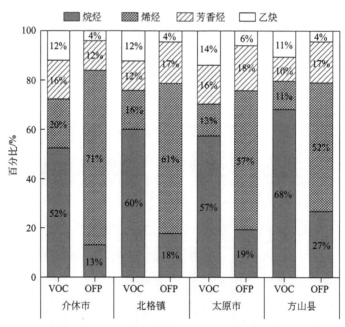

图 3-15　太原盆地及对照点大气 VOCs 组分占比及其对 OFP（臭氧生成潜势）的贡献

在太原盆地的 4 个站点中，虽然烷烃在 TVOCs 中占比较高，但烯烃比烷烃具有更高的反应活性，因而对 O₃ 的生成贡献更大。太原盆地城市由北向南（太原市一介休市，包括对照点），随着焦化厂密度的增加和焦化污染排放影响程度的增大，烷烃对 TVOCs 的贡献逐渐降低，烯烃呈现出相反的变化趋势，在对照点方山县，烯烃对 TOFP 的贡献占比达到最小，而烷烃对 TOFP 的贡献占比达到最大。烷烃、烯烃对 OFP 的贡献和其对 TVOCs 的贡献表现出相同的变化趋势；太原盆地北部城市芳香烃和炔烃对 TVOCs 的贡献差别不大，而处于南部焦化区的介休市，芳香烃对 TVOCs 的贡献略大于炔烃，主要和焦化过程苯的大量排放有关。芳香烃对 TOFP 的贡献明显大于炔烃（3 倍以上），但没有明显的区域性差异。

在介休市、北格镇和太原市对 TOFP 的贡献超过80%的前 15 个 VOCs 物种的研究中发现，乙烯是上述三个站点夏季和秋季 TOFP 的最大贡献者。方山县作为清洁对照区，秋季对 TOFP 贡献最大的前 15 个物种与上述城市一致，但夏季差异显著，夏季贡献最大的是甲苯和 1-丁烯。结果也表明，对所有站点 TOFP 贡献最大的前 10 个物种主要是烯烃和芳香烃，这与 Zhang 等[50]和 Wu 等[51]的结论相似。此外，An 等[52]的研究表明，基于丙烯当量浓度法和 MIR 法的前 5 种物质主要是烯烃（丙烯、异戊二烯、1-丁烯和乙烯），这与本研究得出的结论一致。烯烃类物质对近地面臭氧生成的贡献较大，特别是乙烯、丙烯、异戊二烯和间二甲苯、对二甲苯，这表明烯烃是煤焦化区域大气光化学反应生成 O$_3$ 的主要 VOCs 物质。

3.4.1.2 醛酮类物质的反应性

太原市 2018～2020 年不同季节各羰基化合物对丙烯当量浓度的贡献如图 3-16 所示，太原市羰基化合物的丙烯当量浓度为 7.28μg/m^3，羰基化合物的总丙烯当量浓度季节变化顺序为夏季（7.78μg/m^3）>春季（4.84μg/m^3）>秋季（4.79μg/m^3）>冬季（4.42μg/m^3），夏季丙烯当量浓度约为冬季的 1.76 倍。大部分单种羰基化合物也在夏季达到最大丙烯当量浓度，甲醛和乙醛夏季丙烯当量浓度分别达到 3.89μg/m^3 和

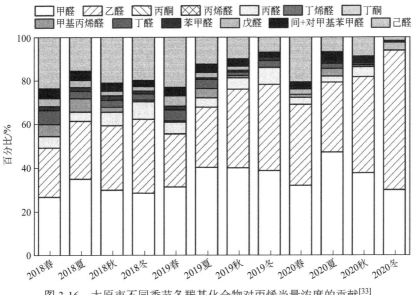

图 3-16　太原市不同季节各羰基化合物对丙烯当量浓度的贡献[33]

2.53µg/m³，是丙烯当量浓度最高的前两个物种，贡献率分别为 37.56% 和 24.39%，己醛是第三大贡献物种，丙烯当量浓度在春季达到最大，略高于夏季，分别为 1.43µg/m³（13.79%）、1.32µg/m³（12.76%）。另外间+对甲基苯甲醛由于在夏季具有较高的浓度，其丙烯当量浓度也明显上升，达到了 0.89µg/m³，贡献率为 8.55%。夏季羰基化合物丙烯当量浓度出现大幅上升，表明夏季高温对大气活性的影响巨大。

3.4.2 二次有机气溶胶生成潜势（SOAFP）

VOCs 是二次气溶胶形成的重要前体物，本研究基于 Grosjean 等[53]的烟雾箱实验，采用气溶胶生成系数（FAC）估算了大气 VOCs 的二次有机气溶胶生成潜势。该研究假设 SOA 的生成只在白天(08:00～17:00)发生，且 VOCs 只与 OH 自由基发生反应生成 SOA。

SOA 生成潜势估算公式（3-1）如下：

$$SOAp=VOCst/(1-FVOCr)\times FAC \tag{3-1}$$

式中　SOAp——VOCs 对 SOA 的生成潜势，µg/m³；

　　　VOCst——环境中 VOCs 物种实测浓度，µg/m³；

　　　FVOCr——该 VOCs 物种参与反应的质量分数，%；

　　　FAC——SOA 生成系数，µg/m³。

式（3-1）中用到的 FAC 和 FVOCr 由烟雾箱实验获得。本研究监测出的 VOCs 物种中对 SOA 具有生成潜势的物种共有 26 个，其中烯烃类有 1 个，烷烃类有 10 个，芳香烃类有 15 个。

通过对 2019 年太原市全年二次有机气溶胶生成潜势的研究发现，在太原市的四个采样点中，各采样点 SOAFP 大小主要表现为小店（1.07µg/m³）>桃园（0.87µg/m³）>晋源（0.85µg/m³）>上兰（0.40µg/m³），位于最北面的上兰站点最小。与 Zhang 等[54]提到的 22 个中国城市的 SOAFP 范围（0.5～14µg/m³）相似。从图 3-17 可以观察到冬季 SOAFP 值高于秋季，而夏季最低。这可能是由秋冬季 VOCs 浓度较高，温度较低及逆温现象导致。

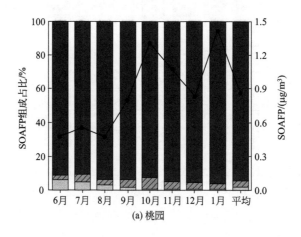

(a) 桃园

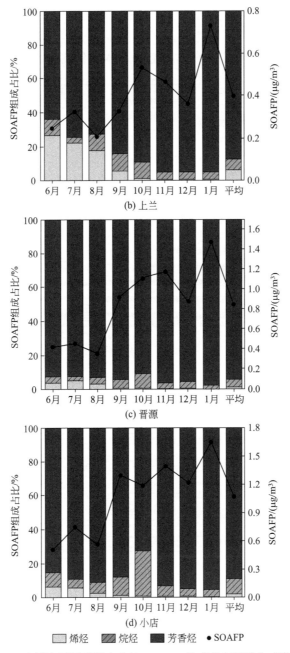

图 3-17　太原市不同采样点大气 VOCs 二次有机气溶胶生成潜势[45]

在对太原市的研究中发现，太原市对 SOAFP 贡献最大的 15 种 VOCs 中 12 种为芳香烃类物质［图 3-18（a）］，占 SOAFP 总量的 85%以上。在整个观测过程中，BTEX（苯，甲苯，乙苯，间二甲苯、对二甲苯和邻二甲苯）是芳香烃中最丰富的物种，四者对桃园、上兰、晋源和小店站点 SOAFP 的贡献分别为 81.36%、78.49%、82.90%和 78.01%。

SOA 是 $PM_{2.5}$ 的主要成分，占 $PM_{2.5}$ 的 30%～77%[55]，太原市观测到的 $PM_{2.5}$ 的平均浓度约为 56.99μg/m³。虽然估算出来的 SOAFP 与 $PM_{2.5}$ 的变化趋势一致

[图 3-18 (b)]，但 SOAFP 可能被低估了，原因可能是，本研究 SOAFP 的估算仅考虑了 29 种 VOCs，且其估算中使用的 FAC 值是从其他研究中收集的，研究区域的差异也会引起一定的误差，未来非常有必要对本土化的参数进行研究。

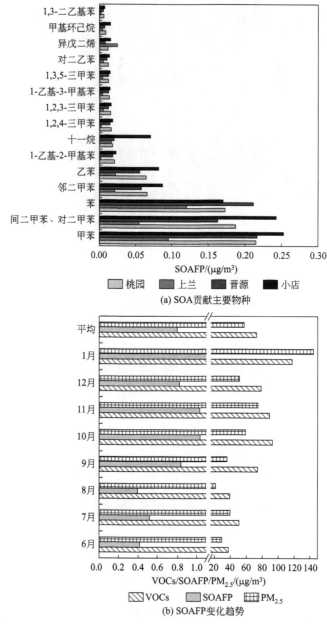

图 3-18　太原市 SOA 贡献主要物种（a）及 SOAFP 变化趋势（b）[45]

研究发现，太原盆地煤焦化区 3 个采样点及方山对照点二次有机气溶胶生成潜势（SOAFP）的值分别为 0.99μg/m³（太原市）、1.19μg/m³（北格镇）、2.57μg/m³（介休市）、2.27μg/m³（方山县）（图 3-19）。太原市和北格镇 SOAFP 的值明显低于介休市，说明焦化生产对周边城市 SOA 的生成影响最大，从太原盆地西南到东北，随着焦化厂密度和焦化排放影响程度的降低，SOAFP 的值也在逐渐减小。方山县背景点的 SOAFP 值相对较高，我们发现 SOAFP 高值主要集中在春冬季，说明对照点 SOAFP 更多的是受到了寒冷季节燃煤取暖的影响。

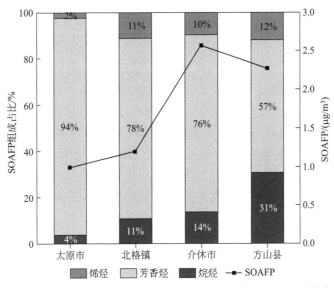

图 3-19 太原盆地及对照点大气 VOCs 二次有机气溶胶生成潜势

　　本章 3.2 部分表明，煤焦化区域主要的 VOCs 物种是烷烃，但芳香烃是对二次有机气溶胶生成潜势（SOAFP）贡献最大的物质，在太原盆地其贡献占比高达 76%～94%。我们还发现，太原盆地城市烷烃和烯烃对 SOAFP 的贡献沿着太原市—北格镇—介休市逐渐增加，而芳香烃对 SOAFP 的贡献逐渐降低，这一结果提示，随着煤和生物质在能源消耗中比重的增加，芳香烃对 SOAFP 的贡献占比逐渐减小，烷烃和烯烃类物质对 SOA 形成的影响在逐渐增大。但芳香烃仍然是整个太原盆地 SOAFP 的最大贡献者，因此建议将芳香烃排放作为煤焦化区域 SOA 污染控制的核心。在煤焦化污染区域，芳香烃多来源于焦化、燃烧及溶剂使用排放过程，因此煤焦化区域灰霾及 SOA 的污染防治应注重此三类排放源的排放管控。

3.5
臭氧生成控制机制

3.5.1 O₃的污染水平

　　图 3-20 显示了 2019 年夏季太原市 4 个站点的气象参数和 O₃ 浓度的时间序列

（书后另见彩图）。O$_3$的范围和平均浓度分别为4.5~131.7nL/L和65.4nL/L。O$_3$在上兰（68.2nL/L）的平均浓度最高，其次是晋源（66.1nL/L）、小店（65.6nL/L）和桃园（61.8nL/L）。根据中国国家空气质量二级标准（小时浓度均值为103nL/L）将整个监测期分为O$_3$达标期（EP1）和O$_3$污染期（EP2）。EP2（75.6nL/L）期间4个地点的O$_3$最大浓度显著高于EP1（63.5nL/L）。7月5日和7月12~15日期间观察到了两个明显的污染过程。7月15日，每小时最大O$_3$浓度达到131.7nL/L。随着污染过程的演变，最高温度由24℃升高至32℃，最低湿度由60%降低至40%，风向由西北向西南变化，风速降低（1.7m/s），O$_3$的最大浓度从7月11日的92.2nL/L增加到7月15日的131.7nL/L。在光化学污染后期（7月5~6日），风向由西南转变为东北，风速升到3m/以上，引起了O$_3$及其前体物浓度的下降。O$_3$及其前体物和气象参数之间的Pearson相关性分析表明，基于整个时期4个站点的平均值，O$_3$与温度具有显著正相关性（$R=0.84$），与相对湿度呈中度负相关（$R=-0.50$），和风速呈弱正相关。因此，气象因素在O$_3$的形成中起着重要作用。中国部分沿海地区也报道了类似的结果，在晴天和低风速时经常观察到高浓度O$_3$事件[56]。

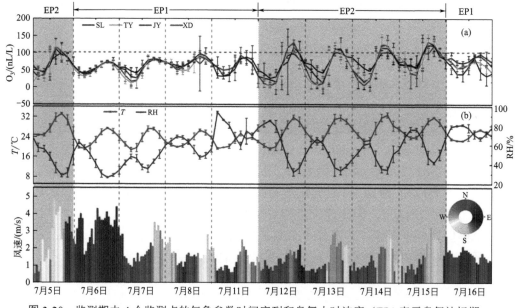

图3-20 监测期内4个监测点的气象参数时间序列和臭氧小时浓度（EP1表示臭氧达标期，EP2表示臭氧污染期，红色虚线表示中国国家空气质量二级标准）[22]

3.5.2 O$_3$生成的控制机制

前体物对O$_3$形成的影响可以简单地描述为VOCs控制、NO$_x$控制或VOCs和NO$_x$共同控制。VOCs/NO$_x$比率已被广泛用于确定O$_3$的形成，例如，20世纪80年代洛杉矶O$_3$污染的数值模拟表明，在VOCs/NO$_x$比率约为8∶1时，从VOCs控制过渡到NO$_x$控制[57]。中国的研究发现，VOCs/NO$_x$比率小于4∶1时，O$_3$的生成受

VOCs 控制，VOCs/NO$_x$ 比率大于 8：1 时由 NO$_x$ 控制，当 VOCs/NO$_x$ 比率在 4：1 和 8：1 之间时，O$_3$ 的形成由 VOCs 和 NO$_x$ 共同控制[58]。

本研究分别基于碳原子浓度（ppbC）、等效丙烯当量浓度法（PE）和最大增量反应活性法（MIR），采用 VOCs/NO$_x$ 的近似比值对太原市 O$_3$ 的形成是受 VOCs 控制还是由 NO$_x$ 控制进行了判断，发现 PE、ppbC 和 MIR 计算结果变化趋势一致（见图 3-21），但数值存在差异，可能与计算方法不同有关。基于 PE 值的分析发现，在 EP1 期间 O$_3$ 生成受 VOCs 控制；在 EP2 期间，O$_3$ 的形成在 12:00～18:00 LT 期间由 VOCs 和 NO$_x$ 共同控制（比值>4：1），在其他时间段内由 VOCs 控制。当使用 ppbC 和 MIR 方法分析 VOCs/NO$_x$ 比率时，发现无论在 EP1 期间还是 EP2 期间，12:00～18:00 LT（O$_3$ 的高值期）时间段内 O$_3$ 的形成均受 VOCs 和 NO$_x$ 共同控制，而在其他时间段内，O$_3$ 的形成受 VOCs 控制。总之，太原 12:00～18:00 LT 期间高浓度 O$_3$ 的形成受 VOCs 和 NO$_x$ 共同控制，其余时段受 VOCs 控制。

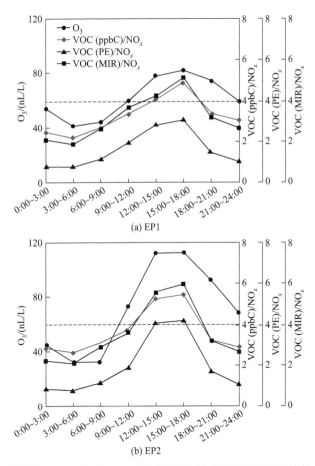

图 3-21　太原市 EP1（a）和 EP2（b）期间 O$_3$ 浓度和 VOCs/NO$_x$ 值的日变化[22]

O$_3$ 控制策略还应考虑其所处的下垫面类型，城市和郊区的控制机制往往不同（见图 3-22）。上兰作为郊区站点，基于 ppbC、PE 和 MIR 计算出的 O$_3$ 形成的敏感性显示出与其他站点（桃园、晋源和小店）不同的变化规律，并且在 12:00～18:00 LT

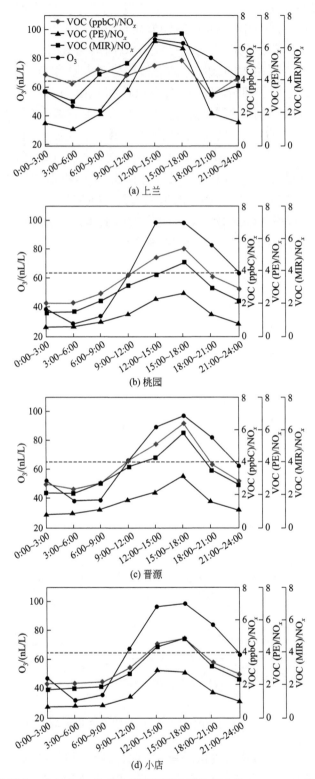

图 3-22 太原市 4 个站点 O₃ 浓度和基于不同参数计算出的 VOCs/NOₓ 值的日变化[22]

期间 O_3 形成始终由 VOCs 和 NO_x 共同控制。基于 PE 得到的结果显示，桃园、晋源和小店站点的 O_3 形成受 VOCs 控制。基于 ppbC 和 MIR 方法发现桃园、晋源和小店站点分别在 15:00～18:00、12:00～18:00 和 12:00～18:00 LT 期间 O_3 的生成由 VOCs 和 NO_x 共同控制，而在其余时间段内由 VOCs 控制。

参考文献

[1] Zhang Z, Zhang Y, Wang X, et al. Spatiotemporal patterns and source implications of aromatic hydrocarbons at six rural sites across China's developed coastal regions[J]. Journal of Geophysical Research Atmospheres, 2016, 121(11): 6669-6687.

[2] Jia C, Mao X, Huang T, et al. Non-methane hydrocarbons (NMHCs) and their contribution to ozone formation potential in a petrochemical industrialized city, Northwest China[J]. Atmos Res, 2016, 169(Pt.A): 225-236.

[3] Ming W, Shao M, Lu S H, et al. Evidence of coal combustion contribution to ambient VOCs during winter in Beijing[J]. 中国化学快报：英文版, 2013, 9: 829-832.

[4] Ren X, Wen Y, He Q, et al. Higher contribution of coking sources to ozone formation potential from volatile organic compounds in summer in Taiyuan, China[J]. Atmos Pollut Res, 2021, 12(6): 101083.

[5] Jun L A, Yue S W, Fang K W, et al. Characterizations of volatile organic compounds during high ozone episodes in Beijing, China[J]. Environmental Monitoring and Assessment, 2012, 184(4): 1879-1889.

[6] Zhu S F, Huang X F, He L Y, et al. Variation characteristics and chemical reactivity of ambient VOCs in Shenzhen[J]. China Environmental Science, 2012, 32(12): 2140-2148.

[7] Zhang H, Li H, Zhang Q, et al. Atmospheric volatile organic compounds in a typical urban area of Beijing: Pollution characterization, health risk assessment and source apportionment[J]. Atmosphere, 2017, 8(12):1-29.

[8] Cai C, Geng F, Tie X, et al. Characteristics and source apportionment of VOCs measured in Shanghai, China[J]. Atmospheric Environment, 2010, 44(38): 5005-5014.

[9] Lyu X, Chen N, Guo H, et al. Ambient volatile organic compounds and their effect on ozone production in Wuhan, central China[J]. Sci Total Environ, 2016, 541:200-209.

[10] Song Y, Shao M, Liu Y, et al. Source apportionment of ambient volatile organic compounds in Beijing[J]. Environmental Science & Technology, 2007, 41(12): 4348-4353.

[11] Liu P W G, Yao Y C, Tsai J H, et al. Source impacts by volatile organic compounds in an industrial city of southern Taiwan[J]. Sci Total Environ, 2008, 398(1-3): 154-163.

[12] Guo H, So K, Simpson I, et al. C_1–C_8 volatile organic compounds in the atmosphere of Hong Kong: Overview of atmospheric processing and source apportionment[J]. Atmospheric Environment, 2007, 41(7): 1456-1472.

[13] Liu Y, Shao M, Lu S, et al. Volatile organic compound (VOC) measurements in the Pearl River Delta (PRD) region, China[J]. Atmospheric Chemistry and Physics, 2008, 8(6): 1531-1545.

[14] Li J, Li H, He Q, et al. Characteristics, sources and regional inter-transport of ambient volatile organic compounds in a city located downwind of several large coke production bases in China[J]. Atmospheric Environment, 2020, 233: 117573.

[15] Wei W, Li Y, Wang Y, et al. Characteristics of VOCs during haze and non-haze days in Beijing, China: Concentration, chemical degradation and regional transport impact[J]. Atmospheric environment, 2018, 194(DEC.): 134-145.

[16] Zhu Y, Yang L, Chen J, et al. Characteristics of ambient volatile organic compounds and the influence of biomass burning at a rural site in Northern China during summer 2013[J]. Atmospheric Environment, 2016, 124(JAN.PT.B): 156-165.

[17] Xue Y, Ho S S H, Huang Y, et al. Source apportionment of VOCs and their impacts on surface ozone in an industry city of Baoji, Northwestern China[J]. Scientific Reports, 2017, 7(1): 1-12.

[18] Sun J, Shen Z, Zhang Y, et al. Urban VOC profiles, possible sources, and its role in ozone formation for a summer campaign over Xi'an, China[J]. Environmental ence and Pollution Research, 2019, 26(27):27769-27782.

[19] Anareae M O, Merlet P. Emission of trace gases and aerosols from biomass burning[J]. Global Biogeochemical Cycles, 2001, 15(4): 955-966.

[20] Brocco D, Fratarcangeli R, Lepore L, et al. Determination of aromatic hydrocarbons in urban air of Rome[J]. Atmospheric Environment, 1997, 31(4): 557-566.

[21] Perry R, Gee I L. Vehicle emissions in relation to fuel composition[J]. Sci Total Environ, 1995, 169(1-3): 149-156.

[22] 任璇. 太原市夏季大气 VOCs 及臭氧生成特征研究[D]. 太原: 太原科技大学, 2021.

[23] Abeleira A, Pollack I, Sive B, et al. Source characterization of volatile organic compounds in the Colorado Northern Front Range Metropolitan Area during spring and summer 2015[J]. Journal of Geophysical Research: Atmospheres, 2017, 122(6): 3595-3613.

[24] Gilman J B, Lerner B M, Kuster W C, et al. Source signature of volatile organic compounds from oil and natural gas operations in northeastern Colorado[J]. Environmental science & technology, 2013, 47(3): 1297-1305.

[25] Mcgaughey G R, Desai N R, Allen D T, et al. Analysis of motor vehicle emissions in a Houston tunnel during the Texas Air Quality Study 2000[J]. Atmospheric Environment, 2004, 38(20): 3363-3372.

[26] Yan Y, Peng L, Li R, et al. Concentration, ozone formation potential and source analysis of volatile organic compounds (VOCs) in a thermal power station centralized area: A study in Shuozhou, China[J]. Environmental Pollution, 2017, 223: 295-304.

[27] Zhu H, Wang H, Jing S, et al. Characteristics and sources of atmospheric volatile organic compounds (VOCs) along the mid-lower Yangtze River in China[J]. Atmospheric Environment, 2018, 190: 232-240.

[28] Geuo S, Chen M, Tan J. Seasonal and diurnal characteristics of atmospheric carbonyls in Nanning, China[J]. Atmos Res, 2016, 169: 46-53.

[29] Shepson P, Hastie D, Schiff H, et al. Atmospheric concentrations and temporal variations of C_1-C_3 carbonyl compounds at two rural sites in central Ontario[J]. Atmospheric Environment Part A General Topics, 1991, 25(9): 2001-2015.

[30] Ho S S H, Yu J Z. Feasibility of collection and analysis of airborne carbonyls by on-sorbent derivatization and thermal desorption[J]. Analytical Chemistry, 2002, 74(6): 1232-1240.

[31] Possanzini M, DiPalo V, Petricca M, et al. Measurements of lower carbonyls in Rome ambient air[J]. Atmospheric Environment, 1996, 30(22): 3757-3764.

[32] 冯艳丽. 广州室内室外空气中羰基化合物及其来源的初步研究[D]. 广州: 中国科学院研究生院 (广州地球化学研究所), 2005.

[33] 刘泽乾. 基于多年观测结果的太原市大气羰基化合物区域特征及来源分析[D]. 太原: 太原科技大学, 2021.

[34] Sumner A L, Shepson P B, Couch T L, et al. A study of formaldehyde chemistry above a forest canopy[J]. Journal of Geophysical Research: Atmospheres, 2001, 106(D20): 24387-24405.

[35] Ji Y, Gao Y, Li G, et al. Theoretical study of the reaction mechanism and kinetics of low-molecular-weight atmospheric aldehydes (C_1–C_4) with NO_2[J]. Atmospheric Environment, 2012, 54: 288-295.

[36] Jd A, Sg B, Jt C, et al. Characteristics of atmospheric carbonyls during haze days in Beijing, China[J]. Atmos Res, 2012, s 114-115: 17-27.

[37] Yang Z, Cheng H, Wang Z, et al. Chemical characteristics of atmospheric carbonyl compounds and source identification of formaldehyde in Wuhan, Central China[J]. Atmos Res, 2019, 228: 95-106.

[38] 景盛翱. 上海市典型区域大气羰基化合物水平研究[J]. 环境污染与防治, 2017, 39(7): 713-716.

[39] 周雪明, 谭吉华, 项萍, 等. 佛山市冬夏季羰基化合物污染特征[J]. 中国环境科学, 2017, 37(3): 844-550.

[40] 王伯光, 刘灿, 吕万明, 等. 广州大气挥发性醛酮类化合物的污染特征及来源研究[J]. 环境科学, 2009, 30(3): 631-636.

[41] Grosjean E, Grosjean D, Fraser M P, et al. Air quality model evaluation data for organics. 2. C_1-C_{14} carbonyls in Los Angeles air[J]. Environmental Science & Technology, 1996, 30(9): 2687-2703.

[42] Villanueva-Fierro I, Popp C J, Martin R S. Biogenic emissions and ambient concentrations of hydrocarbons, carbonyl

compounds and organic acids from ponderosa pine and cottonwood trees at rural and forested sites in Central New Mexico[J]. Atmospheric Environment, 2004, 38(2): 249-260.

[43] Zhang X, Yin Y, Wen J, et al. Characteristics, reactivity and source apportionment of ambient volatile organic compounds (VOCs) in a typical tourist city[J]. Atmospheric Environment, 2019, 215: 116898.

[44] Wu F, Yu Y, Sun J, et al. Characteristics, source apportionment and reactivity of ambient volatile organic compounds at Dinghu Mountain in Guangdong Province, China[J]. Sci Total Environ, 2016, 548: 347-359.

[45] 李婕. 典型煤焦产业影响下大气 VOCs 区域特征及风险评估[D]. 太原: 太原科技大学, 2020.

[46] Li B, Ho S S H, Gong S, et al. Characterization of VOCs and their related atmospheric processes in a central Chinese city during severe ozone pollution periods[J]. Atmospheric Chemistry and Physics, 2019, 19(1): 617-638.

[47] Han T, Ma Z, Li Y, et al. Chemical characteristics and source apportionments of volatile organic compounds (VOCs) before and during the heating season at a regional background site in the North China Plain[J]. Atmos Res, 2021, 262: 105778.

[48] Wu R, Xie S. Spatial distribution of ozone formation in China derived from emissions of speciated volatile organic compounds[J]. Environmental Science & Technology, 2017, 51(5): 2574-2583.

[49] Sun J, Shen Z, Zhang Y, et al. Urban VOC profiles, possible sources, and its role in ozone formation for a summer campaign over Xi'an, China[J]. Environmental Science and Pollution Research, 2019, 26(27): 27769-27782.

[50] Zhang X, Yin Y, Wen J, et al. Characteristics, reactivity and source apportionment of ambient volatile organic compounds (VOCs) in a typical tourist city[J]. Atmospheric Environment, 2019, 215(Oct.): 116898.

[51] Wu F K, Yu Y, Sun J, et al. Characteristics, source apportionment and reactivity of ambient volatile organic compounds at Dinghu Mountain in Guangdong Province, China[J]. Sci Total Environ, 2016, 548-549: 347-359.

[52] An J, Zhu B, Wang H, et al. Characteristics and source apportionment of VOCs measured in an industrial area of Nanjing, Yangtze River Delta, China[J]. Atmospheric Environment, 2014, 97: 206-214.

[53] Grosjean D, Seinfeld J H.Parameterization of the formation potential of secondary organic aerosols[J]. Atmospheric Environment (1967), 1989, 23(8): 1733-1747.

[54] Zhang X, Xue Z, Li H, et al. Ambient volatile organic compounds pollution in China[J]. Journal of Environmental Sciences, 2017, 55: 69-75.

[55] Huang R J, Zhang Y, Bozzetti C, et al. High secondary aerosol contribution to particulate pollution during haze events in China[J]. Nature, 2014, 514(7521): 218-222.

[56] Ni Z Z, Luo K, Gao Y, et al. Elucidating the ozone pollution in Yangtze River Delta region during the 2016 G20 summit for MICS-Asia Ⅲ[J]. 2016.

[57] Seinfeld J H. Urban air pollution: state of the science[J]. Science, 1989, 243(4892): 745-752.

[58] Li K, Chen L, Ying F, et al. Meteorological and chemical impacts on ozone formation: A case study in Hangzhou, China[J]. Atmos Res, 2017, 196: 40-52.

第4章

煤焦化区域大气污染物的健康危害效应

4.1

气溶胶的健康危害

4.1.1 气溶胶的健康风险

4.1.1.1 重金属的健康风险

空气中传播的重金属主要会通过食用含有沉积颗粒的食物和饮品、呼吸吸入和皮肤直接接触颗粒物这三种方式进入人体，从而对儿童及成人造成影响。通常采用美国环境保护署（US EPA）开发的健康风险评价模型评估颗粒物中重金属对人体造成的健康风险（非致癌与致癌暴露风险）。

健康风险评价中暴露剂量 ADD［mg/(kg·d)］的计算公式为：

$$ADD_{ing}=C_{ucl}\times IngR\times ED\times EF/(BW\times AT) \qquad (4-1)$$

$$ADD_{inh}=C_{ucl}\times InhR\times ED\times EF/(BW\times AT) \qquad (4-2)$$

$$ADD_{der}=\frac{C_{ucl}\times SA\times AF\times ABS\times ED\times EF}{BW\times AT} \qquad (4-3)$$

式中　ADD_{ing}、ADD_{inh}、ADD_{der}——经过口腔摄入、呼吸吸入和皮肤接触的日均暴露量；

C_{ucl}——颗粒物中重金属的浓度（ADD_{ing} 和 ADD_{der} 的单位为 mg/kg，ADD_{inh} 的单位为 mg/m³）。

其余参数的含义及取值见表 4-1。

表 4-1　健康风险暴露参数

参数	意义	单位	儿童	成年男性	成年女性
EF	暴露频率	d/a	350	351	352
ED	暴露年份	a	6	30	30
BW	平均体重	kg	17.7	65	56.8
AT	平均暴露时间	d	ED×365（非致癌） 70×365（致癌）	ED×365（非致癌） 70×365（致癌）	ED×365（非致癌） 70×365（致癌）
SA	暴露皮肤面积	cm²/d	2800	5700	5700
AF	皮肤黏着因子	mg/cm²	0.2	0.07	0.07
ABS	皮肤吸收因子	—	0.03（As） 0.001（其他）	0.03（As） 0.002（其他）	0.03（As） 0.003（其他）
IngR	摄食降尘速率	mg/d	200	100	100
InhR	呼吸速率	m³/d	8.4	17.7	14.5

注：—为未找到。

非致癌风险及致癌风险可分别用 HQ_{ij} 和 CR_{ij} 评估，多种途径暴露非致癌及致癌总风险则分别用 HI_i 和 CR_i 评估，公式为：

$$HQ_{ij}=ADD_{ij}\times BAF_i/RfD_{ij} \tag{4-4}$$

$$HI_i=HQ_{ing}+HQ_{inh}+HQ_{der} \tag{4-5}$$

$$CR_{ij}=ADD_{ij}\times BAF_i\times SF_{ij} \tag{4-6}$$

$$CR_i=CR_{ing}+CR_{inh}+CR_{der} \tag{4-7}$$

式中　RfD_{ij}——元素 i 通过暴露途径 j 进入人体的非致癌每日参考剂量，mg/(kg·d)；

SF_{ij}——元素 i 通过暴露途径 j 进入人体的致癌斜率因子，kg·d/mg；

BAF_i——人体可利用金属元素 i 的浓度与总浓度的比值。

当 HQ_{ij} 或 $HI_i \leqslant 1$ 时，说明该金属元素的非致癌风险可忽略不计，反之，表示存在非致癌风险；当 $CR_i > 10^{-4}$ 时，元素 i 的潜在致癌风险很高，当 $CR_i \leqslant 10^{-6}$ 时，风险可以忽略，而在两者之间时，风险处于可接受水平[1]。

本研究评估了介休市 $PM_{2.5}$ 中痕量元素的健康风险，非致癌风险元素有 V、Mn、Zn、Cu 和 Sb，对非致癌与致癌风险均进行评估的元素有 Cr（Ⅵ）、Cd、Co、Ni、As、Pb。为了提高评估的准确性和合理性，C_{ucl} 取各痕量元素浓度均值的 95% 置信区间的上区间值作为对"合理最大暴露"的估计。其他参数的具体含义及数值见表 4-1。

由于本研究评估的是 Cr（Ⅵ），故在计算过程中将 Cr（Ⅵ）与总铬浓度比按 0.1[2] 进行换算。各元素 RfD_{ij} 及 SF_{ij} 见表 4-2。

表 4-2　11 种痕量元素的非致癌参考暴露剂量 RfD_{ij} 和致癌斜率系数 SF_{ij}

元素	RfD_{ing}	RfD_{inh}	RfD_{der}	SF_{ing}	SF_{inh}	SF_{der}
V	5.04×10^{-3}	7.00×10^{-3}	5.04×10^{-3}	—	—	—
Cr（Ⅵ）	3.00×10^{-3}	2.86×10^{-5}	3.00×10^{-3}	5.00×10^{-1}	4.20×10	2.00×10
Mn	2.40×10^{-2}	1.43×10^{-5}	2.40×10^{-2}	—	—	—
Co	3.00×10^{-4}	5.71×10^{-6}	3.00×10^{-4}	—	9.80	—
Ni	1.10×10^{-2}	2.06×10^{-2}	1.10×10^{-2}	8.40×10^{-1}	9.01×10^{-1}	4.25×10
Cu	4.00×10^{-2}	4.02×10^{-2}	4.00×10^{-2}	—	—	—
Zn	3.00×10^{-1}	3.00×10^{-1}	3.00×10^{-1}	—	—	—
As	3.00×10^{-4}	3.00×10^{-4}	3.00×10^{-4}	1.50	1.51×10	3.66
Cd	1.00×10^{-4}	1.00×10^{-3}	1.00×10^{-4}	—	6.30	—
Sb	4.00×10^{-4}	2.00×10^{-4}	4.00×10^{-4}	—	—	—
Pb	3.50×10^{-3}	3.52×10^{-3}	3.50×10^{-3}	2.10×10^{-1}	2.80×10^{-1}	—

注：一为未计算。

介休市 $PM_{2.5}$ 中痕量元素非致癌风险和致癌风险分析结果见图 4-1（书后另见彩图）。在介休市，儿童、成年男性和女性通过呼吸方式暴露于 Mn 以及儿童通过口腔摄入暴露于 As、Cd、Pb 之下的 HQ 均超过 1（同时，HI 也超过 1），表明有较高的非致癌风险。而 Pb 通过口腔摄入进入儿童、成年男性和女性体内会有严重的潜在

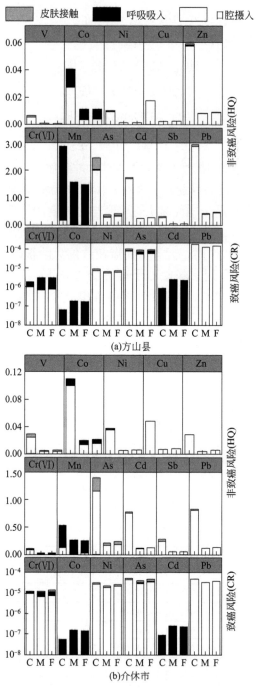

图 4-1　方山县（a）和介休市（b）儿童、成年男性和女性的非致癌风险和致癌风险

C—儿童；M—成年男性；F—成年女性

致癌危害（CR 均大于 10^{-4}）；Co 元素目前仅有呼吸吸入的暴露参数，其产生的致癌风险可忽略；另外 Cr（Ⅵ）、Ni、As、Cd 通过三种途径各自产生的致癌风险均处于可接受水平，三种途径暴露的总致癌风险也可接受或可忽略。在对照点，As 通过口腔摄入进入人体引起的非致癌风险最高，其他元素在三种暴露途径之下健康风险均处

于可接受水平。总体来说，痕量元素对儿童造成的非致癌风险均高于成年人并且女性略高于男性，通过三种途径受到重金属元素影响的概率最高。对大多数元素（除 Mn 外）而言，口腔摄入成为了其对人体造成非致癌风险的主要途径，这与本章参考的人体通过口腔摄入痕量元素剂量参数较大也有一定的关系，而 Mn 的特殊在于，其通过呼吸方式进入人体的非致癌每日参考剂量（RfD_{ing}）远大于口腔方式（RfD_{inh}）。可以看出，介休市 Pb、Zn、Cd、As 和 Mn 相关的非致癌风险以及 Pb、Ni、Cd 和 As 相关的致癌风险均高于方山县，主要是因为介休市痕量元素相关污染物排放严重，大气颗粒物中的 As、Cd、Pb 浓度均超过了国家标准，焦化及钢铁产业的发展使得颗粒物中 As、Cd、Pb、Mn 的含量较高，痕量元素造成的健康风险显著高于对照点（Cr 除外）。

各学者也对山西省煤焦化区域大气颗粒物中痕量元素的健康风险进行了评估。苏瑞军[3]对山西省太原市的 $PM_{2.5}$ 及其不同组分对人类健康风险评估的结果显示，痕量元素致癌风险值排序为：Cr> As>Cd> Ni，Cr 的致癌风险值介于 $10^{-4} \sim 10^{-6}$ 之间，表明太原市大气细颗粒物 $PM_{2.5}$ 中金属组分 Cr 具有显著的致癌风险，As、Cd 和 Ni 的致癌风险显著低于阈值，对人类的健康风险贡献较小。非致癌风险的危险程度排序为 Hg>Zn>Mn>Pb>Cu，这些金属的非致癌风险值范围为 $1.77 \times 10^{-5} \sim 6.9 \times 10^{-7}$，提示大气细颗粒物非致癌痕量元素中 Hg 的危险程度更高，对人类健康有显著威胁。张英英[4]在监测太原市四季 $PM_{2.5}$ 浓度的基础上对 $PM_{2.5}$ 中的痕量元素进行了非致癌风险评估。结果表明，$PM_{2.5}$ 的整体浓度和其中痕量元素的浓度都呈现相同的季节依赖性趋势，春冬季节浓度高于夏秋季节，燃煤来源的痕量元素（Pb）对非致癌风险值的贡献最大，HI 值超过了 1，痕量元素对儿童的非致癌风险（5.08）明显高于成人（1.0）。周欢[5]对太原市不同高度 $PM_{2.5}$ 中痕量元素的健康风险进行了评估，发现通过吸入途径引起的 As、Cd、Ni 和 Cr 的致癌风险水平在 $5.07 \times 10^{-6} \sim 6.95 \times 10^{-5}$ 之间，处于 ILCR 可接受的范围内，也表明这些与交通有关的痕量元素以及周围大气 $PM_{2.5}$ 中所含的痕量元素可能在暴露个体的整个生命周期中存在潜在的致癌健康风险。其中，Cr 具有最高的 ILCR 值，其次是 As、Ni 和 Cd，并且这四种元素的致癌作用对男性而言要比对妇女和儿童更高。此外，随垂直高度的增加，Cr 的致癌风险在白天和晚上均略有增加趋势，白天其他元素（As、Cd、Ni）的致癌风险呈现下降的趋势；而晚上，Ni 和 Cd 的致癌风险先降低后升高，As 呈现出与 Ni 和 Cd 相反的趋势。对于非致癌风险，$PM_{2.5}$ 中四种重金属的 HQ 值均低于阈值 1，且趋势为 Cr> Pb>Zn> Cu，其研究结果表示可以排除居民的非致癌健康风险。白天，Cr 的非致癌风险呈先降低后升高的趋势，而 Cu、Pb、Zn 的非致癌风险随高度的增加而降低，这与夜间观察到的 Cr、Cu、Pb 的风险变化相反，夜间 Pb 的非致癌风险显示出先降低后增加的趋势。

4.1.1.2　PAHs 的健康风险

目前相关研究多采用苯并芘毒性当量浓度（BaPeq 浓度）对 PAHs 的健康风险进行评估[6,7]，以表征大气中 PAHs 对生态环境以及人类健康的潜在危害程度，根据 PAH 单体在大气中的浓度及其毒性当量因子（$TEF_{BaP}=1$），即可计算出每一种单体的 BaPeq 浓度，具体计算过程见公式（4-8）：

$$TEQ = \sum_{i=1}^{n} C_i \times TEF_i \qquad (4\text{-}8)$$

式中　C_i——第 i 种 PAH 单体的暴露浓度，ng/m^3；

　　　TEF_i——第 i 种 PAH 单体的毒性当量因子（toxic equivalence factors，TEF）。

各单体 PAH 的毒性当量因子见表 4-3。

表 4-3　17 种 PAHs 的等效毒性因子

物质	等效毒性因子	物质	等效毒性因子	物质	等效毒性因子
Nap	0.001	Fla	0.001	BaP	1
Acy	0.001	Pyr	0.001	DahA	1
Ace	0.001	BaA	0.1	IcdP	0.1
Flu	0.001	Chr	0.01	BghiP	0.01
Phe	0.001	BbF	0.1	Cor	0.001
Ant	0.01	BkF	0.1		

终身致癌风险法——ILCR（incremental lifetime carcer risk）法[8]：

$$ILCR = TER \times IUR_{BaP} \qquad (4\text{-}9)$$

式中　TEQ——总毒性当量浓度，ng/m^3；

　　　IUR_{BaP}——长期（期望寿命为 70 年）通过呼吸作用暴露于 BaP 浓度水平为 $1\mu g/m^3$ 的环境中所能增加的致癌风险，本研究中 IUR_{BaP} 的取值为 8.7×10^{-5} per ng/m^3。

通过我们的研究发现，介休市大气 BaPeq 浓度的变化范围为 $2.07\sim469.42ng/m^3$，平均浓度为 $99.72ng/m^3$，而方山县大气 BaPeq 浓度的变化范围为 $0.96\sim87.94ng/m^3$，平均浓度为 $21.23ng/m^3$，远高于中国规定的 BaPeq 日标准限值（$2.5ng/m^3$）[9]。与国内外其他城市相比，发现焦化污染区——介休市和对照区——方山县大气 BaPeq 浓度高于西安市（浓度变化范围为 $2\sim64ng/m^3$，平均浓度为 $17ng/m^3$）[10]、北京市（浓度变化范围为 $3\sim26ng/m^3$）、宗古尔达克（浓度变化范围为 $0.27\sim23ng/m^3$）[8]以及佛罗伦萨（浓度变化范围为 $0.34\sim0.79ng/m^3$）[9]等城市。

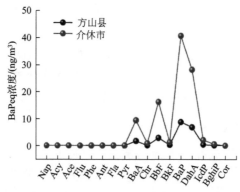

图 4-2　介休市和方山县采样点 17 种 PAH 单体的 BaPeq 浓度[11]

从图 4-2 中可以看出，介休市和方山县具有相似的单体毒性分布规律，17 种 PAH 单体中毒性最高的单体物质是 BaA（介休市，9.40ng/m³；方山县，1.74ng/m³）、BbF（介休市，16.16ng/m³；方山县，2.90ng/m³）、BaP（介休市，40.71ng/m³；方山县，8.76ng/m³）和 DahA（介休市，28.20ng/m³；方山县，6.85ng/m³），其对总毒性当量浓度（TEQ）的贡献达到了 93% 以上。这几种单体物质的 BaPeq 浓度还具有明显的空间差异性，介休市的 BaPeq 浓度远高于方山县，是方山县的 4.1～5.6 倍。

为进一步明确介休市和方山县居住人群经呼吸作用暴露于大气 PM$_{2.5}$-PAHs 中的增量终身致癌风险值，运用式（4-9）进行计算（结果如图 4-3 所示）后发现，介休市大气 PAHs 对人体的增量终身致癌风险为 1.28×10^{-2}，即每 100 万人中会有 12800 人有罹患癌症的风险，而方山县大气 PAHs 对人体的增量终身致癌风险为 1.85×10^{-3}，即每 100 万人中会有 1850 人有罹患癌症的风险，高于广州电子垃圾回收区域（每 100 万人中有 150 人有罹患癌症的风险）、广州市城区（每 100 万人中有 75 人有罹患癌症的风险）[12]、西安市（每 100 万人中有 1450 人有罹患癌症的风险）[10]等地。方山县作为清洁对照区，其大气 PAHs 的增量终身致癌风险较高，很大程度上是由冬季 PAHs 污染较为严重引起的，冬季北方城市大面积、大范围、高密度的燃煤活动不仅会增加各地区的 PAHs 浓度水平，还会通过区域传输对周边地区产生较大影响，从而形成大面积的、集中的重污染环境，因此不可避免地导致方山县冬季 PAHs 的污染程度较为严重，进而增强了该地区的致癌风险水平，而广州市和西安市等地的研究仅限于对当地夏秋季节的研究，所以致癌风险水平较低。介休市作为典型焦化生产基地，其高 PAHs 浓度水平引起的增量终身致癌风险高出其他地区 1～3 个数量级，在人群健康防护方面应该引起大家的高度重视。

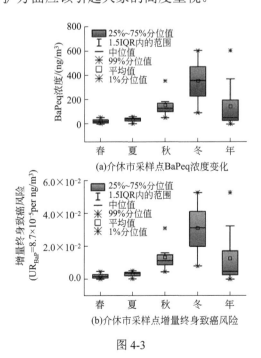

图 4-3

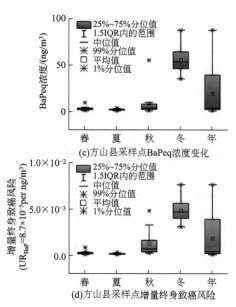

(c)方山县采样点BaPeq浓度变化

(d)方山县采样点增量终身致癌风险

图 4-3 介休市和方山县采样点的 BaPeq 浓度（a，c）和增量终身致癌风险/百万人（b，d）[11]

两个区域大气 PAHs 对人体健康影响最大的都是冬季，其次是秋季，春夏两季相对较低（图 4-3）。介休市冬季大气 PAHs 的 BaPeq 浓度为 358.71ng/m³，对人类的增量终身致癌风险高达 $3.12×10^{-2}$，是其他几个季节的 2.3～14.5 倍，而方山县采样点冬季大气 PAHs 的 BaPeq 浓度为 55.89ng/m³，对人类的增量终身致癌风险为 $4.85×10^{-3}$，是其他几个季节的 3.8～15.9 倍，可见两个区域冬季气溶胶对人体健康的危害程度要比其他几个季节严重很多。除此之外，两个区域在春夏秋冬四个季节的健康危害具有显著的空间差异性，介休市各个季节大气 PAHs 对人类的健康危害效应均比方山县采样点高出很多，是方山县采样点的 6.4～7.0 倍，这也意味着长期生活在介休市的居民受到的健康危害要比居住在方山县的居民高出很多。

各学者也对山西省煤焦化区域大气颗粒物中 PAHs 的健康风险进行了评估。高瑞[13]通过采集太原市不同季节的 $PM_{2.5}$ 和 PM_{10} 样品，分析了太原市大气颗粒物的污染特征和致癌风险，苯并芘当量（BaPeq）浓度评估结果表明，春、夏、秋、冬四个季节 $PM_{2.5}$ 的总 BaPeq 浓度值分别为 12.73ng/m³、5.54ng/m³、6.97ng/m³ 和 43.44ng/m³，而 PM_{10} 的总 BaPeq 浓度值分别为 14.06ng/m³、6.12ng/m³、8.24ng/m³ 和 52.59ng/m³，$PM_{2.5}$ 和 PM_{10} 中 PAHs 的 BaPeq 浓度表现出季节性变化，且冬季的值比其他季节高 4～8 倍，说明冬季 PM 具有较大的致癌风险。

苏瑞军[3]不止对山西省太原市 $PM_{2.5}$ 中的重金属进行了健康风险评估，也对 $PM_{2.5}$ 中的 PAHs 进行了健康风险评估，结果显示致癌风险依次为：CHR>BbF> BaP>BaA>BkF>BghiP>IcdP>DahA>FLA>PYR>ANT>PHE>FLO>ACY>ACE>NAP，其中，CHR、BbF、BaP、BaA、BkF、BghiP、IcdP、DahA、FLA、PYR 的终身致癌风险值大于 100，对人群具有显著的致癌作用。

Nan 等[14]从太原市、北京市、杭州市、广州市等地采集了 4 个季节的 $PM_{2.5}$ 样本，测量并分析了 18 种多环芳烃的浓度。采用增量终生癌症风险（ILCR）模型进行健康风险评估后发现，在春季和冬季，BaPeq 浓度和 ILCR 值的顺序为太原市>北京市>杭州市>广州市。春季，太原市的数值是北京市的 4.8 倍，是杭州市的 10.4 倍，是广州市的 12.7 倍。在冬季，太原市的数值是北京市的 7.3 倍，是杭州市的 9.1 倍，是广州市的 11.1 倍。夏季依次为太原市>广州市>杭州市>北京市，太原市的值是广州市的 4.0 倍，是杭州市的 5.3 倍，是北京市的 8.2 倍。秋季依次为太原市>北京市>广州市>杭州市，太原市的值是北京市的 2.6 倍，是广州市的 15.8 倍，是杭州市的 16.8 倍。从以上结果不难发现，太原市 $PM_{2.5}$ 中多环芳烃的致癌风险在各个季节都是最高的。

4.1.2　流行病学调查

大量流行病学研究结果显示，$PM_{2.5}$ 浓度的上升与呼吸系统疾病住院率、病死率的增加呈正相关。鼻窦炎、慢性阻塞性肺病（COPD）、过敏性肺疾病、肺癌等呼吸系统疾病均与 $PM_{2.5}$ 的高暴露有关。

周欢[5]将广义加性模型与分布滞后模型相结合，发现太原市大气颗粒物和老年居民每日疾病死亡率显著相关，当观察时间延长至 30d 时，其暴露所引起的心血管疾病、缺血性心脏病和心肌梗死死亡的累积效应估计值显著增加，$PM_{2.5}$ 还对非意外死亡的累积效应具有显著作用，但与呼吸系统疾病和肺炎死亡的相关性则无统计学意义。此外，$PM_{2.5}$ 和 PM_{10} 与呼吸系统疾病和心血管疾病死亡之间存在收获效应和显著的累积效应。

Feng 等[15]全面评估了山西省育龄妇女长期暴露于环境空气污染与 AFC（窦卵泡计数，AFC）的关系。针对 600 名不采用控制性卵巢刺激的自发性月经周期妇女进行回顾性研究。窦卵泡发育的两个不同时期被设计为暴露窗口。采用广义线性模型估计了与大气污染物（SO_2、NO_2、PM_{10}、$PM_{2.5}$、CO 和 O_3）暴露相关的 AFC 变化。研究发现，在整个窦卵泡发育阶段，调整了年龄、BMI、胎次和不孕症诊断因素后，SO_2 浓度水平每增加 $10mg/m^3$，AFC 会降低 0.01（95%置信区间：-0.016，-0.002）。在初级卵泡向腔前卵泡过渡的早期，SO_2 浓度增加 $10mg/m^3$，卵泡液中 AFC 也有-0.01 的改变（95%置信区间：-0.015，-0.002），提示 SO_2 浓度的增加与卵泡液中 AFC 的降低有显著相关性。当将其他污染物与 SO_2 应用于模型时，AFC 和 SO_2 浓度的负相关性在大于 30 岁的女性中是最明显的，该研究提示，大气 SO_2 暴露可能会对女性卵巢库存量产生潜在的不利影响。

杨文敏等[16]在 1994 年对太原市大气中 5 种多环芳烃的含量进行了检测，并对其在呼吸系统不同部位的暴露水平进行了评估，发现该市成人每天经呼吸而沉积于呼吸道的 5 种 PAH 总量为 12.53μg，其中 53%沉积在鼻咽区、15%沉积在气管支气管区、32%沉积在肺泡区。

4.1.3　毒性效应及机制

4.1.3.1　对呼吸系统的影响

为了了解煤焦化污染区域大气颗粒物对人群呼吸系统的影响，本研究通过建立

A549 人非小细胞肺癌细胞染毒暴露模型，考察了介休市大气 $PM_{2.5}$ 的细胞毒性。本研究中对细胞存活率的测定使用的是 CCK-8 法，对自由基 ROS 和炎症因子（IL-1β 和 TNF-α）的测定均采用了试剂盒法，$PM_{2.5}$ 的染毒浓度为 10μg/mL。

（1）对细胞存活率的影响

图 4-4 所示为介休市不同季节大气 $PM_{2.5}$ 样品暴露 24h 后细胞在不同 2,7-二氯荧光素二乙酸酯（DCFH-DA）孵育时间（30min、1h 和 2.5h）下存活率的检测结果。可以看出，大气 $PM_{2.5}$ 暴露会引起细胞存活率显著降低。从季节变化特征来看，在相同处理浓度和时长的条件下，不同季节 $PM_{2.5}$ 样品对细胞存活率的影响是不同的，冬季和春季的颗粒物对细胞存活率的影响要大于夏季和秋季。

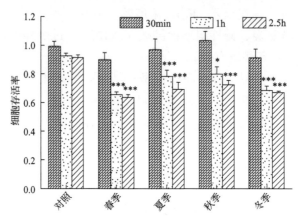

图 4-4　介休市大气 $PM_{2.5}$ 对细胞存活率的影响[11]

（图中数据为 $\bar{x} \pm s$；与对照相比，*$P<0.05$；**$P<0.01$；***$P<0.001$）

（2）$PM_{2.5}$ 暴露后细胞的氧化应激反应

氧化应激理论是目前被广泛接受的有关大气颗粒物的致毒机制，当细胞暴露于颗粒物后，颗粒物本身存在的或表面吸附的物质会刺激细胞生成大量的活性氧（ROS），使机体处于氧化应激状态，引起细胞膜的脂质过氧化、蛋白质氧化或水解以及 DNA 损伤等，还会造成细胞损伤甚至凋亡。从图 4-5 可以看出，在相同染毒剂量条件下，介休市四个季节 $PM_{2.5}$ 的暴露均可引起细胞的氧化应激反应，表现为细胞内活性氧水平明显增加，冬季 $PM_{2.5}$ 暴露组细胞染毒后活性氧水平明显高于其他季节，说明冬季 $PM_{2.5}$ 对细胞的氧化损伤程度最大。

（3）大气 $PM_{2.5}$ 样品对细胞的炎症反应

炎性损伤是大气颗粒物的另一重要致毒机理，指在外界刺激下机体炎症相关因子基因转录水平增高，诱导炎症细胞产生大量的细胞因子或黏附因子，如 IL-1β 和 TNF-α 等，使机体产生炎症反应，造成炎性损伤。本研究主要考察了介休市不同季节 $PM_{2.5}$ 暴露对 A549 细胞中 TNF-α 和 IL-1β 表达的诱导效应。如图 4-6 所示，颗粒物暴露可显著促进 A549 细胞内 TNF-α 和 IL-1β 的表达，冬季细颗粒物的诱导效应最强，远高于其他季节，为对照组的 9 倍以上。本研究结果表明，炎症反应对 $PM_{2.5}$ 暴露的反应比氧化应激和细胞活力更敏感。

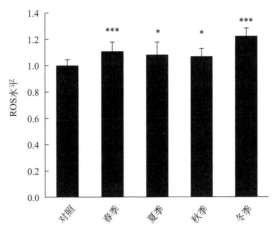

图 4-5　介休市大气 PM$_{2.5}$ 的氧化应激反应[11]

（图中数据为 $\bar{x} \pm s$；与对照相比，*$P<0.05$；**$P<0.01$；***$P<0.001$）

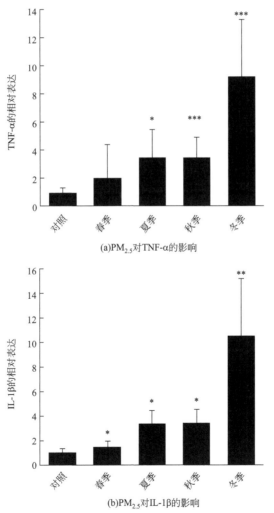

(a)PM$_{2.5}$对TNF-α的影响

(b)PM$_{2.5}$对IL-1β的影响

图 4-6　介休市大气 PM$_{2.5}$ 对 TNF-α（a）和 IL-1β（b）的影响[11]

（图中数据为 $\bar{x} \pm s$；与对照相比，*$P<0.05$；**$P<0.01$；***$P<0.001$）

其他学者也围绕山西省煤焦化污染区域大气 PM$_{2.5}$ 对呼吸系统的毒性效应及其机制进行了大量研究。吴红燕等[●]在太原市交通发达的十字路口进行了 PM$_{2.5}$ 样品的采集，将其暴露于 SD 雄性大鼠后发现 PM$_{2.5}$ 及其水溶性成分可通过激活 TGF-β1/SMAD3（转化生长因子 β1/小母抗脱附蛋白 3）信号通路，上调促纤维化因子 CTGF（纤维组织生长因子）和 COL Ⅰ（Ⅰ型胶原蛋白）以及氧化应激因子 NOX-4（烟酰胺腺嘌呤二核苷酸磷酸氧化酶-4）和炎症因子 IL-6（白介素 6），下调抗炎、抗氧化因子 HO-1（血红素加氧酶 1），从而导致哮喘大鼠气道纤维化。

高瑞[17]分析了在太原市冬季收集的准超细颗粒暴露对肺癌细胞黏附和转移的影响，发现准超细颗粒的内吞作用可刺激 HMGB1 的释放，通过 HMGB1 与 RAGE 的相互作用诱导 NF-kB 促进促炎细胞因子的产生，进而导致癌症相关的内皮细胞黏附。采用细胞暴露模型研究发现，PM$_{2.5}$ 和 PM$_{10}$ 可通过诱导肺癌细胞活性氧（ROS）产生，介导上皮间质转化（EMT）的激活和细胞外基质（ECM）的降解，进而促进肺癌细胞迁移和侵袭，且 PM 促肿瘤作用与其上附着的 PAHs 含量有关。

Song 等[18]研究了 PM$_{2.5}$ 的区域和季节差异对细胞毒性的影响，以及多环芳烃（PAHs）、硝基多环芳烃（N-PAHs）和羟基多环芳烃（OH-PAHs）对 PM$_{2.5}$ 毒性的贡献。结果表明，在不同城市和季节收集的 PM$_{2.5}$ 在浓度、成分和生物毒性方面均存在显著差异。太原市的大多数 PAHs、N-PAHs 和 OH-PAHs 的浓度远高于广州市。与广州市相比，太原市的 PM$_{2.5}$ 暴露后肺细胞的活力较低，ROS 和白介素 IL-6 的释放量较高。季节比较来看，夏季从太原市收集的 PM$_{2.5}$ 比冬季收集的 PM$_{2.5}$ 可引起更高水平的促炎反应和氧化潜力。相关性分析表明，PAHs 与太原市 PM$_{2.5}$ 诱导的 CCK-8 细胞毒性和 IL-6 的释放更相关，而 N-PAHs 和 OH-PAHs 与 PM$_{2.5}$ 诱导的 CCK-8 细胞毒性及二硫苏糖醇（DTT）的氧化还原活性更相关，表明太原市 PM$_{2.5}$ 比广州市 PM$_{2.5}$ 具有更高的毒性。

姬晓彤[19]和 Yue 等[20]的研究发现，太原市采集的 PM$_{2.5}$ 与 SO$_2$、NO$_2$ 复合暴露能够引起 C57BL/6 小鼠呼吸道气流受限，组织病理学和超微结构改变，且能够改变肺动脉高压标志因子［内皮素-1（ET-1）和内皮一氧化氮合酶（e NOS）］的表达，结果提示 PM$_{2.5}$ 与其他大气污染物的复合暴露能够引起小鼠肺动脉高压样损伤。将妊娠期小鼠从妊娠期第一天开始隔天通过鼻腔闭气经口法吸入 PM$_{2.5}$（3mg/kg 体重）直到妊娠结束，取胎盘及母子两代小鼠的肺组织进行研究后发现，母鼠孕期 PM$_{2.5}$ 暴露能够造成胎盘中 Pb 和 Mn 的含量升高，并引起母鼠肺组织和胎盘组织的炎性反应及子代小鼠典型的支气管/肺发育不良症状，包括低肺泡化、血管生成减少、分泌蛋白和表面活性蛋白的表达受到抑制、炎症因子水平升高等症状，且雄性子鼠比雌性子鼠更为敏感。

Yue 等[21]在太原某城市住宅区采集 PM$_{2.5}$ 和 PM$_{10}$，测定多环芳烃（PAHs）的浓度和来源并计算了苯并[a]芘当量（BaPeq）浓度，发现冬季 PM 结合的 PAHs 对人

---

❶ 吴红燕. TGF-β1/SMAD3 信号通路调控交通相关 PM$_{2.5}$ 及其水溶成分诱导哮喘大鼠气道纤维化[D]. 太原: 山西医科大学, 2020.

类表现出更高的致癌风险。体外细胞暴露实验结果表明，$PM_{2.5}$ 和 PM_{10} 诱导 A549 细胞迁移和侵袭，其机制涉及活性氧（ROS）介导的上皮间质转化（EMT）和细胞外基质（ECM）降解。这一结果提示中国北方城市 PM 中的 PAHs 具有促进肺癌细胞转移的潜在风险。

Wei 等[22]研究了中国太原市灰霾期 $PM_{2.5}$ 中多环芳烃的质量浓度，并研究了不同剂量 $PM_{2.5}$ 对大鼠肺泡巨噬细胞（AMs）的毒性。结果表明，灰霾期 $PM_{2.5}$ 结合了许多种类的多环芳烃（CHR、BbF、BaP、BaA 等），其暴露可显著增加 AMs 中丙二醛（MDA）的含量，并引起了超氧化物歧化酶（SOD）和谷胱甘肽过氧化物酶（GPx）含量的下降。灰霾期 $PM_{2.5}$ 还可诱导线粒体超微结构的变化，表现为线粒体肿胀和丝状体紊乱，线粒体谱密度的剂量依赖性降低，及线粒体融合相关基因（线粒体融合素 Mfn1 和 Mfn2）表达水平的升高。以上结果提示，暴露于灰霾期 $PM_{2.5}$ 可以激活 AMs 中的氧化应激途径，导致异常的线粒体形态和融合/裂变频率，毒性作用主要归因于灰霾期 $PM_{2.5}$ 中各种多环芳烃的高负荷。

Zheng 等[23]将人支气管上皮细胞暴露于太原市的 $PM_{2.5}$ 样品中 24 h 后发现，$PM_{2.5}$ 处理组可引起 252 例差异表达蛋白，其中上调 134 例，下调 118 例。参考基因本体论数据库（Gene Ontology，GO）发现，太原 $PM_{2.5}$ 诱导的差异表达蛋白主要参与蛋白质聚集调控和氧化酶活性分子功能的生物学过程。

Nan 等[14]将来自太原市、北京市、杭州市和广州市四个城市的冬季 $PM_{2.5}$ 进行 A549 细胞染毒暴露后发现，不同城市的 $PM_{2.5}$ 可诱导 A549 细胞发生不同程度的迁移和侵袭，太原市 $PM_{2.5}$ 对细胞的侵袭能力分别是北京市、杭州市、广州市的 1.4 倍、3.4 倍、2.3 倍。体内暴露实验表明，来自 4 个城市的冬季 $PM_{2.5}$ 可触发 C57BL/6 小鼠上皮细胞间质转化（EMT）标志物表达的改变，表达顺序为太原市>北京市>杭州市>广州市。上述研究结果表明，在四个城市中太原市 $PM_{2.5}$ 对人体的危害最大。

4.1.3.2 对心血管系统的损伤

张英英[4]首先对不同生命阶段［幼年（4 周龄）、成年（4 月龄）和中老年（10 月龄）］的 C57BL/6 小鼠进行 3mg/kg 体重的冬季 $PM_{2.5}$ 暴露后发现，相较于成年小鼠，中老年小鼠对 $PM_{2.5}$ 较易感，幼年次之。分子调控机制方面的研究表明，$PM_{2.5}$ 暴露可通过引起幼年小鼠心脏特异性转录因子的表达上升，激活下游靶基因心房利尿钠肽（ANP）、脑钠肽（BNP）和 β-肌动蛋白（β-MHC）的表达，从而诱发心肌肥厚。$PM_{2.5}$ 暴露也可显著影响中老年小鼠的心脏代谢物，主要涉及能量代谢、脂肪酸代谢以及氨基酸代谢通路。这部分的研究结果为 $PM_{2.5}$ 暴露条件下不同生命阶段心脏损伤的诊断研究提供了实验证据。对妊娠期 C57BL/6 小鼠进行 $PM_{2.5}$ 暴露（3mg/kg 体重）后发现，孕期 $PM_{2.5}$ 暴露能够引起子代小鼠出现性别差异性的心肌结构肥厚和功能下降，伴随着心肌肥厚标志性因子心房利尿钠肽（ANP）、脑钠肽（BNP）和 β-肌动蛋白（β-MHC）mRNA 表达的升高，雌性小鼠的变化具有显著性。这一结果为孕期颗粒物暴露与子代性别易感性心脏损伤的研究提供了比较系统的证据。

苏瑞军[3]对 6 周龄 ApoE$^{-/-}$ 小鼠进行高糖高脂饲料喂养并暴露于冬季 $PM_{2.5}$ 后发

现，PM$_{2.5}$暴露能够促进 ApoE$^{-/-}$小鼠腹主动脉的血管钙化；PM$_{2.5}$及其不同组分能够通过不同的方式进入细胞，对线粒体和溶酶体的结构和功能造成损伤；PM$_{2.5}$暴露还能够通过激活 miR-26a-5p/ULK1 介导的自噬流、OPG/RANKL 信号通路及其下游的炎症因子进而促进血管钙化。

药红梅[24]发现太原市 PM$_{2.5}$的水溶性成分可能会通过加剧体内炎症反应，对动脉粥样硬化（AS）大鼠产生心脏毒性作用；PM$_{2.5}$酸溶性成分对 AS 大鼠的心脏毒性作用则可能与氧化应激损伤和加剧炎症反应有关。

Song 等[25]通过安装模拟真实大气条件的环境暴露系统，研究了慢性 PM$_{2.5}$暴露对成年、老年小鼠以及 Sirt3 KOSirt3 敲除小鼠和野生型（WT）小鼠的影响。研究表明，老年小鼠在实际环境 PM$_{2.5}$暴露 17 周后表现出明显的心脏功能障碍，包括心率增加和血压降低。同时，15 周的真实环境 PM$_{2.5}$暴露降低了心率和相关儿茶酚胺的量，从而诱发了 Sirt3 敲除小鼠的心力衰竭。

Song 等[26]通过建立饮食诱导的肥胖小鼠模型研究了 PM$_{2.5}$暴露对心脏功能的影响，发现 PM$_{2.5}$暴露可引起肥胖小鼠心脏心率和血压的升高。应用代谢组学和脂质组学来探索 PM$_{2.5}$和高饮食协同处理下的分子变化，发现 PM$_{2.5}$可直接影响心脏功能，并对其他器官造成间接损伤。肺和下丘脑的炎症可能是导致血清及其下游产物中苯丙氨酸代谢升高的原因，肾上腺素和去甲肾上腺素、儿茶酚胺参与调节心脏系统。在心脏系统中，除了氧化应激和炎症外，高饮食和 PM$_{2.5}$协同处理还可导致能量代谢失衡。

Zhang 等[27]采用太原市 4 个不同季节收集的 PM$_{2.5}$对大鼠心肌细胞 H9C2 进行暴露后发现，PM$_{2.5}$可通过活性氧（ROS）介导的炎症反应诱导大鼠 H9C2 细胞发生凋亡，并呈现出一定的季节依赖性，春冬季节毒性效应更为显著，负载在 PM$_{2.5}$上的煤燃烧源重金属在其诱导的心肌毒性中起重要作用。

薛彬[28]对 SD（sprague dawley）大鼠进行太原市夏冬两季实际环境 PM$_{2.5}$暴露后发现，夏季高剂量组和冬季中、高剂量组 PM$_{2.5}$暴露可引起 SD 大鼠心脏收缩性减弱、心率降低，心率变异性体现出心脏早搏现象，提示高浓度 PM$_{2.5}$暴露可诱发 SD 大鼠心力衰竭，且具有季节性差异，冬季 PM$_{2.5}$对心脏的毒性效应要大于夏季。该研究同时发现，PM$_{2.5}$可通过影响能量物质转运体系进而导致能量物质利用的转变，最终导致心肌能量合成受损。

侯永丽[29]将大鼠随机分为两组，即腹主动脉缩窄组（abdominal aortic constriction group，AACG）和假手术组（sham operation group，SOG）进行毒理学研究。发现 PM$_{2.5}$水溶性成分可使 AACG 大鼠左室短轴缩短率减小，心率加快，左室舒张末压增大，左心室收缩压、左室内压最大上升/下降速率减小，血清 B 型钠尿肽值增加。PM$_{2.5}$水溶性成分可使 SOG 大鼠心率加快，左室舒张末压增大，左室内压最大上升/下降速率减小。PM$_{2.5}$暴露的 AACG 与 SOG 相比，心率减小，舒张末期左室后壁厚度、左室舒张末期内径、左室舒张末压增大，左心室收缩压、左室内压最大上升/下降速率减小，血清 B 型钠尿肽值增加。AACG 可使左室心肌肥厚、功能受损。急性暴露于 PM$_{2.5}$可导致大鼠左室功能受损，对于已有心肌损伤的大鼠，左室功能受损更显著。

Xing 等[30]从中国四个城市（太原市、北京市、杭州市和广州市）收集了冬季 $PM_{2.5}$ 样品，通过口咽抽吸实验发现来自太原的 $PM_{2.5}$ 暴露增加了血压及左心室前壁和后壁的厚度，降低了心肌细胞胞核与胞质的比例，减弱了心脏的收缩功能。C57BL/6 雌性小鼠暴露于太原 $PM_{2.5}$ 后，心肌中的 IL-6/JAK2/STAT3/β-MHC 信号通路被激活，心肌肥大标志物心房利钠肽和 β-同种型肌球菌素重链（ANP 和 β-MHC）、基质金属蛋白酶 2（MMP2）、基质金属蛋白酶 9（MMP9）、炎性细胞因子 TNF-α 和 IL-6 的 RNA 表达水平显著升高 。$PM_{2.5}$ 组分与心肌肥大标志物的相关性表明，锌（Zn）和苊（AC）分别与转录水平上 ANP 和 β-MHC 的变化有关。

4.1.3.3 对消化系统的损伤

闫瑞锋[31]考察了 $PM_{2.5}$ 暴露对不同年龄阶段小鼠肝脏的损伤作用，重点关注了 $PM_{2.5}$ 暴露对肝脂代谢和氧化应激有关指标的影响，结果表明 $PM_{2.5}$ 暴露能够诱导肝脏氧化应激，造成肝脂代谢紊乱，引起轻微的肝脂累积。同时，相对于其他年龄组小鼠，10 月龄小鼠较 4 周龄、4 月龄小鼠更易感。

Fu 等[32]对 APP/PS1 转基因小鼠暴露于太原 $PM_{2.5}$ 后的肠道和脑损伤以及肠道与粪便中细菌群落结构的变化进行了研究，结果显示，$PM_{2.5}$ 可显著诱导细胞促炎因子水平的升高和阿尔茨海默病（AD）小鼠肠道和大脑的病理损伤。采用主成分分析和非度量多维测度法进行研究后发现，$PM_{2.5}$ 对肠道和粪便中的细菌群落有特定影响，当肠道和粪便中的细菌群落的 α 多样性发生明显变化时，可引起 $PM_{2.5}$ 暴露 AD 小鼠肠道和大脑的组织病理学变化，并引起严重的炎症反应。

Li 等[33]对太原夏季和冬季 $PM_{2.5}$ 暴露后大鼠的肝脏损伤及其相关分子调控机制进行了研究，发现暴露于高剂量的 $PM_{2.5}$ 可导致以下情况：a. 肝脏组织病理学发生变化，肝功能下降，天冬氨酸转氨酶（AST）、丙氨酸氨基转移酶（ALT）、细胞色素 P450（CYP450）和谷胱甘肽 S 转移酶（GST）的活性升高；b. 引发肝纤维化，其中 TGF-β1、Col Ⅰ、Col Ⅲ、MMP13 mRNA 和蛋白表达显著上调，TNF-α、IL-6 和 HO-1 过表达，炎症反应增强；c. 通过激活 GRP78/ATF6/CHOP/TRB3/半胱天冬酶 12 通路诱导肝脏 ER 应激和细胞凋亡。太原市冬季 $PM_{2.5}$ 引起的肝损伤比夏季 $PM_{2.5}$ 引起的肝损伤更严重。

石磊[34]选取健康雄性 SD 大鼠分组进行毒理实验，结果发现大气不同浓度 $PM_{2.5}$ 暴露后，低浓度暴露组大鼠汇管区淋巴细胞出现浸润现象，中浓度暴露组大鼠肝细胞发生脂肪样变，高浓度暴露组大鼠肝细胞发生脂肪样变，炎性渗出。$PM_{2.5}$ 水溶性成分暴露组大鼠肝细胞可见脂肪样变，非水溶性成分暴露组大鼠汇管区淋巴细胞有浸润现象，肝细胞发生脂肪样变；各组未见脑组织出现明显病理学改变。

白丽荣等[35]在太原市冬季采用独立通气笼盒（IVC）通气笼对大鼠进行大气 $PM_{2.5}$ 全身暴露染毒后发现，大鼠肝、肾、脾、胃和小肠 5 种组织均出现了不同程度的病理学损伤，丙二醛（MDA）含量与对照组相比显著增加。$PM_{2.5}$ 染毒使大鼠肝和肾的脏器系数比对照组显著增高，肾、脾、胃和小肠的超氧化物歧化酶（SOD）

活性，及肝和小肠的 IL-6 和 TNF-α 水平显著高于对照组。2 个月暴露所引起的损伤效应比 1 个月暴露更为严重。

4.1.3.4　对神经系统的损伤

Guo 等[36]采用太原市不同季节收集的 PM_{10} 样本对 Wistar 大鼠进行暴露后发现，PM_{10} 暴露可引起与脑缺血相似的内皮功能障碍、炎症反应和和神经元功能损伤，损伤程度具有季节依赖性，冬季 PM_{10} 样本暴露所引起的损伤最明显。将 PM_{10} 的化学成分与上述生物标志物的反应进行相关性分析后发现，PM_{10} 中的多环芳烃（PAHs）和碳组分在其引起的脑缺血样损伤中起主要作用。通过建立体外缺血神经元 PM_{10} 染毒暴露模型，发现冬季 PM_{10} 暴露可加重缺血引起的损伤。

王影[37]从 $PM_{2.5}$ 中提取出不同成分后对人神经母瘤细胞（SH-SY5Y）进行了不同浓度和不同时间的染毒暴露，发现 $PM_{2.5}$ 全颗粒、水溶性颗粒、非水溶性颗粒和有机颗粒 4 种组分均对该细胞有一定的毒性，暴露后细胞存活率明显下降。在相同浓度下，暴露 48h 比暴露 24h 产生的细胞毒性更大，有机颗粒和非水溶性组分产生的细胞毒性要大于水溶性组分。该研究同时发现，$PM_{2.5}$ 暴露可导致 SH-SY5Y 细胞线粒体结构和功能出现异常，融合/分裂基因表达失衡，同时 $PM_{2.5}$ 还可引发细胞线粒体膜的脂质过氧化和细胞氧化应激，这意味着线粒体功能障碍和氧化应激是 $PM_{2.5}$ 诱导脑神经细胞损伤、引起神经系统疾病的潜在机制。

Yang 等[38]将大鼠交替暴露于不同剂量的、来自太原市的 $PM_{2.5}$（1.5mg/kg 体重、6.0mg/kg 体重和 24.0mg/kg 体重）和 SO_2（浓度水平为 5.6mg/m³）中后发现，与对照组及 SO_2 和 $PM_{2.5}$ 单独暴露组相比，$PM_{2.5}$ 和 SO_2 的联合暴露可提高大鼠皮层和海马体中肿瘤坏死因子-α（TNF-α）和 IL-6 的 mRNA 表达和蛋白质水平。相反，转化生长因子-β1（TGF-β1）　mRNA 和蛋白质水平在大脑中被下调。此外，中剂量和高剂量 $PM_{2.5}$ 暴露可导致大脑中的 Aβ42 水平显著增加，$PM_{2.5}$ 和 SO_2 联合暴露可诱导皮层和海马体中的 β42 水平进一步升高，大鼠皮层和海马体中的 Aβ42 积累与促/抗炎性细胞因子比率密切相关。以上结果提示，SO_2 和 $PM_{2.5}$ 可以协同打破促/抗炎性细胞因子平衡，导致大鼠脑皮层和海马体中的 β42 积累。

刘晓莉[39]选取 SD 雄性大鼠为实验对象进行 SO_2 吸入染毒暴露后发现，SO_2 具有类似神经毒物的作用，可显著引起大鼠海马神经细胞内 ［Ca^{2+}］升高，导致钙超载，还可显著延长大鼠海马 CA1 区神经元自发放电活动的时间，降低中频放电神经元的百分比，提示 SO_2 具有抑制大鼠神经细胞兴奋性的作用，神经细胞内的钙超载是 SO_2 神经毒性作用的重要机制之一。

Yue 等[20]在太原采集 $PM_{2.5}$ 样本，每隔一天用 3mg/kg 体重 $PM_{2.5}$ 对怀孕的 C57BL/6 小鼠进行处理，研究发现妊娠期暴露于 $PM_{2.5}$ 可导致胎盘的组织病理学改变和血管损伤，这种反应可能与丝裂原活化蛋白激酶（MAPK）途径的激活有关。

魏巍[40]建立了 $PM_{2.5}$ 本体暴露模型，发现 $PM_{2.5}$ 暴露可导致小鼠脑内 Tau 蛋白过度磷酸化，进而引起神经退行性 Tau 损伤，降低水迷宫测试中小鼠穿越平台次数；$PM_{2.5}$ 暴露还可造成胰岛素信号通路相关蛋白胰岛素受体底物-1（IRS-1）与蛋白激酶 B（AKT）的低水平表达，致使磷酸化糖原合成酶激酶-3βP-GSK-3β 水平降低，这也是脑内磷酸化 Tau（P-Tau）大量聚集的原因。与此同时，PM$_{2.5}$ 暴露还导致小鼠系统性胰岛素抵抗（IR），从而触发补偿性的血清胰岛素高表达。PM$_{2.5}$ 孕期暴露可导致雄性子代胰岛素信号传导障碍，导致 P-Tau 积累，引起 Tau 损伤，从而使突触传递功能发生异常，并降低空间学习记忆能力。

夏双爽[41]选用人神经母细胞瘤细胞（SH-SY5Y）细胞株观察 PM$_{2.5}$ 诱导 SH-SY5Y 细胞铁死亡的剂量、时效关系。结果发现 PM$_{2.5}$ 暴露可诱导 SH-SY5Y 细胞发生凋亡，随着剂量增加及时间延长，可诱发铁死亡，可能与其脂溶性成分有关。

4.1.3.5 其他方面的损伤机制研究

Zhu 等[42]通过采集太原 PM$_{2.5}$ 样品，每隔一天经口咽抽吸方式对妊娠 C57BL/6 老鼠进行 3mg/kg 体重 PM$_{2.5}$ 染毒实验后发现，在任何时候母体 PM$_{2.5}$ 暴露都会破坏增殖细胞核抗原（PCNA）的表达，抑制胎盘细胞增殖，进而导致胎盘营养物质运输能力受损。晚期妊娠的变化最为显著，显示出氨基酸、长链多不饱和脂肪酸（LCPUFA）、葡萄糖和叶酸转运蛋白 mRNA 表达的改变。此外，PM$_{2.5}$ 暴露后妊娠晚期胎盘中糖原含量升高，胚胎前期和妊娠中期甘油三酯含量升高，妊娠晚期降低。

王丹等[43]用空气总悬浮颗粒物采样器在交通路口采集 PM$_{2.5}$，对雄性 SD 大鼠气管滴注染毒后发现，各 PM$_{2.5}$ 染毒组大鼠肺组织均出现肺气肿、支气管炎症和肺泡腔萎陷等病变；脾组织红白髓分界不清，结构紊乱，且淋巴细胞密度不同程度降低。电镜观察显示，6.0mg/kg 体重和 24.0mg/kg 体重 PM$_{2.5}$ 暴露组淋巴细胞核膜断裂，形成大量凋亡小体，并可见胞浆空泡化和染色质边集。琼脂糖凝胶电泳结果显示，6.0mg/kg 体重和 24.0mg/kg 体重 PM$_{2.5}$ 暴露组大鼠脾细胞核 DNA 出现梯形条带样改变，且脾细胞凋亡率随 PM$_{2.5}$ 染毒剂量的增加而增加；与生理盐水对照组相比，6.0mg/kg 体重和 24.0mg/kg 体重 PM$_{2.5}$ 暴露组大鼠脾细胞 JNK 蛋白表达水平显著增加（$P<0.01$），24mg/kg 体重 PM$_{2.5}$ 暴露组大鼠脾细胞 P38 MAPK 蛋白表达水平显著增加（$P<0.01$）。以上结果提示，太原市交通路口 PM$_{2.5}$ 可引起脾细胞凋亡，JNK 和 P38 MAPK 信号分子可能与其诱导脾细胞凋亡相关。

4.1.4 氧化潜势与关键致毒因子

4.1.4.1 焦化区域大气 PM$_{2.5}$ 的氧化潜势

本研究在每个季节选取了 5 个 PM$_{2.5}$ 样品，采用 DDT 实验方法，通过吸光度计算出样品 DDT 的变化，以此对焦化区域 PM$_{2.5}$ 的氧化潜势进行评估，研究期间 PM$_{2.5}$ 的日平均浓度为 135.97μg/m³（范围为 41.88～562.81μg/m³），DTTv 的变化范围为 1.08～5.65nmol/(min·m³)，平均值是 2.60nmol/(min·m³)。表 4-4 汇总了国内其他城市 PM$_{2.5}$ 氧化潜势的相关研究结果。通过比较发现，焦化污染区域 PM$_{2.5}$ 的 DTTv [2.60nmol/(min·m³)] 远高于西安市 [0.53nmol/(min·m³)]、杭州市 [0.62nmol/(min·m³)] 和香港 [0.63nmol/(min·m³)]，以及意大利莱切（Lecce）[0.40nmol/(min·m³)] 和

荷兰［1.4nmol/(min·m³)］；略高于太原市［2.0nmol/(min·m³)］、南京市［2.1nmol/(min·m³)］和保定市［2.37nmol/(min·m³)（白天）和2.14nmol/(min·m³)（晚上）］；但低于北京市［12.36nmol/(min·m³)］、锦州市［4.4nmol/(min·m³)］、烟台市［4.2nmol/(min·m³)］、广州市［4.67nmol/(min·m³)］和印度恒河平原［3.8nmol/(min·m³)］。综上，本研究中焦化污染区域的DTTv值处于全国中等水平。值得注意的是，在PM$_{2.5}$浓度相当的情况下（110～150μg/m³），焦化污染区域PM$_{2.5}$的DTTv为北京市、天津市、武汉市的1/4～1/2，和保定市的DTTv值相近，提示其对人体的氧化危害可能低于大气污染严重的一线城市。

表4-4　焦化污染区域PM$_{2.5}$氧化潜势与其他城市（或国家）的对比

城市（或国家、区域）	采样年份	季节	PM$_{2.5}$/(μg/m³)	DTTv/[nmol/(min·m³)]	参考文献
焦化污染区域	2016～2017	全年	135.97	2.60	本研究
北京市	2016	全年	113.8	12.36	[44]
天津市	2015～2016	全年	120.1	6.8	[45]
锦州市	2015～2016	全年	114.6	4.4	[45]
烟台市	2015～2016	全年	113.8	4.2	[45]
南京市	2018～2020	全年	41.7	2.1	[46]
西安市	2017	全年	64.16	0.53	[47]
杭州市	2017	冬季	88.8	0.62	[48]
香港特别行政区	2011～2022	全年	38.5	0.63	[49]
武汉市	2018	冬季	146.9	5.6	[50]
广州市	2018	冬季	51.65	4.67	[51]
太原市	2019	冬季	89.9	2.0	[52]
保定市	2018	冬季	140.96	白天：2.37 夜间：2.14	[53]
意大利莱切（Lecce）	2013；2016	秋/冬季	31.9	0.40	[54]
印度恒河平原	2014	冬季	150±53	3.8	[55]
荷兰	2009	春/夏/秋	17.3	1.4	[56]

综上所述，焦化污染区域大气PM$_{2.5}$的氧化潜势DTTv在已报道的范围之内，但不同地区仍存在很大的差异，其原因可能是不同地区颗粒物的浓度、来源或成分组成不同。图4-7展现了焦化污染区域PM$_{2.5}$与DTTv的时间序列变化趋势，发现DTTv的变化趋势与PM$_{2.5}$浓度基本一致，这很大程度上说明了PM$_{2.5}$质量浓度对氧化潜势有着很重要的影响，与其他已报道的研究结果一致[25,27]。

陈燕燕[58]对太原市和广州市采集的PM$_{2.5}$样品中的有机磷阻燃剂（OPFRs）的浓度和体外毒性进行了为期一年的研究。Cl-OPFRs是所有采样点中的主要污染物，总浓度水平为1106～195083pg/m³，三（2-氯异丙基）磷酸酯（TCPP，27%）是广州市样品中的主要污染单体，而三（2-氯乙基）磷酸酯（TCEP，32%）是太原市样品中贡献最大的污染单体。太原市PM$_{2.5}$样品中的OPFRs比广州市具有更高的DTT

消耗量，也即具有更高的氧化还原能力。

DTTv 的季节变化如图 4-8 所示，其大小排序为：秋季［3.73nmol/(min·m³)］>冬季［3.31nmol/(min·m³)］>夏季［2.01nmol/(min·m³)］>春季［1.34nmol/(min·m³)］。

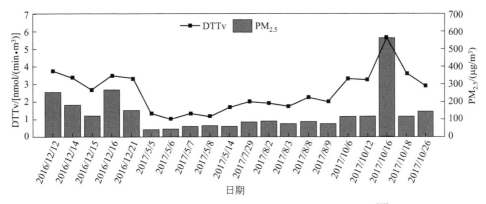

图 4-7　观测期间焦化区域 PM$_{2.5}$ 与 DTT$_V$ 的时间序列[57]

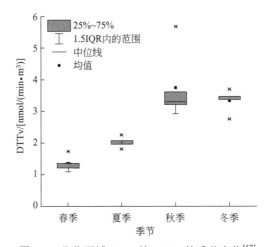

图 4-8　焦化区域 PM$_{2.5}$ 的 DTT$_V$ 的季节变化[57]

为探索 PM$_{2.5}$ 氧化潜势与其化学成分浓度之间的关系，我们进一步分析了 PM$_{2.5}$ 的 DTTv 与测定化学成分之间的相关性（表 4-5）。可以看出，DTTv 与 PM$_{2.5}$（R=0.873）和 SNA（R=0.681～0.864）的浓度表现出强相关性，P 值均小于 0.01，该结果与其他文献报道的研究结果一致[45,48,52,53]，表明 PM$_{2.5}$ 的浓度直接影响其暴露风险，而且二次离子对焦化污染区 PM$_{2.5}$ 产生的氧化潜势贡献较大。DTTv 与 OC、EC 和 Cl⁻ 的相关性也较强，R 分别为 0.760、0.673 和 0.634，P<0.01。汽车尾气被认为是 OC 和 EC 的主要来源[59]，而 Cl⁻ 可以作为中国北方煤炭燃烧的示踪物种[60]，因此煤燃烧和机动车排放也可能是该区域 PM$_{2.5}$ 氧化潜势的重要贡献源。在方山县对照点中，DTTv 与 OC1、OC2、OC3 和 EC1 相关性显著（R=0.682～0.809，P<0.01），与 EC3 中度相关（R=0.585，P<0.05），与 EC2 相关性最弱。DTTv 和 Mg²⁺ 浓度有中度相关性（R=0.511，P<0.05），而与 Ca²⁺ 没有相关性。Mg²⁺ 和 Ca²⁺ 是常见的地壳金属，一般被

认为是扬尘的指示物，说明方山县对照区活性氧的生成与扬尘关系较小。

4.1.4.2　关键致毒因子

（1）水溶性离子及 OC、EC 关键毒性组分及其来源

为阐明煤焦化污染区域 $PM_{2.5}$ 中的关键有毒成分，我们对毒性指标与实测 $PM_{2.5}$ 化学成分之间的相关性进行了分析。如表 4-5 所列，无论是焦化区还是对照区，OC、EC 与大部分细胞毒性指标均存在显著相关性，提示 $PM_{2.5}$ 中的碳质组分具有较大的毒性。在 OC 和 EC 的 7 个成分中，OC1、OC2 和 EC1 在两个研究区域都表现出正相关性。水溶性离子的细胞毒性很弱，因为它们中的大多数仅与一种或几种有限的细胞毒性指标具有中度相关性。例如，NH_4^+ 与焦化区中的细胞活性（CV）、IL-1β 有一定的相关性，F^- 仅与 CV 有一定的相关性。在对照点中，SO_4^{2-} 和 NO_3^- 与 IL-1β 有一定的相关性，F^-、NH_4^+、K^+ 与 ROS 有中度相关性，而 Ca^{2+} 与 TNF-α 有中度相关性。

表 4-5　介休市与方山县毒性指标和 $PM_{2.5}$ 化学组分之间的相关性

物质	介休市				方山县			
	CV	ROS	TNF-α	IL-1β	CV	ROS	TNF-α	IL-1β
F^-	0.082	0.357	0.414	0.488*	−0.334	−0.31	−0.165	0.276
Cl^-	−0.463*	0.53*	0.641**	0.421	−0.25	0.186	0.519*	0.704**
NO_3^-	−0.267	−0.132	0.186	0.086	−0.498*	0.575**	0.506*	0.882**
SO_4^{2-}	−0.359	−0.05	0.264	0.229	−0.259	0.368	0.074	0.882**
Na^+	0.176	−0.074	−0.238	−0.297	−0.272	0.131	0.064	0.405
NH_4^+	−0.378	−0.035	0.266	0.424	−0.361	0.466*	0.232	0.611**
K^+	−0.225	0.291	0.163	0.109	−0.164	0.082	0.035	0.405
Mg^{2+}	0.053	0.347	0.216	0.048	−0.104	0.192	−0.022	0.247
Ca^{2+}	−0.117	0.396	0.399	0.065	−0.342	0.386	0.203	0.535*
OC	−0.57**	0.469*	0.57**	0.836**	−0.58**	0.544*	0.566*	0.892**
EC	−0.533*	0.433*	0.614**	0.81**	−0.527*	0.464*	0.593**	0.733**
OC1	−0.52*	0.556**	0.609**	0.888**	−0.544*	0.545*	0.607**	0.873**
OC2	−0.54*	0.558**	0.579**	0.848**	−0.591**	0.542*	0.58**	0.855**
OC3	−0.626**	0.469*	0.567**	0.611**	−0.648**	0.462*	0.558**	0.856**
OC4	0.048	−0.228	−0.334	−0.159	−0.62**	0.629**	0.555*	0.847**
EC1	−0.558**	0.399	0.57**	0.802**	−0.536*	0.498*	0.576**	0.839**
EC2	−0.477*	0.638**	0.734**	0.615**	−0.611**	0.286	0.346	0.367
EC3	−0.585*	0.65**	0.731**	0.659**	0.065	−0.503	−0.401	−0.238

注：*显著水平为 0.05；**在 0.01 水平显著。

焦化区解析出的焦化源仅占总量的 26%，但对 TNF-α（71%）和 IL-1β（61%）的贡献非常大，是其对 $PM_{2.5}$ 贡献的 2 倍多 [图 4-9（a）]。这些结果表明，焦化源排放的颗粒物比其他源具有更大的毒性，诱发炎症反应可能是造成健康危害的主要机制。焦化源对细胞死亡率（DR）的贡献（41%）也要高于其对 $PM_{2.5}$ 的贡献。二次形成和住宅燃煤对 IL-1β 的贡献（21% 和 13%）与其对 $PM_{2.5}$ 的贡献（21% 和 13%）相当。生物质燃烧（15%）和二次形成（13%）源对 TNF-α 也有一定的贡献。出乎意料的是，交通尾气和扬尘源对 TNF-α 和 IL-1β 没有明显的贡献，其原因还需要进一步探讨。

对介休市每种关键毒理成分的来源组成进行分析后发现，与细胞毒性指标有强相关性的OC1（76%）、OC2（56%）和EC1（72%）大部分来自焦化区中的焦化源。这可以解释为什么焦化源对焦化区域的总体毒性有很大的贡献。虽然焦化区55%的OC4和39%的EC3是由交通尾气和扬尘源贡献的，但OC4与细胞毒性指标呈负相关，再加上EC3的丰度极低，导致PMF对这一来源的细胞毒性贡献很小。

在方山县对照区，混合燃料燃烧（生物质+煤）和扬尘对$PM_{2.5}$浓度的贡献最大，高达45%，其次是居民散煤燃烧（32%）和二次形成源（23%）[图4-9（b）]。相比之下，二次形成对b_{ext}的贡献较高（32%），而混合燃料（生物质+煤）燃烧源和扬尘源对$PM_{2.5}$的贡献较低（34%）。住宅燃煤对TNF-α和IL-1β的贡献超过了75%，而对$PM_{2.5}$的贡献仅为32%，表明其比其他来源具有更大的潜在毒性。Wu等[1]发现，

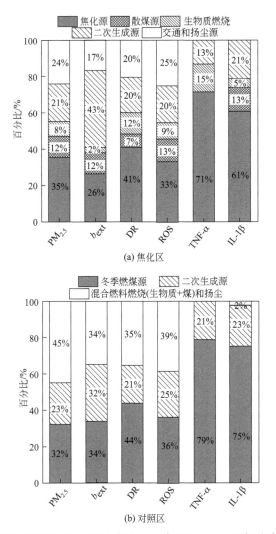

图4-9　不同污染源对焦化区（a）和对照区（b）中$PM_{2.5}$、b_{ext}及细胞毒性指标的贡献[57]

❶ Wu D, Zheng H T, Li Q, et al. Toxic potency-adjusted control of air pollution for solid fuel combustion[J]. Nature Energy, 2022, 7(2): 194-202.

家用炉灶中固体燃料的不完全燃烧会产生更高浓度的含碳物质，导致毒性比燃煤电厂高出一个数量级以上。二次形成源对 IL-1β 和 TNF-α 的贡献分别为 23% 和 21%，与其对 PM$_{2.5}$ 的贡献相似。混合燃料（生物质+煤）燃烧源和扬尘源对 PM$_{2.5}$ 的贡献高达 45%，但对 TNF-α 和 IL-1β 的贡献很小。在焦化区和对照区中，细胞死亡率和活性氧的源贡献组成特征与 PM$_{2.5}$ 相似。对方山县每种关键毒理成分的来源组成进行分析后发现，碳质组分绝大部分是由冬季居民散煤燃烧贡献的，其次是混合燃料燃烧和粉尘。

（2）PAHs 关键毒性组分及其来源

皮尔森相关系数分析结果如表 4-6 所列，介休市采样点细颗粒态 PAHs 中，BbF 和 DahA 与细胞活性之间具有一定的相关性。Acy、Ace、Flu、Phe、Ant、Fla 和 Pyr 这 7 种单体物质与 ROS、TNF-α 和 IL-1β 三个毒性指标均呈现出显著的正相关性（$P<0.05$）。BaA、Chr、BkF、BaP、IcdP 和 BghiP 这几种单体则仅与其中的 ROS 和 IL-1β 两个毒性指标之间具有一定的相关性（$P<0.05$），而与 TNF-α 之间并未发现有相关性。上述结果表明，Acy、Ace、Flu、Phe、Ant、Fla 和 Pyr 这 7 种单体物质对 A549 细胞的毒害作用是最严重的，既能对人体造成氧化损伤又能诱导机体发生炎症反应。

表 4-6　介休市采样点 PM$_{2.5}$-PAHs 与各毒性指标之间的相关性

PAH 单体	细胞存活率	ROS	TNF-α	IL-1β
Acy	—	0.606**	0.508*	0.560**
Ace	—	0.471*	0.428*	0.449*
Flu	—	0.512*	0.451*	0.472*
Phe	—	0.491*	0.421*	0.480*
Ant	—	0.475*	0.436*	0.487*
Fla	—	0.612**	0.442*	0.532**
Pyr	—	0.603**	0.442*	0.522*
BaA	—	0.482*	—	0.431*
Chr	—	0.451*	—	0.418*
BbF	0.443*	0.471*	—	—
BkF	—	0.625**	—	0.459*
BaP	—	0.529**	—	0.416*
DahA	0.417*	0.572**	—	0.443*
IcdP	—	0.511*	—	0.434*
BghiP	—	0.512*	—	0.414*

注：$^{*}P<0.05$；$^{**}P<0.01$。

图 4-10 呈现了上述研究所识别出的几种关键毒性因子受各类污染源的贡献情况，其中 Ace、Flu、Phe 这几种单体物质受焦化源的影响是最大的，其贡献分别占到了总污染源的 92.32%、76.57% 和 60.75%。而单体 Ant、Fla 和 Pyr 则是受燃煤源的影响最大（贡献比例分别为 68.99%、52.26% 和 52.44%），其次是焦化源（贡献比例分别为 27.17%、39.87% 和 38.61%）。

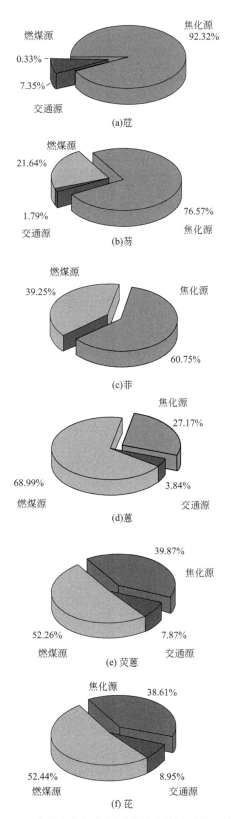

燃煤源
0.33%
7.35%
交通源
焦化源
92.32%
(a)苊

燃煤源
21.64%
1.79%
交通源
焦化源
76.57%
(b)芴

燃煤源
39.25%
焦化源
60.75%
(c)菲

焦化源
27.17%
3.84%
交通源
68.99%
燃煤源
(d)蒽

39.87%
焦化源
52.26%
燃煤源
7.87%
交通源
(e) 荧蒽

焦化源
38.61%
52.44%
燃煤源
8.95%
交通源
(f) 芘

图 4-10 介休市各污染源对关键毒性因子的贡献[11]

（3）痕量元素关键毒性组分的来源

将具有健康风险的痕量元素识别为关键毒性组分,对来源进行了解析,见图4-11。可以看出,介休市各污染源对具有健康风险的痕量元素贡献不同。Mn、As、Cd 存在非致癌风险,Mn 主要来源于钢铁冶炼、扬尘、燃煤及焦化源,其中,钢铁冶炼对 Mn 元素贡献最大,达 63%;As、Cd 具有相似的来源,燃煤及焦化源对这两种元素的贡献均超过 50%,分别为 76%、52%。此外,机动车源对 As 的贡献排第二,达 14%,工业源对 Cd 的贡献高达 32%。Pb 具有致癌和非致癌风险,工业源对其贡献最大（53%）,其次为燃煤及焦化源（28%）、钢铁冶炼源（19%）。

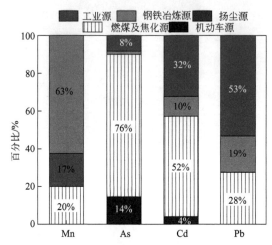

图 4-11　介休市各污染源对非致癌风险元素（Mn、As、Cd、Pb）和致癌风险元素（Pb）的贡献

4.2
VOCs 的健康危害

4.2.1　VOCs 的健康风险

4.2.1.1　非甲烷烃的健康风险

健康风险评价（health risk assessment）是对人体暴露在环境有害因子中对健康产生不良影响的概率进行评估的过程。以风险度作为评价指标,定量描述环境污染对人体产生健康危害的风险。美国国家科学院（NAS）与美国环境保护署（US EPA）对健康风险评价进行了研究,并取得了丰硕的成果,其中风险评估"四步法"已被荷兰、法国、日本、中国等多国及国际组织采用,成为国际公认的健康风险评价方法。具体包括危害鉴别（hazard identification）、剂量-效应关系评估（dose-response analysis）、暴露评估（exposure assessment）和风险表征（risk character-ization）。

我们的研究采用 US EPA 评价环境中污染物对人体健康产生危害的方法，利用 HI（危害指数）和 Risk（终身癌症风险）评估了 VOCs 通过吸入途径造成的非致癌和致癌风险，暴露浓度的计算公式如下：

$$EC=(CA×ET×EF×ED)/AT \qquad (4-10)$$

式中　EC——污染物的暴露浓度，$\mu g/m^3$；

　　　CA——污染物在空气中的浓度，$\mu g/m^3$；

　　　ET——暴露时间，h/d，取 8h/d；

　　　EF——暴露频率，d/a，取 250d/a；

　　　ED——暴露持续时间，a，取 30a；

　　　AT——平均生存时间，h，其中，AT（致癌）取 365×70×24h，AT（非致癌）取 365×30×24h[9]。

非致癌风险危害商值为：

$$HQ=EC/(Rfc×1000) \qquad (4-11)$$

式中　HQ——非致癌风险危害商值；

　　　Rfc——参考浓度，mg/m^3。

$$HI = \sum_{i=1}^{n} HQ_i \qquad (4-12)$$

式中　HI——多种污染物危害商值之和，即危害指数。

多种物质非致癌风险危害商值之和＞1，则认为污染物对人体会产生非致癌风险危害。

终身癌症风险为：

$$Risk=EC×IUR \qquad (4-13)$$

式中　Risk——终身癌症风险；

　　　IUR——单位吸入致癌风险，$m^3/\mu g$。

一般认为，当 Risk>$1×10^{-6}$ 时存在致癌风险。

本研究主要对 US EPA 公布的有毒有害空气污染物名单中的 19 种 VOCs 物质进行了评估，具体包括：正己烷、环己烷、n-壬烷、n-癸烷、苯、甲苯、乙苯、间/对二甲苯、苯乙烯、邻二甲苯、异丙基苯、正丙基苯、1,3,5-三甲基苯、1,2,4-三甲基苯、1,2,3-三甲基苯、间二乙基苯、对二乙基苯、一氯甲烷、二氯甲烷。其中苯是国际癌症研究机构（IARC）认定的人类一类致癌物质，乙苯、苯乙烯、二氯甲烷为二类致癌物质，被认为可能致癌[9]。根据 US EPA 提供的各物质的单位吸入致癌风险（IUR）和参考浓度（RfC）等参数，计算得到了各单体物质的非致癌和致癌风险值。

在太原盆地的 3 个站点中，19 种有毒有害 VOCs 物种的总 HI 值大小为：介休市>太原市>北格镇（图4-12），HI 值依次为 0.35、0.14 和 0.09，相比于全国其他城市，3 个站点的 HI 均值处于中等水平，且均小于 US EPA 推出的可接受风险水平（HI<1），表明 3 个采样点周边的居民不太可能通过吸入这些大气 VOCs 而引起非致癌的慢性健康风险。从单个 VOCs 物种来看，太原盆地 HI 值最高的物种为苯，太原市、北格镇、介休市和方山县苯的 HI 值分别达到了 0.22、0.05、0.05 和 0.02。此外，正壬烷、正癸烷、一氯甲烷和间/对二甲苯等物种 HI 值也相对较高，HI 值分别约为 0.03、0.04、0.02 和 0.01，而其余物质 HI 值较低，其中，环己烷的 HI 值远低于其他物种。

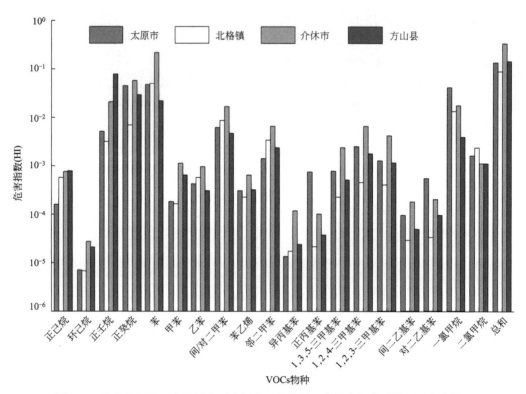

图 4-12 焦化污染区 3 个采样点（太原市、北格镇、介休市）和对照区（方山县）
人体吸入 VOCs 的危害指数（HI）

关于致癌风险的评估，本研究只对苯和乙苯的致癌风险进行了评价，其 LCR 值在 4 个地点的大小顺序为：介休市>太原市>北格镇>方山县。太原市和北格镇的 LCR 均值十分接近，方山县 LCR 均值最小，4 个采样点的 LCR 均值依次为 $1.87×10^{-5}$（介休市）、$6.04×10^{-6}$（太原市）、$5.73×10^{-6}$（北格镇）和 $2.32×10^{-6}$（方山县）（图 4-13）。值得注意的是，4 个采样点 LCR 均值均超过了 US EPA 推荐的可接受风险水平（$LCR<1×10^{-6}$），但低于 US EPA 容许的风险水平（$LCR<1×10^{-4}$），表明太原盆地区域存在潜在的致癌风险。所评估的 VOCs 物种中，4 个采样点苯的 LCR 均值均超过了 US EPA 推荐的可接受风险水平，而乙苯的 LCR 均值则低于 US EPA 推荐的可接受风险水平。苯是工业区和城市地区普遍存在的、对 LCR 贡献最大的物种，本研究中苯

同样对 LCR 具有较大的贡献，太原市、介休市、北格镇和方山县苯的 LCR 均值分别为 $5.57×10^{-6}$、$1.79×10^{-5}$、$5.11×10^{-6}$、$2.04×10^{-6}$。因此，从基于特定污染物的人体健康风险角度来看，太原盆地区域尤其是焦化区应将苯列入优先管控物质名单中。

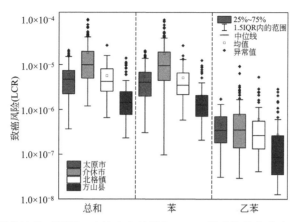

图 4-13　太原盆地及对照区 4 个站点人体吸入 VOCs 导致的终身致癌风险（LCR）

从图 4-14 的季节分布来看，太原盆地区域（太原市、北格镇、介休市）均是冬季的非致癌和致癌风险最高，而对照点的非致癌和致癌风险在春季最高。由于介休市采样点属于典型的焦化污染区域，因此，其健康风险值明显高于其他采样点，而且介休市采样点冬季的 HI 值为 0.87，LCR 值为 $5.62×10^{-5}$，均接近 US EPA 推荐的可接受风险水平（HI＜1）和 US EPA 容许的风险水平（LCR＜$1×10^{-4}$）。出现这种现象的主要原因是太原盆地南部城市焦化企业众多，同时叠加冬季燃煤取暖活动，导致有毒有害 VOCs 物种排放量增大，非致癌和致癌健康风险处于一年中最高水平。而对照点的健康风险在春季要高于其他季节，可能和区域传输有关。此外，煤焦化区域各采样点（太原市、北格镇、介休市）各个季节的致癌风险均高于可接受水平，而方山县除了冬季不具有致癌风险外，其余季节均存在致癌风险。

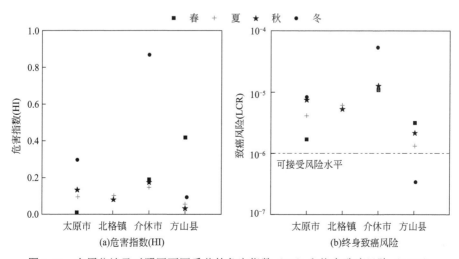

图 4-14　太原盆地及对照区不同季节的危害指数（HI）和终身致癌风险（LCR）

综上，太原盆地煤焦化区域非致癌风险危害商值（HQ）在 $6.75\times10^{-6}\sim1.30\times10^{-2}$ 之间，危害指数（HI）均值为 3.85×10^{-2}。检出化合物中 HQ 值较高的分别是苯、正癸烷，达到 0.22 和 0.04，均在安全范围内。对于致癌风险，苯、乙苯致癌风险值（Risk）在 $9.92\times10^{-8}\sim1.00\times10^{-4}$ 之间，苯的风险值最高，均值为 1.02×10^{-5}，高于美国环保署规定的安全阈值（1×10^{-6}），表明此化合物对人体健康具有一定影响，长期暴露易对人群健康造成危害。尤其是苯，暴露浓度、致癌风险和非致癌风险在研究的化合物中均为最高，且在冬季达到最大值，建议加大对苯的来源调查，管控排放途径，保证居民身体健康。

4.2.1.2 羰基化合物的健康风险

本研究根据 US EPA 的方法对太原市大气羰基化合物进行了风险评估。根据 US EPA 对致癌化合物的分类，甲醛属于 B1 级（疑似人类致癌物质），有充足证据认为其对人体具有致癌作用；乙醛属于 B2 级，其对人体的致癌性缺乏证据支持。由于甲醛和乙醛是大气中含量最高的两种羰基化合物，并且具有较高的致癌风险，对甲醛和乙醛健康风险的评估不容忽视。为了评估太原市大气中甲醛和乙醛对居民健康的威胁，分别估算了二者的终身致癌风险（integrated lifetime cancer risk，ILTCR）和非致癌风险（hazard quotient，HQ）。

个体对甲醛和乙醛的日暴露量（仅考虑吸入的情况）可通过式（4-14）进行计算：

$$E=C\times I_{\text{ra}}\times E_{\text{da}}\times90\%/B_{\text{wa}} \tag{4-14}$$

式中　E——个体的日暴露量，mg/(kg·d)；

　　　C——大气中污染物的浓度，mg/m³；

　　　I_{ra}——吸入速率（成人），m³/h，取值 0.83，该值可由 US EPA（1997）获得；

　　　E_{da}——个体每日的暴露时间（成人），h/d；

　　　B_{wa}——个体体重（成人），kg。

为了便于和其他研究结果比较，我们采用 90% 作为人体对挥发性有机物的吸收因子。终身致癌风险（ILTCR）应用式（4-15）进行计算：

$$\text{ILTCR}=E\times\text{SF} \tag{4-15}$$

式中，SF 为当暴露致癌效果为线性时，吸入单位毒性风险物质的斜率因子，本研究使用了 US EPA 推荐 SF 值。当 $10^{-4}>\text{ILTCR}>10^{-6}$ 时，表明有明显的致癌效应；当 $\text{ILTCR}<10^{-6}$ 时，表明致癌效应较弱，处于可接受范围。非致癌风险以危险商数（hazard quotient，HQ）表示，其定义为每日摄入浓度的年平均值（LEC）与参考浓度（RfC）的比值，其可用式（4-16）计算：

$$\text{HQ}=\text{LEC/RfC} \tag{4-16}$$

当 HQ>1 时，表明长期暴露可能对人体健康产生不利影响。每种污染物的 RfC 值可参考 US EPA 和加州环境健康危害评估办公室（COEHHA）的结果。

如表 4-7 所列，太原市甲醛的 ILTCR 范围为 $2.39\times10^{-5}\sim7.70\times10^{-5}$，乙醛的 ILTCR 范围为 $0.90\times10^{-5}\sim1.59\times10^{-5}$，甲醛的 ILTCR 与烟台市处于同一水平，高于济南市、

望都市等城市,低于北京市、武汉市等城市的研究结果。乙醛的 ILTCR 与大部分城市处于同一水平,如北京市、武汉市和烟台市。大部分城市甲醛和乙醛均具有较高的终身致癌风险,尤其是夏季水平较高。由于夏季甲醛具有较高的环境浓度,所以夏季甲醛的致癌风险明显高于其他季节。如图 4-15 所示,太原市 2018~2020 年夏季甲醛的接触致癌风险值分别为 7.70×10^{-5}、6.49×10^{-5} 和 5.17×10^{-5},夏季致癌风险均远大于 10^{-6},说明夏季环境中甲醛对接触人群存在致癌风险。另外,甲醛致癌风险一般在春季或冬季最低,2018~2020 年甲醛的最低平均致癌风险值分别为 2.39×10^{-5}、3.33×10^{-5} 和 2.75×10^{-5},甲醛的致癌风险值仍然远大于 10^{-6},说明即使在甲醛浓度最低的季节,甲醛仍然对接触人群存在高致癌风险,人体长期暴露于这种环境中会对人体健康产生明显的不利影响。乙醛由于各季节最高浓度分布不均,其致癌风险也发生较大变化,2018~2020 年乙醛季节平均最高致癌风险值分别为 1.58×10^{-5}(夏季)、1.21×10^{-5}(夏季)和 1.59×10^{-5}(冬季),乙醛的最高致癌风险仍然远高于 10^{-6},各年度的乙醛的最低致癌风险值分别为 6.47×10^{-6}(春季)、6.97×10^{-6}(春季)和 9.09×10^{-6}(夏季),春季或夏季乙醛致癌风险较低,但仍高于标准限值,表明乙醛在不同季节均可能对暴露人群产生潜在的危害。

表 4-7   太原市甲醛、乙醛终身致癌风险与其他城市研究结果比较[61]

化合物	太原市	济南市	望都市	北京市	武汉市	烟台市
	2018.04~2021.01	2018.07~08	2017.11~12	2008.09~2010.08	2010.08	2010.08
甲醛	$(2.39\sim7.70)\times10^{-5}$	0.98×10^{-5}	0.78×10^{-5}	9.11×10^{-5}	11.7×10^{-5}	6.20×10^{-5}
乙醛	$(0.90\sim1.59)\times10^{-5}$	—	—	1.84×10^{-5}	1.49×10^{-5}	0.78×10^{-5}

不同季节甲醛和乙醛的终身致癌风险如图 4-15 所示。

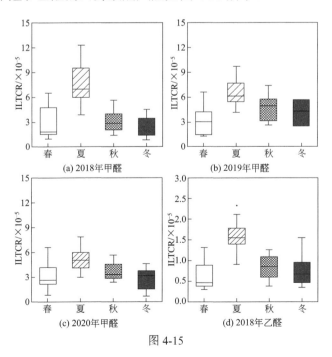

图 4-15

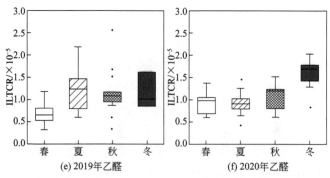

(e) 2019年乙醛   (f) 2020年乙醛

图 4-15　2018～2020 年太原市不同季节甲醛和乙醛的终身致癌风险[13]

甲醛和乙醛危险商数的季节变化与致癌风险的季节变化相似，甲醛的危险商数夏季最高，春季或冬季最低。从图 4-16 可以看出，2018 年和 2019 年夏季甲醛的危险商数分别为 1.31 和 1.14，大于 1，表明夏季长时间暴露在甲醛环境中，会对暴露人群的健康产生明显不利影响，其他季节甲醛的 HQ 均小于 1，表明对人体危害较小。乙醛在 2018～2020 年危险商数的最高值分别为 0.64（夏季）、0.49（夏季）和 0.64（冬季），乙醛的最高 HQ 值均低于标准值 1，故乙醛对暴露人群的影响较小；另外，乙醛的 HQ 随乙醛浓度变化较大，季节变化对其影响较小。

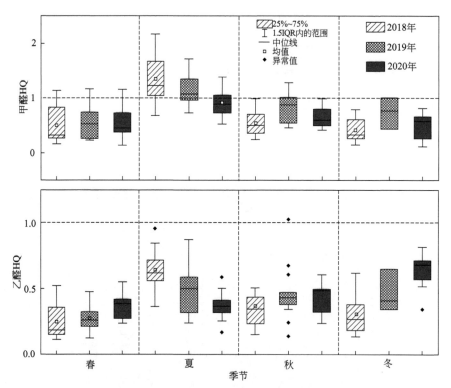

图 4-16　2018～2020 年太原市不同季节甲醛和乙醛的非致癌风险[13]

4.2.2　有毒有害 VOCs 的主要来源

　　根据 US EPA 公布的有毒有害空气污染物名单，本研究统计了 VOCs 中有毒有害 VOCs 共计 19 种物质，分别为正己烷、环己烷、正壬烷、正癸烷、苯、甲苯、乙苯、间/对二甲苯、苯乙烯、邻二甲苯、异丙基苯、正丙基苯、1,3,5-三甲基苯、1,2,4-三甲基苯、1,2,3-三甲基苯、间二乙基苯、对二乙基苯、一氯甲烷、二氯甲烷。而在对太原盆地 VOCs 进行来源解析时，本研究考虑到模型的拟合效果，只保留了其中 7 种具有源指示性的有毒有害 VOCs，分别为苯、甲苯、乙苯、间/对二甲苯、苯乙烯、邻二甲苯、一氯甲烷。

　　研究显示，太原盆地的 VOCs 主要有 7 种来源，分别为生物质燃烧源、溶剂源、工业燃煤源、机动车源、植物排放源、化工源以及焦化源。如图 4-17 所示，苯主要来自焦化源排放，占到所有排放来源的 75.19%，其余 6 种污染源对苯的贡献范围为 1.75%～8.05%；甲苯主要来源于焦化源、机动车源、溶剂源，占比分别为 40.64%、25.89%、15.78%，其余 4 种污染源排放的甲苯占比较少，介于 1.71%～8.21% 之间；乙苯的主要排放源有 3 种，分别为溶剂源、工业用煤源、生物质燃烧源，占比分别为 78.20%、13.62%、5.09%，溶剂使用是乙苯的主要来源；间/对二甲苯有 6 种来源，溶剂使用是其主要的来源，占到了 78.90%，工业燃煤源排放的间/对二甲苯占到了 9.26%，其余污染源占比较小，均低于 5%；苯乙烯主要来源于溶剂源、工业用煤源和机动车源，占比分别为 48.50%、20.23%、16.78%，累计占苯乙烯浓度的 85.46%。邻二甲苯主要来源于溶剂源，占比为 82.89%，工业燃煤未识别出

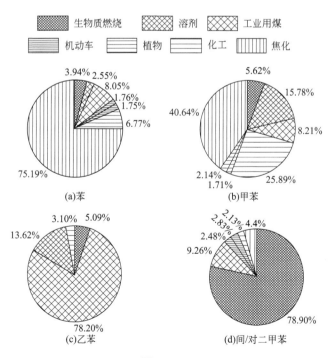

图 4-17

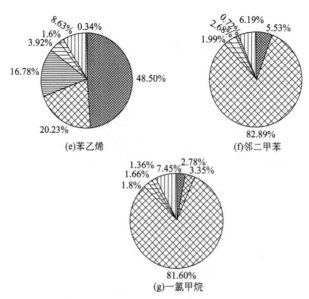

图 4-17　太原盆地有毒有害 VOCs 来源占比

邻二甲苯的排放，其余污染源占比较小，低于 7%；一氯甲烷主要来自工业燃煤源，占比为 81.60%，其次为焦化源（7.45%），其余 4 种污染源排放的一氯甲烷占比较小，不超过 4%。

综上，苯、甲苯的主要来源为焦化源，乙苯、间/对二甲苯、苯乙烯、邻二甲苯主要来自溶剂使用的排放，而工业用煤是一氯甲烷的主要排放源。

参考文献

[1] Zhang J, Zhou X, Wang Z, et al. Trace elements in PM$_{2.5}$ in Shandong Province: Source identification and health risk assessment[J]. Sci Total Environ, 2018, 621: 558-577.

[2] 王橹玺. 大气颗粒物中重金属 Cr（Ⅵ）的污染特征研究[D]. 北京：中国环境科学研究院, 2021.

[3] 苏瑞军. 大气细颗粒物穿透血管屏障促进血管钙化的分子机制研究[D]. 太原：山西大学, 2020.

[4] 张英英. PM$_{2.5}$暴露诱导心脏毒性及其相关分子机制研究[D]. 太原：山西大学, 2019.

[5] 周欢. 太原市大气颗粒物污染特征与健康风险研究[D]. 太原：山西大学, 2020.

[6] 夏凌. 石化区环境空气中多环芳烃的健康风险评估及其对周边居民内暴露的影响[D]. 广州：暨南大学, 2014.

[7] Jiang L Y, Yves U J, Sun H, et al. Distribution, compositional pattern and sources of polycyclic aromatic hydrocarbons in urban soils of an industrial city, Lanzhou, China[J]. Ecotoxicol. Environ. Saf., 2016, 126: 154-162.

[8] Akyüz M, Çabuk H.Particle-associated polycyclic aromatic hydrocarbons in the atmospheric environment of Zonguldak, Turkey[J]. Sci Total Environ, 2008, 405(1-3): 62-70.

[9] Martellini T, Giannoni M, Lepri L, et al. One year intensive PM$_{2.5}$ bound polycyclic aromatic hydrocarbons monitoring in the area of Tuscany, Italy. Concentrations, source understanding and implications [J]. Environmental Pollution, 2012, 164(may): 252-258.

[10] Bandowe B A M, Meusel H, Huang R J, et al. PM$_{2.5}$-bound oxygenated PAHs, nitro-PAHs and parent-PAHs from the atmosphere of a Chinese megacity: Seasonal variation, sources and cancer risk assessment [J]. Sci Total Environ, 2014, 473: 77-87.

[11] 李宏宇. 典型焦化污染区域大气颗粒物中多环芳烃的污染特征研究[D]. 太原：太原科技大学, 2019.

[12] Luo P, Bao L J, Li S M, et al. Size-dependent distribution and inhalation cancer risk of particle-bound polycyclic aromatic hydrocarbons at a typical e-waste recycling and an urban site [J]. Environmental Pollution, 2015, 200: 10-15.

[13] 高瑞. 大气颗粒物及其气溶胶组分促肺癌作用机制研究[D]. 太原: 山西大学,2020.

[14] Nan N, Duan H, Yang X, Sang N. et al. Atmospheric $PM_{2.5}$-bound polycyclic aromatic hydrocarbons in China's four cities: Characterization, risk assessment, and epithelial-to-mesenchymal transition induced by $PM_{2.5}$[J]. Atmospheric Pollution Research, 2021, 12(7): 101122.

[15] Feng X, Luo J, Wang X, et al. Association of exposure to ambient air pollution with ovarian reserve among women in Shanxi province of north China [J]. Environmental Pollution, 2021, 278: 116868.

[16] 杨文敏, 赵毓梅, 杨建军, 等. 大气中不同粒度多环芳烃在人体呼吸系统的沉积[J]. 中华预防医学杂志, 1994, 28(3): 151-153.

[17] 高瑞. 大气颗粒物及其气溶胶组分促肺癌作用机制研究[D]. 太原: 山西大学, 2020.

[18] Song Y, Zhang Y, Li R, et al. The cellular effects of $PM_{2.5}$ collected in Chinese Taiyuan and Guangzhou and their associations with polycyclic aromatic hydrocarbons (PAHs), nitro-PAHs and hydroxy-PAHs[J]. Ecotoxicology and Environmental Safety, 2020, 191: 110225.

[19] 姬晓彤. $PM_{2.5}$ 吸入暴露诱导肺损伤及其分子机制[D]. 太原: 山西大学,2019.

[20] Yue H F, Ji X T, Zhang Y Y, Li G K, Sang Nan. Gestational exposure to $PM_{2.5}$ impairs vascularization of the placenta[J]. Science of The Total Environment, 2019, 665: 153-161.

[21] Yue H, Yun Y, Gao R , et al. Winter polycyclic aromatic hydrocarbon-bound particulate matter from peri-urban north china promotes lung cancer cell metastasis[J]. Environmental Science & Technology, 2015, 49(24): 14484.

[22] Wei H Y, Zhang Y Y, Song S J, et al. Alveolar macrophage reaction to $PM_{2.5}$ of hazy day in vitro: Evaluation methods and mitochondrial screening to determine mechanisms of biological effect[J]. Ecotoxicology and Environmental Safety, 2019, 174: 566-573.

[23] Zheng K, Cai Y, Wang B Y, et al. Characteristics of atmospheric fine particulate matter ($PM_{2.5}$) induced differentially expressed proteins determined by proteomics and bioinformatics analyses[J]. 生物医学与环境科学(英文版), 2020, 33(8):583-592.

[24] 药红梅. $PM_{2.5}$ 致冠状动脉粥样硬化大鼠 ACS 的可能机制及 Atorvastatin 的干预作用[D]. 太原: 山西医科大学, 2007.

[25] Song Y Y, Zhao L F, Qi Z H, et al.Application of a real-ambient fine particulate matter exposure system on different animal models[J].Journal of Environmental Sciences, 2021, 105(07): 64-70.

[26] Song Y, Zhang Y, Li R, et al. The cellular effects of $PM_{2.5}$ collected in Chinese Taiyuan and Guangzhou and their associations with polycyclic aromatic hydrocarbons (PAHs), nitro-PAHs and hydroxy-PAHs[J]. Ecotoxicology and Environmental Safety, 2020, 191: 110225.

[27] Zhang Y Y, Ji X T, Ku T T, Li G K, Sang N. Heavy metals bound to fine particulate matter from northern China induce season-dependent health risks: A study based on myocardial toxicity[J]. Environmental Pollution, 2016, 216: 380-390.

[28] 薛彬. 大气细颗粒物引起心肌结构和功能损伤的主要理化因素及分子机制研究[D]. 太原: 山西大学, 2020.

[29] 侯永丽. 太原市冬季 $PM_{2.5}$ 水溶成分对腹主动脉缩窄大鼠心功能的影响[D].太原: 山西医科大学, 2016.

[30] Xing Q, Wu M, Chen R, et al. Comparative studies on regional variations in $PM_{2.5}$ in the induction of myocardial hypertrophy in mice[J]. Science of The Total Environment, 2021, 775: 145179.

[31] 闫瑞锋. $PM_{2.5}$ 暴露诱导小鼠肝脏损伤及其相关分子机制[D]. 太原: 山西大学, 2020.

[32] Fu P, Bai L, Cai Z, et al. Fine particulate matter aggravates intestinal and brain injury and affects bacterial community structure of intestine and feces in Alzheimer's disease transgenic mice[J]. Ecotoxicology and Environmental Safety, 2020, 192: 110325.

[33] Li R, Zhang M, Wang Y, et al. Effects of atmospheric $PM_{2.5}$ subchronic exposure on fibrosis, inflammation, endoplasmic reticulum stress and apoptosis in livers of rats[J]. Toxicology Research, 2018, 7: 271-282.

[34] 石磊. 苯并(a)芘及大气 $PM_{2.5}$ 染毒大鼠肝和脑代谢组学研究[D]. 太原: 山西医科大学, 2017.

[35] 白丽荣, 谭子康, 龚航远, 等. 大气 $PM_{2.5}$ 全身暴露对大鼠多脏器病理、氧化应激指标和炎症因子的影响[J]. 生态毒理学报, 2020, 15(6):132-140.

[36] Guo L, Li B, Miao J J, et al. Seasonal variation in air particulate matter (PM$_{10}$) exposure-induced ischemia-like injuries in the rat brain[J]. Chemical research in toxicology, 2015, 28(3): 431-439.

[37] 王影. 大气细颗粒物对人 SH-SY5Y 细胞线粒体损伤机制研究[D]. 太原: 山西大学, 2019.

[38] Yang Z, Chen Y, Zhang Y, et al. The role of pro-/anti-inflammation imbalance in Aβ42 accumulation of rat brain co-exposed to fine particle matter and sulfur dioxide[J]. Toxicology Mechanisms and Methods, 2017, 27(8): 568-574.

[39] 刘晓莉. 大气污染物对大鼠不同器官的毒作用及对人体健康的危害[D]. 太原: 山西大学, 2006.

[40] 魏巍. PM$_{2.5}$ 暴露诱导神经退行性 Tau 损伤及其分子机制[D]. 太原: 山西大学, 2020.

[41] 夏双爽. 大气 PM$_{2.5}$ 及不同组分诱导 SH-SY5Y 细胞铁死亡的研究[D]. 太原: 山西医科大学, 2020.

[42] Zhu N, Ji X, Geng X, et al. Maternal PM$_{2.5}$ exposure and abnormal placental nutrient transport[J]. Ecotoxicology and Environmental Safety, 2021, 207: 111281.

[43] 王丹, 乔果果, 张志红.交通相关细颗粒物 PM$_{2.5}$ 诱导大鼠脾细胞凋亡及其机制[J].中国药理学与毒理学杂志,2020, 34(10): 756-761.

[44] Yu S, Liu W, Xu Y, et al. Characteristics and oxidative potential of atmospheric PM$_{2.5}$ in Beijing: Source apportionment and seasonal variation [J]. Sci Total Environ, 2019, 650: 277-287.

[45] Liu W, Xu Y, Liu W, et al. Oxidative potential of ambient PM$_{2.5}$ in the coastal cities of the Bohai Sea, northern China: Seasonal variation and source apportionment[J]. Environmental Pollution, 2018, 236: 514-528.

[46] Yang F, Liu C, Qian H. Comparison of indoor and outdoor oxidative potential of PM$_{2.5}$: Pollution levels, temporal patterns, and key constituents [J]. Environment International, 2021, 155: 106684.

[47] Wang Y, Wang M, Li S, et al. Study on the oxidation potential of the water-soluble components of ambient PM$_{2.5}$ over Xi'an, China: Pollution levels, source apportionment and transport pathways[J]. Environment International, 2020, 136: 105515.

[48] Wang J, Lin X, Lu L, et al. Temporal variation of oxidative potential of water soluble components of ambient PM$_{2.5}$ measured by dithiothreitol (DTT) assay[J]. Sci Total Environ, 2019, 649: 969-978.

[49] Cheng Y, Ma Y, Dong B, et al. Pollutants from primary sources dominate the oxidative potential of water-soluble PM$_{2.5}$ in Hong Kong in terms of dithiothreitol (DTT) consumption and hydroxyl radical production[J]. Journal of Hazardous Materials, 2021, 405: 124218.

[50] 陈丹鈜, 张志豪, 张珅, 等. 武汉市冬季重污染期 PM$_{2.5}$ 的氧化潜势分析[J]. 环境科学与技术, 2020, 43(10): 171-176.

[51] 张曼曼, 李慧蓉, 杨闻达, 等. 基于 DTT 法测量广州市区 PM$_{2.5}$ 的氧化潜势[J]. 中国环境科学, 2019, 39(6): 2258-2266.

[52] 任娇, 赵荣荣, 王铭, 等. 太原市冬季不同污染程度下 PM$_{2.5}$ 的化学组成、消光特征及氧化潜势[J]. 环境科学, 2022, 43(05): 2317-2328.

[53] 吴继炎, 杨池, 张春燕, 等. 保定市冬季 PM$_{2.5}$ 的氧化潜势特征及其影响来源分析[J]. 环境科学, 2022, 6: .2878-2887.

[54] Chirizzi D, Cesari D, Guascito M R, et al. Influence of Saharan dust outbreaks and carbon content on oxidative potential of water-soluble fractions of PM$_{2.5}$ and PM$_{10}$[J]. Atmospheric Environment, 2017, 163: 1-8.

[55] Patel A, Rastogi N. Oxidative potential of ambient fine aerosol over a semi-urban site in the Indo-Gangetic Plain[J]. Atmospheric environment, 2018, 175: 127-134.

[56] Janssen N A H, Yang A, Strak M, et al. Oxidative potential of particulate matter collected at sites with different source characteristics[J]. Science of the Total Environment, 2014, 472: 572-581.

[57] 张瑾. 典型焦化污染环境大气颗粒物的理化特征与氧化潜势分析[D]. 太原: 太原科技大学, 2022.

[58] 陈燕燕. 广州和太原市 PM$_{2.5}$ 中典型阻燃剂的污染特征和风险评价研究[D]. 广州: 广东工业大学, 2019.

[59] Juda-Rezler K, Reizer M, Maciejewska K, et al. Characterization of atmospheric PM$_{2.5}$ sources at a Central European urban background site[J]. Science of the Total Environment, 2020, 713: 136729.

[60] Zheng M, Salmon L G, Schauer J J, et al. Seasonal trends in PM$_{2.5}$ source contributions in Beijing, China [J]. Atmospheric Environment, 2005, 39(22): 3967-3976.

[61] 刘泽乾. 基于多年观测结果的太原市大气羰基化合物区域特征及来源分析 [D]. 太原: 太原科技大学, 2021.

第5章

煤焦化污染区域灰霾的
污染特征与形成机制

5.1

灰霾前体物随污染等级的变化特征

为探讨冬季污染发生的原因，本研究对太原市冬季不同污染等级下气态污染物的变化特征进行了分析，并统一按照 $PM_{2.5}$ 浓度将污染等级划分为五类，具体为：清洁天（$PM_{2.5} \leq 75\mu g/m^3$）、轻度污染（$75\mu g/m^3 < PM_{2.5} \leq 115\mu g/m^3$）、中度污染（$115\mu g/m^3 < PM_{2.5} \leq 150\mu g/m^3$）、重度污染（$150\mu g/m^3 < PM_{2.5} \leq 250\mu g/m^3$）和严重污染（$PM_{2.5} > 250\mu g/m^3$）。其中，$PM_{2.5}$ 浓度为在线监测获得的小时浓度数据。

图 5-1 为太原市冬季不同污染等级下气态前体物（SO_2、NO_2、NH_3、HNO_3 和 $HONO$）的浓度水平。从图中可以看出，从中度污染等级开始，SO_2 浓度随着污染的加重不断升高，当 $PM_{2.5} \geq 250\mu g/m^3$ 时，SO_2 的浓度高达（46.34 ± 26.77）$\mu g/m^3$，约为清洁天浓度的 3 倍。NO_2 表现为随污染等级的升高而升高，严重污染期间的浓度值高达（115.06 ± 13.11）$\mu g/m^3$，约为清洁天的 2.3 倍。气态前体物 HNO_3 和 $HONO$ 的浓度也随着污染等级的升高而升高，但上升的幅度并不明显。从清洁天到轻度污染，NH_3 的浓度升高了 1 倍，但随着污染进一步加重，NH_3 的浓度开始下降，这是因为随着污染的加重，气相中的 NH_3 更多地与 H_2SO_4 和 HNO_3 等酸性气体反应进入了颗粒相，促进了颗粒物的生成。

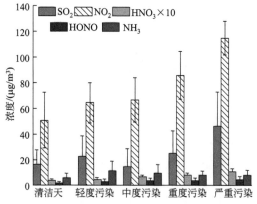

图 5-1　太原市冬季不同污染等级下气态前体物的浓度水平

5.2
PM$_{2.5}$中二次组分随污染等级的变化特征

5.2.1 太原市水溶性离子

　　与 5.1 部分污染等级的划分标准一致，进一步探讨了太原市冬季不同污染等级下水溶性无机离子的浓度及其占比变化情况，结果如图 5-2 所示。从图中可知，随着污染等级的升高，PM$_{2.5}$ 及总水溶性离子浓度也不断升高。从清洁天到严重污染，PM$_{2.5}$ 的平均质量浓度依次为 47.44μg/m^3、93.43μg/m^3、130.21μg/m^3、195.32μg/m^3 和 302.61μg/m^3，总水溶性离子的浓度分别为 28.62μg/m^3、47.37μg/m^3、70.32μg/m^3、110.29μg/m^3 和 169.31μg/m^3。总水溶性离子在 PM$_{2.5}$ 浓度中的占比从清洁天到严重污染分别为 60.3%、50.7%、54.0%、56.5% 和 55.9%，该比值虽没有随着污染等级的升高而显著升高，但占比均高于 50%，这表明水溶性离子在各个污染等级下始终是 PM$_{2.5}$ 的重要组成成分。

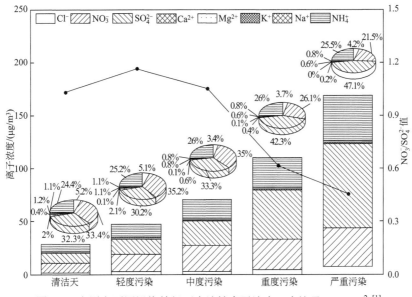

图 5-2　太原市不同污染等级下水溶性离子浓度、占比及 NO$_3^-$/SO$_4^{2-}$[1]

　　从单个水溶性离子的浓度变化情况来看，水溶性离子在不同污染等级下的组成结构也发生了变化，其中，浓度占比最高的三种水溶性离子（SO$_4^{2-}$、NO$_3^-$ 和 NH$_4^+$）的变化尤为明显，但变化规律有所不同。从图 5-2 的柱状图可以明显看到，SO$_4^{2-}$ 的浓度随着污染等级的升高而持续升高，严重污染等级下的 SO$_4^{2-}$浓度是清洁天的 8.6 倍，

SO_4^{2-} 在 8 种水溶性无机离子中的占比从清洁天的 32.3%上升至了严重污染时的 47.1%，上升幅度达 14.8%。NH_4^+的浓度也随污染等级的升高而升高，从清洁天的 6.98μg/m³ 升高至严重污染时的 43.20μg/m³，但其在总水溶性离子中的占比并未表现出明显的变化规律，占比始终稳定在 25%左右。NO_3^-的浓度从清洁天的 9.56μg/m³ 一直升高至严重污染时的 36.45μg/m³，在 8 种离子中的占比从清洁天的 33.4%上升到中度污染的 35.0%，随着污染等级的进一步加重，NO_3^-的占比开始降低，重度污染和严重污染程度下的占比分别为 26.1%和 21.5%。对于其他浓度较低的 5 种水溶性离子，除 Cl^-和 Na^+两种离子随着污染等级的加重浓度随之升高外，其他 3 种水溶性离子（Ca^{2+}、Mg^{2+}和 K^+）的浓度无明显的变化规律。

从清洁天到中度污染等级，NO_3^- 在 8 种水溶性离子中的占比高于 SO_4^{2-}，但随着污染等级的进一步提升，SO_4^{2-} 的占比超过了 NO_3^-，严重污染等级下 SO_4^{2-}在 8 种离子中的占比比 NO_3^-在 8 种离子中的占比高 25.6%，这表明 SO_4^{2-}依然是太原市冬季重污染过程中的主导性水溶性离子，冬季对 SO_2 的排放管控仍需加强。除此之外，有研究表明 NO_3^-/SO_4^{2-}值大小可以用来粗略判断研究所在地固定源和移动交通源的相对贡献，值小于 1 时表示固定源的贡献更大。本研究冬季 NO_3^-/SO_4^{2-}平均比值为 0.81，这表明太原市冬季依然主要受燃煤等固定排放源的影响。清洁天、轻度污染和中度污染等级下的 NO_3^-/SO_4^{2-}值分别为 1.03、1.17 和 1.05，均高于 1，表明当污染程度较轻时，移动交通源的贡献更大。重度污染和严重污染等级下的 NO_3^-/SO_4^{2-}分别为 0.62 和 0.46，这表明燃煤等固定排放源才是导致太原市发生重污染事件的主要原因。图 5-3 给出的是太原市冬季 $PM_{2.5}>150$μg/m³ 时，即重度和严重污染等级下 SO_4^{2-}的风速风向分布图（书后另见彩图），从图中可以明显看出，重污染天气下，SO_4^{2-}除本地排放生成外，还明显受到西南方向区域传输作用的影响。因此，为防止冬季灰霾天的产生，太原盆地城市在进一步加强本地燃煤等固定源排放管控的同时，还需强化区域性的联防联控工作。

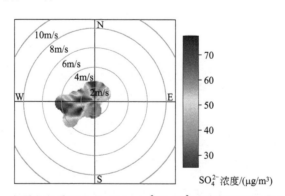

图 5-3   太原市冬季 $PM_{2.5}>150$μg/m³ 时 SO_4^{2-}浓度的风速风向分布图[1]

5.2.2 介休市化学组分

为了解介休市大气污染变化趋势和污染特征，对介休市不同污染等级下的大气污染变化趋势、季节性污染特征进行了分析。从图 5-4 可以看出，四个季节中只有春季未出现重度及以上污染情况，可能与春季扩散条件较好有关，因为春季风速较大，扩散条件良好，导致各物质浓度较低；只在冬季出现严重污染天气，各污染物浓度普遍较高，这与冬季供暖引起的煤炭消耗量增加和较为稳定的气象条件有关。

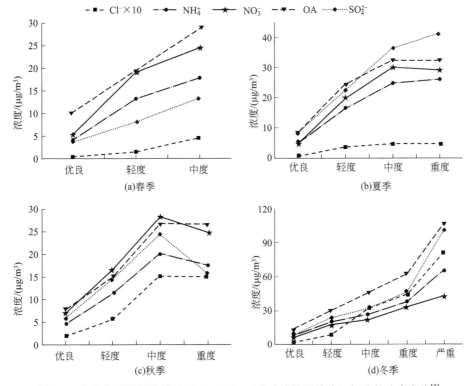

图 5-4　介休市不同污染等级下 NR-PM$_{2.5}$（非难熔性颗粒物）组分的浓度变化[2]

（1）OA（有机气溶胶）不同季节浓度变化

OA 在春季和冬季随着污染等级的加重，浓度呈现逐渐上升的趋势，且冬季严重污染天较重度污染天 OA 浓度增长明显。在夏季和秋季从优良天到中度污染天 OA 浓度也呈逐渐上升的趋势，但中度污染天到重度污染天，OA 浓度趋于稳定。在四季中 OA 是 NR-PM$_{2.5}$ 中的主要组分，且冬季 OA 的浓度为其他季节的 5～6 倍，可能由以下几个方面导致：

① 冬季气温较低 [(−0.80±3.38)℃]，低温促进了气-粒平衡向颗粒相转移，且低温易导致半挥发性有机物在颗粒物上吸附和冷凝，当气温下降 10℃，则二次有机气溶胶（SOA）的生成速率就会增加 20%～150%。

② 冬季受取暖影响，煤炭燃烧会释放大量的一次污染物和气态前体物（SO$_2$、NO$_x$ 和 VOCs 等），气态前体物在大气中发生化学反应（如均相、非均相化学反应以及液相反应等）导致有机物的生成。以上内容说明冬季重污染的发生以一次排放和二次转化为主，而其他季节则是气象条件影响为主。

（2）Cl⁻不同季节浓度变化

Cl⁻在春季和冬季随着污染程度的加重，浓度均呈现逐渐上升的趋势。夏季Cl⁻变化幅度较小；在秋季的中度和重度两个污染时期，变化幅度也较小。冬季各个污染时期 Cl⁻浓度均高于其他三个季节，提示煤炭燃烧是大气气溶胶中 Cl⁻的重要来源。

（3）NO_3^-不同季节浓度变化

NO_3^-在春季和冬季均表现出随着污染的加重，浓度呈现逐渐上升的趋势。在夏季和秋季从优良到中度污染时期浓度逐渐上升，在中度污染以后随着污染的加重NO_3^-浓度略有下降。NO_3^-在夏季的轻度和中度污染时期浓度高于其他季节，说明这两个时期的气象条件更有利于NO_3^-的形成。

（4）SO_4^{2-}不同季节浓度变化

SO_4^{2-}在春季、夏季和冬季随着污染的加重均表现出逐渐上升的趋势，在秋季从优良到中度污染时期浓度逐渐上升，且在中度污染以后浓度出现下降。通过分析NO_3^-/SO_4^{2-}值可以初步判断出固定源（化石、煤炭的燃烧）和移动源（机动车尾气）对大气污染的贡献强度，经计算在春季和秋季各个污染时期NO_3^-/SO_4^{2-}值均大于 1，说明移动源的贡献较大，春季和秋季移动源特别是机动车的排放，更有利于NO_3^-的生成。在夏季和冬季各个污染时期NO_3^-/SO_4^{2-}值均小于 1，说明固定源的贡献较大，以燃煤为主的固定源的排放更有利于SO_4^{2-}的形成。

5.3
硫、氮转化率随污染等级的变化特征

2.7.1.2 部分已经对硫、氮转化率（SOR 和 NOR）进行了详细的阐述，为探讨重污染天气发生的原因，本节对太原市冬季不同污染等级下 SOR 和 NOR 的变化情况进行了分析，结果如图 5-5 所示。从转化速率来看，冬季各个污染等级下，SOR 和 NOR 的值均大于 0.1，这表明太原市冬季二次离子主要来自气态污染物的二次转化，且转化率较高。从变化趋势来看，SOR 和 NOR 的变化规律有所不同。对于 SOR，污染等级从清洁天上升到严重污染的过程中，SOR 值从 0.20 一直上升至 0.46，随着污染的加重而不断升高。NOR 在污染等级升高的过程中则表现出先升高后降低的变化趋势，从清洁等级下的 0.11 上升至中度污染等级下的 0.22，随后开始下降，到严重污染等级时，NOR 值为 0.19，这可能是由于随着污染等级的进一步升高，太阳辐射减弱导致光化学反应减弱，进而使得 NOR 值降低[3]。除此之外，我们发现从清洁天到重度污染的演变过程中，SOR 的值始终高于 NOR 值，当污染等级上升到严重污染时，SOR 值为 NOR 值的 2.4 倍，由此表明虽然近年来对于 SO_2 的排放管控取得了一定成效，但是受产业结构布局及冬季燃煤供暖的影响，硫酸盐的二次转化依然是太原市重污染发生的主导因素，太原及周边城市的清洁能源的替代以及产业结构的升级改造依然是冬季大气污染防控工作的重点。

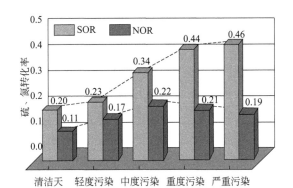

图 5-5　太原市不同污染等级下 SOR 值和 NOR 值的变化情况[1]

　　而在介休市，春季 SOR 值在各个污染时期均小于 0.1，NOR 值在轻度和中度污染时期大于 0.1。夏季 SOR 值在各个污染时期均大于 0.1，NOR 值均小于 0.1，说明夏季更有利于 SO_4^{2-} 的形成。秋季除了在优良天气 SOR 值小于 0.1 外，在其余各个污染时期 SOR 值和 NOR 值均大于 0.1。冬季各个时期 SOR 值和 NOR 值均大于 0.1，以上结果说明秋冬季环境条件有利于 SO_2、NO_2 分别向 SO_4^{2-}、NO_3^- 转化，二次转化程度均较高。

　　通过计算四季 SOR 值和 NOR 值，可以得出春季、夏季、秋季和冬季 SOR 值分别为 0.09、0.20、0.14 和 0.18；NOR 值分别为 0.14、0.12、0.13 和 0.23。每个季节的 SOR 和 NOR 均不同，SOR 值从大到小依次为夏季、冬季、秋季、春季，只有春季小于 0.1，可知 SOR 值在夏季和冬季二次转化程度较高，在春季二次转化程度较低。NOR 值从大到小依次为冬季、春季、秋季、夏季，均大于 0.1，且在冬季二次转化更高。夏季 NOR 值最低，可能是因为夏季光照较强，光化学反应为主要的生成方式，而 NH_4NO_3 具有热不稳定的特点，使得生成的 NO_3^- 浓度较低。

5.4
PM₂.₅酸度随污染等级的变化特征

　　气溶胶酸度会影响大气环境中发生的各种物理化学过程，如 HCl/Cl^-、HNO_3/NO_3^- 和 NH_3/NH_4^+ 的气粒分配[4]、硫酸盐在气溶胶液相和水合气溶胶表面的形成[5]、二次有机气溶胶生成的酸催化反应[6]以及铁、铜等微量金属的溶解。从 2.3.1 部分的研究结果发现，太原市冬季 PM₂.₅ 及其水溶性离子组分的浓度最高，因此，本研究进一步对太原市冬季不同污染等级下的液态气溶胶含水量（ALWC）、水合氢离子（H₊air）

浓度和 pH 值水平进行了探讨，结果如表 5-1 所列。从 ALWC 的变化规律来看，随着污染等级的升高，ALWC 的浓度水平也逐渐上升，从清洁天到严重污染，ALWC 的浓度水平分别为 $(11.81\pm9.06)\mu g/m^3$、$(33.72\pm52.33)\mu g/m^3$、$(74.29\pm65.38)\mu g/m^3$、$(89.58\pm70.88)\mu g/m^3$ 和 $(152.43\pm119.93)\mu g/m^3$，严重污染时的 ALWC 是清洁天的 12.91 倍。清洁天等级下 H_{+air} 浓度水平最低，为 $(1.27\times10^{-6}\pm1.38\times10^{-6})\mu g/m^3$，随着污染等级的升高其浓度逐渐上升，升至重度污染等级时，H_{+air} 的浓度为 $(7.48\times10^{-6}\pm9.20\times10^{-6})\mu g/m^3$，但是当污染等级进一步加重至严重污染时，$H_{+air}$ 的浓度降至了 $(3.10\times10^{-6}\pm7.96\times10^{-6})\mu g/m^3$，这可能是由液态水含量的大幅上升稀释了 H_{+air} 所致。相比 ALWC 和 H_{+air}，pH 值的变化无明显的规律，严重污染等级下的 pH 值最高，为 7.18 ± 1.22，重度污染下的 pH 值最低，为 4.23 ± 0.59。从 pH 值的高低水平来看，从清洁天到重度污染，pH 值并未发生明显改变，只有严重污染下 pH 值出现大幅上升，液态含水量的大幅上升可能是 pH 值上升的关键原因。

表 5-1 太原市冬季不同污染等级下 $PM_{2.5}$、ALWC、H_{+air} 和 pH 值的水平[1]

污染等级	$PM_{2.5}$/($\mu g/m^3$)	ALWC/($\mu g/m^3$)	H_{+air}/($\mu g/m^3$)	pH 值
平均值	104.26±67.69	44.04±64.30	$5.62\times10^{-5}\pm0.001$	4.43±0.73
清洁天	50.30±16.55	11.81±9.06	$1.27\times10^{-6}\pm1.38\times10^{-6}$	4.42±0.90
轻度污染	94.05±11.96	33.72±52.33	$1.54\times10^{-6}\pm1.95\times10^{-6}$	4.65±0.66
中度污染	130.74±9.26	74.29±65.38	$4.11\times10^{-6}\pm4.59\times10^{-6}$	4.38±0.36
重度污染	194.68±29.13	89.58±70.88	$7.48\times10^{-6}\pm9.20\times10^{-6}$	4.23±0.59
严重污染	300.24±35.61	152.43±119.93	$3.10\times10^{-6}\pm7.96\times10^{-6}$	7.18±1.22

为探讨影响气溶胶 pH 值的主要因素，本研究进行了敏感性试验。因为 SO_4^{2-} 和 NO_3^- 是气溶胶中的主要阴离子，NH_4^+ 是气溶胶中的主要阳离子，所以在敏感性分析中，我们分别对 SO_4^{2-}、TNO_3 [总硝酸（$HNO_3+NO_3^-$）]、TNH_3 [总铵（$NH_3+NH_4^+$）]、RH 和 T 对 pH 值的影响进行了测试。模型运行时，将每个污染等级下所研究变量的实时测量值和其他物种 [Ca^{2+}、Mg^{2+}、K^+、Na^+ 和总氯（$HCl+Cl^-$）] 的平均值一起输入 ISORROPIA-II 中。经模拟计算得到的气溶胶 pH 值的相对标准偏差（RSD）可以反映所测试的变量对 pH 值的影响程度[7]，RSD 值越高，表明该变量对 pH 值的影响越大，反之亦然。各变量在不同污染等级下的 RSD 值列于表 5-2 中。此外，为更清晰直观地呈现出不同污染等级下 SO_4^{2-}、TNO_3 和 TNH_3 浓度逐渐增加时 pH 值的变化情况，我们将污染等级重新进行了划分，按 $PM_{2.5}$ 的浓度将污染等级划分为 3 个等级，分别为清洁天（$PM_{2.5}\leq75\mu g/m^3$）、中度污染（$75\mu g/m^3<PM_{2.5}\leq150\mu g/m^3$）和重度污染（$PM_{2.5}>150\mu g/m^3$）。

经模型模拟，太原市冬季不同污染等级下 SO_4^{2-}、TNO_3、TNH_3、RH（相对湿度）和 T 对 $PM_{2.5}$ 的 pH 值的影响结果如图 5-6（书后另见彩图）和图 5-7 所示。从图 5-6 中可以看出，清洁天和中度污染水平下，pH 值均随着 SO_4^{2-} 浓度的升高而明显降低，重度污染等级下，SO_4^{2-} 对 pH 值并无显著影响。其中，清洁天等级下，气溶胶的液态含水量的值始终小于 $20\mu g/m^3$，随着 SO_4^{2-} 浓度的增加，pH 值从 5.37 下降至 3.34，

RSD 值为 46.2%；中度污染等级下，在 SO_4^{2-} 浓度升高的过程中，ALWC 的浓度也逐渐升高，pH 值从 5.28 下降至了 2.70，RSD 值高达 52.6%；重度污染水平下，pH 值均值跃升至 7.18，SO_4^{2-} 浓度升高对 pH 值影响很小，RSD 值为 16.8%。

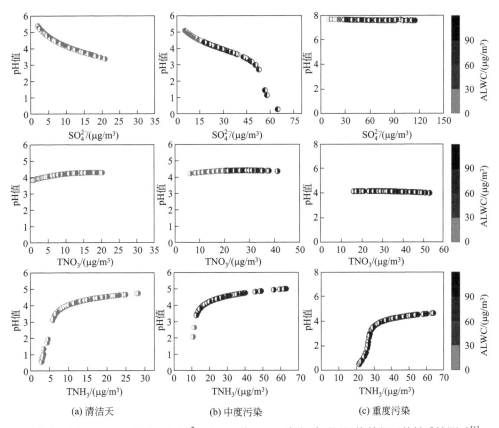

(a) 清洁天   (b) 中度污染   (c) 重度污染

图 5-6 太原市 $PM_{2.5}$ 的 pH 对 SO_4^{2-}、TNO_3 和 TNH_3 在冬季不同污染等级下的敏感性测试[1]

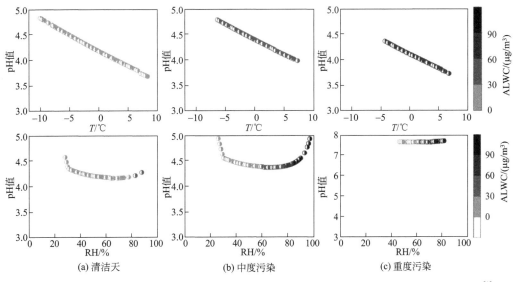

(a) 清洁天   (b) 中度污染   (c) 重度污染

图 5-7 太原市 $PM_{2.5}$ 的 pH 值对气象因素（RH 和 T）在冬季不同污染等级下的敏感性测试[1]

表 5-2　太原市 $PM_{2.5}$ 的 pH 值对 SO_4^{2-}、TNH_3、TNO_3、RH 和 T 的敏感性[1]

影响因子	SO_4^{2-}	TNO_3	TNH_3	RH	T
清洁 RSD	46.2%	11.2%	68.5%	5.6%	23.4%
中度 RSD	52.6%	4.1%	37.7%	8.6%	16.5%
重度 RSD	16.8%	3.0%	70.2%	1.7%	15.7%

注：相对标准偏差(RSD)的幅度越大，表示变量的变化产生的影响越大。

TNO_3 对 pH 值的影响情况不同于 SO_4^{2-}，在清洁天环境下，液态含水量小于 $20\mu g/m^3$，随着 TNO_3 浓度的升高，pH 值反而呈现出轻微上升的趋势，从 4.09 升高至 4.40，RSD 值为 11.2%；中度和重度污染等级下，液态含水量的浓度明显升高，TNO_3 对 pH 值的影响更小，RSD 值仅为 4.1% 和 3.0%。TNH_3 作为碱性物质，会通过与酸性物质反应进而降低 $PM_{2.5}$ 的酸度，在清洁天环境下，当 TNH_3 的浓度从 $2.86\mu g/m^3$ 升高至 $28.34\mu g/m^3$ 时，pH 值可从 0.52 升高至 4.71，RSD 值为 68.5%，酸中和能力显著；中度污染水平下，液态含水量的值介于 $20\sim40\mu g/m^3$，NH_3 浓度明显升高，浓度值最高可达 $62.94\mu g/m^3$，pH 值随着 TNH_3 水平的升高而升高，RSD 值为 37.7%；在重度污染等级下，TNH_3 的最高浓度可达 $64.11\mu g/m^3$，在其浓度从 $20\mu g/m^3$ 升至 $30\mu g/m^3$ 过程中，液态含水量增加，pH 值升高幅度较大，在其浓度进一步升高的过程中，pH 值上升趋势放缓，RSD 值可达 70.2%。

图 5-7 呈现的是气象因素温度（T）和相对湿度（RH）对气溶胶 pH 值的影响情况，二者对 pH 值的影响效果不同。对于 T，在不同污染等级下，随着温度的升高，pH 值均呈直线式下降，不同污染等级下 pH 值受温度影响明显，RSD 值分别为 23.4%、16.5% 和 15.7%。对于 RH，在清洁天等级下，ALWC 随着相对湿度的增加而增加，当 RH 介于 20%~60% 时，随着相对湿度的升高 pH 值下降，这是由于大气中 ALWC 随 RH 的增加而增加，促进了 SO_2、NO_2 等酸性气体发生非均相液相反应的进程[8]，但随着 RH 的进一步升高，ALWC 对 H_{+air} 的稀释作用导致 pH 值开始出现了缓慢上升的趋势。在中度污染水平下，pH 值随 RH 的变化趋势与清洁天等级下基本一致，但中度污染水平下 pH 值降低和升高的趋势更为明显，RSD 值比清洁天高 3%。重度污染等级下，随着 RH 的增加，ALWC 也迅速升高，但对 pH 值并无显著影响，RSD 值仅为 1.7%，pH 值始终处于 7~8 之间。

5.5
气象因素在灰霾发生、发展与消散过程中的作用

5.5.1　气象因素对 NR-PM2.5 化学组分的影响

介休市不同季节 NR-PM2.5 组分与风速风向和 RH 的浓度变化如图 5-8 所示。

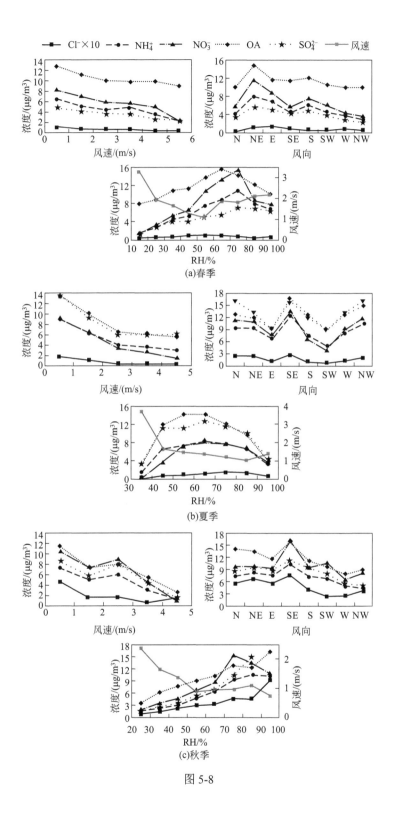

图 5-8

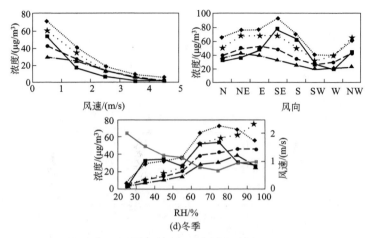

图 5-8　介休市不同季节 NR-PM$_{2.5}$ 组分与风速风向和 RH 的浓度变化[2]

由图 5-8 可以得出，介休市 NR-PM$_{2.5}$ 的化学组分（OA、SO$_4^{2-}$、NO$_3^-$、NH$_4^+$、Cl$^-$）在不同季节不同气象条件下表现出不同的变化趋势[9]。水平风速是影响污染物扩散和传输的重要因素之一。在四个季节随着风速的增加各物质浓度均逐渐下降，且在冬季下降幅度最为明显，在秋季当风速为 2～3m/s 时，OA、SO$_4^{2-}$、NO$_3^-$、NH$_4^+$出现小峰值，可能该时段存在污染物的区域传输，风速大于 2～3m/s 时，PM$_{2.5}$组分浓度显著下降。其他研究发现，在秋季，当风速高于 4m/s 时，NR-PM$_{2.5}$组分浓度下降，在风速为 1～4m/s 之间时组分浓度上升，进一步说明在秋季区域传输的贡献较大[10]。在春季随着风速的增加，NR-PM$_{2.5}$ 的组分变化幅度较其他季节小。夏季除了 SO$_4^{2-}$和 OA 外，其他组分随着风速的逐渐增大，浓度逐渐下降，说明在夏季随着风速的逐渐增大，区域传输对于 SO$_4^{2-}$和 OA 的形成贡献较大。

风向也是影响污染物浓度变化的重要因素，风向不同也会导致污染物的浓度出现差异性。春季 PM$_{2.5}$ 组分在风向为东北风时出现高值；夏季在北风、东南风、西南风转为西风和西北风时 PM$_{2.5}$ 组分出现高值；秋季在风向为东南风时 PM$_{2.5}$ 组分出现高值；冬季风向为东北风、东风、东南风和西北风时 PM$_{2.5}$ 组分出现高值。以上内容说明在不同季节不同方向的风对污染物浓度贡献均不同。

RH 对于 NR-PM$_{2.5}$组分的影响也较大。春季当 RH<80%时，OA、SO$_4^{2-}$、NO$_3^-$和 NH$_4^+$浓度均呈现上升的趋势，且 NO$_3^-$和 NH$_4^+$的上升幅度高于 SO$_4^{2-}$，浓度也高于 SO$_4^{2-}$，同时 RH 在 50%～70%时，风速逐渐上升且保持在 2m/s 以上，体现出了气象因素之间的复合作用；夏季 RH 在 50%～80%时，OA、SO$_4^{2-}$、NO$_3^-$和 NH$_4^+$浓度均较高，但无明显的上升趋势，同时 SO$_4^{2-}$的浓度高于 NO$_3^-$、NH$_4^+$，说明在夏季更有利于 SO$_4^{2-}$的转化，主要生成机制为光化学反应，且随着湿度的增加，风速逐渐减弱。秋季 RH 小于 80%时，SO$_4^{2-}$、NO$_3^-$和 NH$_4^+$浓度均逐渐上升，且 RH 在 80%～90%时，SO$_4^{2-}$和 NH$_4^+$浓度仍上升，说明在秋季液相反应是 SO$_4^{2-}$、NO$_3^-$和 NH$_4^+$的主要形成机制；冬季 OA、SO$_4^{2-}$、NO$_3^-$和 NH$_4^+$的变化趋势与秋季较为一致，SO$_4^{2-}$的浓度在 RH>50%时上升较为明显，且 SO$_4^{2-}$的浓度高于其余两种离子，可知在冬季液相反应是 SO$_4^{2-}$的主要形成机制。

5.5.2 气象因素对不同季节 SOA 形成的影响

5.5.2.1 相对湿度对二次有机气溶胶的影响

研究发现风速、湿度和氧化剂（Ox）对 SOA 的生成均会产生影响，图 5-9 显示了煤焦化污染区域介休市在不同季节中 OA 源的占比、LO-OOA（低氧化性有机气溶胶）和 MO-OOA（高氧化性有机气溶胶）浓度随相对湿度（RH）与氧化剂（Ox）浓度的变化。

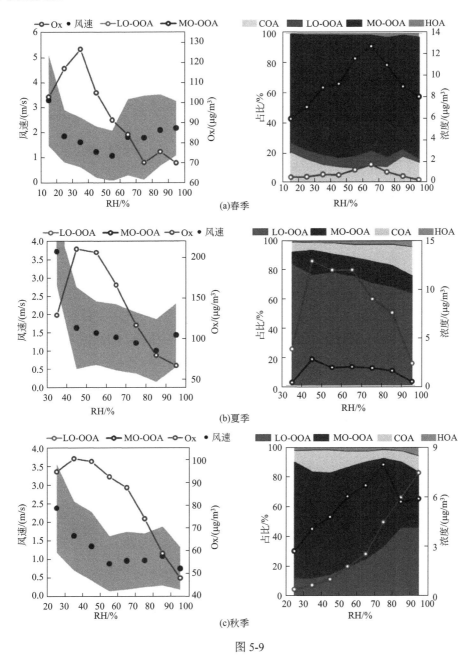

图 5-9

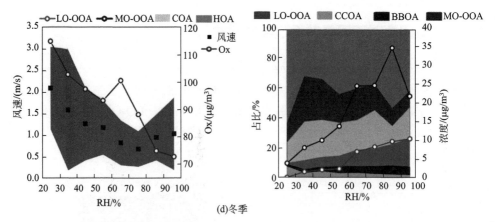

图 5-9 介休市不同季节 OA 源的占比、LO-OOA 和 MO-OOA 随 RH 与氧化剂（Ox）浓度的变化[2]

（1）春季状况

在春季的 OA 来源中，MO-OOA 的浓度高于其他组分，当 RH 低于 70%时，MO-OOA 浓度和 LO-OOA 浓度均随 RH 的增加不断上升，MO-OOA 浓度的上升幅度高于 LO-OOA，且 MO-OOA 的浓度远高于 LO-OOA。当 RH 大于 70%时，MO-OOA 和 LO-OOA 的浓度均随 RH 的增加而下降；说明在 RH 低于 70%时，光化学反应和液相反应均有利于 MO-OOA 的生成，LO-OOA 的生成速率较低。另外，还发现当 RH 在 70%~100%之间，风速在 2m/s 左右时，可能存在区域传输的影响，使得 MO-OOA 浓度较高。

（2）夏季状况

在夏季，LO-OOA 的浓度均高于 MO-OOA，且当 RH 低于 50%时，LO-OOA 和 MO-OOA 的浓度均随 RH 的增加而上升，之后随着 RH 的增加，LO-OOA 浓度明显下降，MO-OOA 浓度下降幅度较低，RH 大于 80%时 MO-OOA 浓度明显下降；同时 RH 在 40%~60%时 Ox 的浓度也较高（150μg/m³），可知光化学反应是 MO-OOA 和 LO-OOA 主要的生成机制，且更有利于 LO-OOA 的生成；同时以前的研究表明在北京夏季液相反应是 MO-OOA 的主要生成机制[11, 12]，这种差异可能是由于在背景站点的大气氧化能力高于城市站点的大气氧化能力。Wang 等[13]发现夏季背景站点的 Ox 浓度较城市站点高 30%左右。夏季平均风速保持在 1.0~1.5m/s 之间，本地影响较大，Xu 等[11]也发现在夏季风速较低，促进了污染物的累积。

（3）秋季状况

在秋季，当 RH 低于 80%时，MO-OOA 的浓度表现出随 RH 的增加而逐渐上升的趋势，RH 高于 80%时，MO-OOA 浓度下降且并在大于 90%时开始保持稳定。LO-OOA 的浓度随 RH 升高表现出逐渐上升的趋势，且当 RH 高于 70%时，LO-OOA 的浓度上升幅度更为明显，说明液相反应是 LO-OOA 的主要生成机制。

（4）冬季状况

在冬季，当 RH 低于 90%时，主要表现为 MO-OOA 的浓度随 RH 的增加而上升的特征，当 RH 大于 90%时，MO-OOA 的浓度下降。在 RH 高于 60%时，LO-OOA

浓度的上升幅度较大，说明在冬季更有利于 LO-OOA 的生成，且光化学反应和液相反应均是 MO-OOA 的生成机制，液相反应是 LO-OOA 的主要生成机制。

5.5.2.2 氧化剂对二次有机气溶胶的影响

Ox 可以作为光化学反应的示踪剂，用于解释说明光化学反应对于二次有机气溶胶生成的影响。如图 5-10 所示，在介休市春季、秋季和冬季，MO-OOA 的浓度均高于 LO-OOA，夏季与之相反。

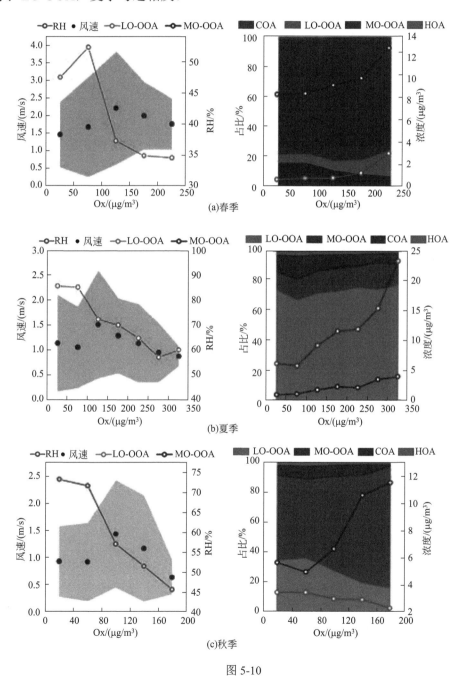

图 5-10

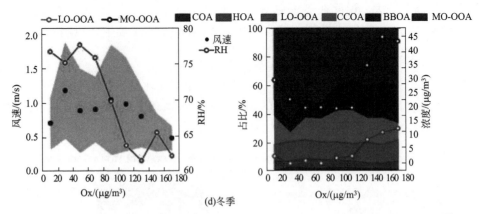

图 5-10　介休市不同季节 OA 源的占比、LO-OOA 和 MO-OOA 随 Ox 浓度的变化[2]

（1）春季状况

在春季，随着 Ox 浓度的逐渐增加，LO-OOA 和 MO-OOA 的浓度表现出相同的变化趋势，且当 Ox 的浓度高于 150μg/m³ 时，LO-OOA 和 MO-OOA 的浓度明显上升，且 MO-OOA 的浓度高于 LO-OOA，说明光化学反应是 MO-OOA 的主要生成机制。当 Ox 浓度在 100～150μg/m³ 时，此时风速在 2m/s 左右，且 Ox 浓度有略微增加的趋势，说明在春季可能存在区域传输的影响。

（2）夏季状况

在夏季，随着 Ox 浓度的增加，LO-OOA 和 MO-OOA 的浓度均上升，且 LO-OOA 浓度的上升幅度远高于 MO-OOA，说明光化学反应更有利于 LO-OOA 的生成，同时夏季 RH 均高于 60%，说明 MO-OOA 存在液相反应。

（3）秋季状况

在秋季，随着 Ox 浓度的增加，MO-OOA 的浓度明显上升，而 LO-OOA 的浓度则下降，说明秋季光化学反应过程有利于 MO-OOA 的生成，而液相反应更有利于 LO-OOA 的生成。

（4）冬季状况

在冬季，当 Ox 浓度低于 100μg/m³ 时，LO-OOA 和 MO-OOA 的浓度保持稳定；当 Ox 浓度高于 100μg/m³ 时，LO-OOA 和 MO-OOA 的浓度均随 Ox 浓度的升高而上升，且 MO-OOA 浓度的上升幅度高于 LO-OOA，说明在冬季光化学反应是 MO-OOA 的主要生成机制；冬季 RH 均大于 60%，LO-OOA 主要是以液相反应为主。

5.5.2.3　相对湿度和氧化剂对二次有机气溶胶的综合影响

本次研究以 Ox 和 RH 作为参比参数，讨论光化学反应过程和液相反应过程对于 SOA 组成（LO-OOA 和 MO-OOA）的影响，如图 5-11 所示（书后另见彩图）。

春季 MO-OOA/LO-OOA 的比值均大于 1，说明在春季更有利于 MO-OOA 的生成，同时 MO-OOA/LO-OOA 在图 5-11 中春季散点图的左上区域出现高值，说明在低 Ox 条件下，液相反应更有利于 MO-OOA 的生成，该结果说明 VOCs 液相反应是春季 MO-OOA 的重要来源。在春季当湿度较低时，MO-OOA/LO-OOA 的比值也较高，说明春季也存在光化学反应。

夏季的 MO-OOA/LO-OOA 的比值均小于 1，低于其他三个季节，说明在夏季更有利于 LO-OOA 的生成。

秋季，MO-OOA/LO-OOA 的比值在右下角出现高值，左上角浓度较低，MO-OOA/LO-OOA 的比值均随着 Ox 浓度的增加而增加，说明在秋季光化学反应更有利于 MO-OOA 的形成，在高湿度条件下更有利于 LO-OOA 的形成。

冬季，MO-OOA/LO-OOA 的比值在 RH 为 50%～70%之间，且 Ox 浓度为 60～120μg/m³ 时出现高值，说明在冬季光化学反应和液相反应均有利于 MO-OOA 的生成。

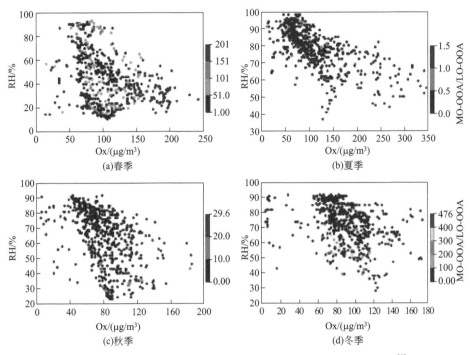

图 5-11　介休市不同季节 Ox 和 RH 对 MO-OOA/LO-OOA 的影响[2]

5.6
典型重灰霾污染过程分析

5.6.1　灰霾形成过程与机制

图 5-12（书后另见彩图）中 P4 是介休市一次典型的灰霾事件，灰霾前期，温

度处于 0℃以下，取暖燃煤用量增加，有机物（Org）、SO₂、CO、NO₂、氯离子等一次污染物排放量增加。同时，此阶段风速低于2m/s，大气边界层降低，该阶段温度较低，不利于污染物的水平传输和垂直扩散，导致污染物累积。灰霾中期，0℃以下天气仍在持续，一次污染物的排放量虽有下降趋势（有机物、CO、氯离子等略有下降），但仍处于高位，此外，夜间工业排放的 NO₂ 有所增加。由于该阶段风速低（低于 2m/s），不利于污染物扩散，加之相对湿度高（RH>80%的情况持续时间长），有利于一次污染物的二次转化和颗粒物的吸湿性增长，导致 SO₂、NO₂ 浓度降低，SO_4^{2-}、NO_3^-、NH_4^+ 等二次离子浓度出现爆发性增长，其中 SO_4^{2-} 的生成最为明显，从而迅速推高了 PM₂.₅ 的浓度。此阶段风向以南和西南风为主，有利于太原盆地西南方向焦化区和城市群（特别是交城—文水—平遥）的污染物传输至太原盆地北部。由于北部城市三面环山，加之大气边界层较低不利于污染物的水平、垂直扩散，导致此次灰霾较为严重且持续时间久。灰霾后期，风速增大（达 4m/s）且为西北风，相对湿度降低，大气边界层升高，污染物扩散能力加强且二次转化减弱，灰霾过程结束，空气质量转为优良天。

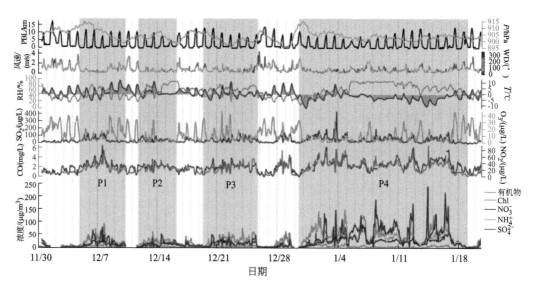

图 5-12　介休市一次冬季典型灰霾事件气象条件、气态污染物浓度及 NR-PM₂.₅ 组分的时间序列图[14]

　　为了解污染形成过程中不同阶段的变化，本研究选取了观测期间的四个污染事件对污染的形成机制进行探究，按照每个污染事件 NR-PM₂.₅ 的平均浓度为条件对每个污染事件进行独立划分，污染事件中前期和后期低于平均浓度的阶段分别定义为积聚阶段（A）和污染消散阶段（C），高于平均浓度的阶段定义为污染阶段（B）。其中 B 阶段可根据温度和湿度分为：高温低湿阶段（B1）和低温高湿阶段（B2）。由于 P4 污染事件持续时间较长，将污染期间连续 12h 低于平均浓度的阶段定义为污染过渡阶段（D），如图 5-12 和图 5-13 所示（书后另见彩图）。可以看出，A 阶段都伴随有较高的气压以及较低的风速，通常当天气由停滞的高压系统控制时，风速逐渐降低，污染物开始逐渐积累。大气边界层平均高度也较高，而气温相对其他阶段处于较低水平。此时的气溶胶平均浓度较低（30μg/m³左右）且以有机物为主。OA 中 POA（一次有机气溶胶）是主要成分，在不同污染事件中 POA 的组成有差异。在 A 阶段中 P1 的 BBOA（生物质燃烧源）是主要的 POA，而 P2、P3 和 P4 中 CCOA（燃煤源）主导此阶段的 POA。尽管观测期间当地居民已经开始燃煤取暖，但 P1 发生时为初冬，仍然存在一些秸秆焚烧的现象，导致 BBOA 比例高于 CCOA。HOA（交通源）和 COA（餐饮源）在 A 阶段的贡献均大于 B 和 C 阶段。COA 在清洁时期的贡献高于污染阶段，这一现象也在北京[15]、石家庄[16]、西安[17]等城市 COA 贡献较高的城市有过报道，这些城市中 HOA 的贡献随着污染的加剧而增大，而本研究中的 HOA 则表现出相反的趋势，这表明 HOA 对本地重污染时期的贡献较小。在 B 阶段，大气边界层高度降低，NR-PM$_{2.5}$ 平均浓度达到 60μg/m³ 以上，有机物占比下降，而硫酸盐、硝酸盐和铵盐（SNA）的组分在四个污染事件中并不相同。与 A 阶段相比，B1 阶段的气温升高且湿度增大，此时的气溶胶中硝酸盐和硫酸盐比例都明显增大，OA 中 LO-OOA 和 MO-OOA 贡献也上升，且 MO-OOA 贡献高于 LO-OOA。从 B1 阶段演变至 B2 阶段时气温降低而湿度增大，NR-PM$_{2.5}$ 浓度进一步升高，硫酸盐的比例增大而硝酸盐的比例减小，相应地 LO-OOA 的贡献上升而 MO-OOA 的贡献降低。这一现象表明高湿条件有利于硫酸盐和 LO-OOA 的形成，而温度可能是控制硝酸盐和 MO-OOA 形成的主要因素。这一点从 C 和 D 阶段也可以看出。此外，在 A 和 B 阶段 P1~P4 四个污染事件中 NCIOA（非煤炭工业源）的贡献都是逐次升高的。

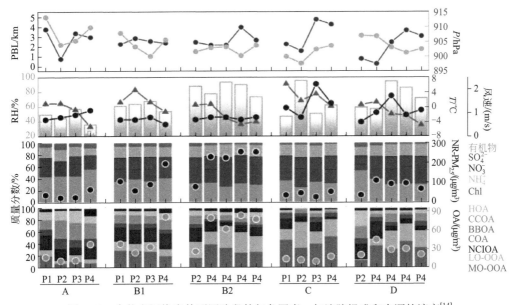

图 5-13　介休市污染事件不同阶段的气象因素、气溶胶组成和来源的演变[14]

冬季由于气象条件较为稳定，易出现重污染天气，研究发现冬季 OA 浓度均高于其他季节，所以在冬季的重污染天气下分析 OA 源的变化特征，更有助于了解 OA 源在重污染天气的变化状况。本研究将 PM$_{2.5}$ 浓度逐渐上升至大于 150μg/m³，消散至小于 75μg/m³ 并持续时间达 24h 以上作为一次重污染过程。为探究重污染过程形成的特点，以一次连续的污染过程为例。如图 5-14 所示（书后另见彩图），以 1 月 19 日 0 时~29 日 23 时为整个污染过程，可以分为 3 个阶段：

① 19 日 0 时~20 日 20 时为污染发展阶段；

② 20 日 21 时~28 日 15 时为污染维持阶段；

③ 28 日 16 时~29 日 23 时为污染消散阶段。

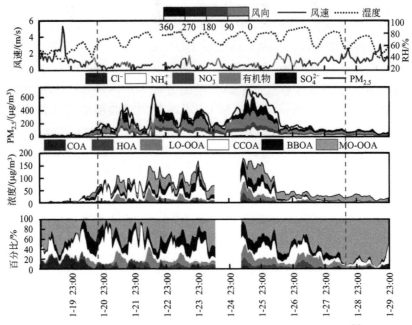

图 5-14　介休市冬季 NR-PM$_{2.5}$ 组分和 OA 来源时间序列图[2]

从各污染阶段的气象条件可以看出，污染发展阶段：平均风速为 1.46m/s，主导风向为西南风，平均湿度为 51.09%，PM$_{2.5}$ 平均浓度为 40.6μg/m³。污染维持阶段：平均风速为 0.69m/s，主导风向为南风和西南风，平均湿度为 74.41%，PM$_{2.5}$ 平均浓度为 273.42μg/m³。污染消散阶段：平均风速为 1.49m/s，主导风向为西南风，平均湿度为 61.09%，PM$_{2.5}$ 平均浓度为 71.19μg/m³。可以发现，在污染维持阶段的各物质浓度均显著高于污染发展和污染消散阶段，同时风速低于污染发展和污染消散阶段，湿度高于其他两个阶段，说明低风高湿的条件易导致污染天的出现。

由表 5-3 中的 NR-PM$_{2.5}$ 和 OA 来源浓度及图 5-15 中的 OA 来源占比可以看出，污染维持阶段 NR-PM$_{2.5}$ 和 OA 来源的浓度远高于其他两个阶段，消散阶段 NH$_4^+$、NO$_3^-$、OA、SO$_4^{2-}$ 的浓度高于污染发展阶段。对于 OA 来源，三个阶段一次有机气溶胶（HOA+BBOA+CCOA+COA）分别占 OA 的 62.4%、49.9%、14.1%。污染发展阶段 COA、CCOA、BBOA 的浓度高于污染消散阶段，同时污染发展阶段 COA、CCOA 和 BBOA 在 OA 中的占比也大于污染消散阶段，说明污染发展阶段一次排放较大，在不利的气象条件下，大气中的污染物会不断积累，污染程度逐步加重。污染消散阶段 MO-OOA 的浓度高于污染发展阶段，在消散阶段的占比（83.5%）高于污染发展阶段（32.4%），说明在污染消散阶段有利于 MO-OOA 的生成。综上所述，污染发展阶段主要以一次排放为主，污染维持阶段受二次转化和一次排放的共同作用，在污染消散阶段二次转化成为主要控制因素。

表 5-3　介休市不同污染阶段 NR-PM$_{2.5}$ 组分和 OA 来源浓度[2]　　单位：μg/m^3

组分	污染发展	污染维持	污染消散
Cl$^-$	0.548613	6.410397	0.161785
NH$_4^+$	5.860614	49.56237	15.19765
NO$_3^-$	4.017395	35.8732	12.47316
OA	11.94462	85.55869	21.52404
SO$_4^{2-}$	7.12529	69.0071	17.33226
COA	1.364727	1.801548	0.430384
HOA	0.343109	3.894044	0.232656
LO-OOA	0.712622	9.661333	0.52559
CCOA	3.462887	18.31814	1.811663
BBOA	3.443163	14.88342	0.527368
MO-OOA	4.480229	29.44437	17.90781

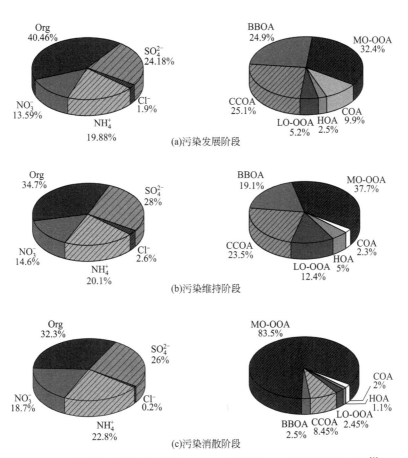

图 5-15　介休市不同污染阶段 NR-PM$_{2.5}$ 组分和 OA 来源贡献占比图[2]

综上所述，冬季一次污染物的大量排放是导致重污染天气发生的主要原因，同时叠加低风速和高湿度的不利气象条件，导致污染物扩散条件差，污染物累积作用明显，且有利于气态前体物（SO_2、NO_x 和 VOCs）二次转化的进行，使得 $PM_{2.5}$ 的浓度不断上升，进而导致重污染天气的发生。

5.6.2 区域性灰霾形成的推动力

本研究发现太原盆地内各地区之间污染物的相互传输是区域性灰霾形成的重要推动力。以太原市 2021 年 12 月 6~11 日所经历的污染过程为例（图 5-16 和图 5-17，书后另见彩图），5~6 日太原盆地南部污染物严重积累（交城、文水、平遥等地的 $PM_{2.5}$ 浓度较高）。7~8 日高空水汽输送加大，湿度增强，主导风向由西北风转为南风，污染物一路向东北方向输送，高浓度 NO_2 和 SO_2 向太原城区倒灌传输，聚集后经二次反应形成大量细颗粒物，污染天气迅速形成，12 月 8 日太原市 AQI 指数为 107，空气质量轻度污染，9 日 AQI 指数大幅升高 95.3%至 209，空气质量转为重度

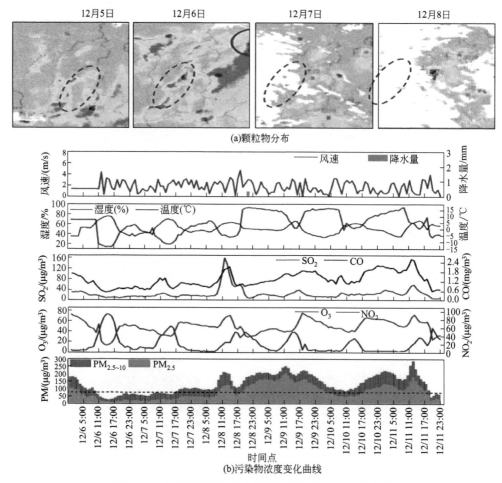

图 5-16 太原市颗粒物分布情况及污染物浓度变化曲线

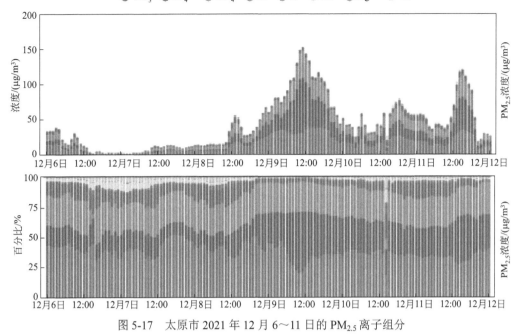

图 5-17　太原市 2021 年 12 月 6～11 日的 PM$_{2.5}$ 离子组分

污染，首要污染物均为 PM$_{2.5}$。8 日较前日 PM$_{2.5}$、PM$_{10}$、SO$_2$ 和 NO$_2$ 日均浓度分别升高 166.2%、94.4%、150.0% 和 12.3%，9 日平均风速低于 1.4m/s，污染物不易扩散，PM$_{2.5}$ 和 PM$_{10}$ 日均浓度达到 159.7μg/m^3 和 208.0μg/m^3，较 8 日增加 108.4% 和 52.1%，空气质量持续恶化。10～11 日受南部高强度传输的直接影响，太原盆地南部较高浓度老化气团水平传输至北部城市，各污染物浓度均出现快速增长，且在气团中硫酸盐浓度较高，迅速拉高北部城市细颗粒物中硫酸盐所占比例，SO$_2$ 及 SO$_4^{2-}$ 出现同步增长。

图 5-18 生动展示了此次重灰霾发生期间（2021 年 12 月 8～9 日）传输驱动下的区域性灰霾的形成过程（书后另见彩图）。结合风玫瑰图可以看出，从 8 日开始，受西南和东南风传输的影响，太原市主城区的灰霾污染问题越来越严重；9 日晚，在较强的西北风作用下，灰霾逐渐消散，充分证实了西南方向污染物传输对太原市空气质量的重大影响。

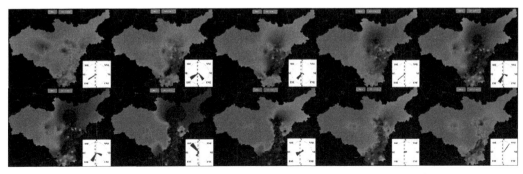

图 5-18　太原市 2021 年 12 月 8～9 日区域性灰霾的发生、发展与消散过程

6～11 日的雷达扫描结果可进一步指示区域传输的影响，从图 5-19（书后另见彩图）可以看出，污染事件发生前近地面颗粒物和中空区域颗粒物浓度都很低，8日 3 时起太原市高空范围内出现气溶胶污染层，随时间推移，高空气溶胶团逐渐向下沉降，俯冲传输，加上垂直扩散条件转差，太原主城区近地面颗粒物迅速积累，至 9 日 12 时近地面 $PM_{2.5}$ 浓度累计升高了 225.8%，AQI 增加 200.0%。

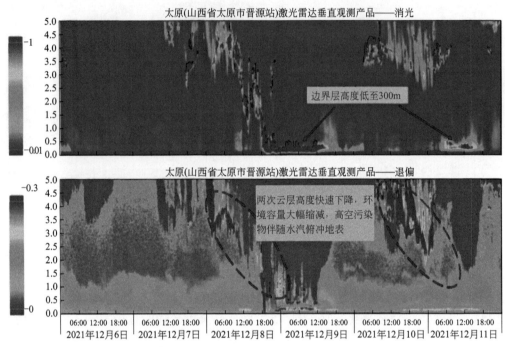

图 5-19　太原市 2021 年 12 月 6～11 日雷达扫描结果

参考文献

[1] 王阳. 太原市 $PM_{2.5}$ 中无机气溶胶污染特征及酸度研究[D]. 太原: 太原科技大学, 2022.

[2] 王伟. 基于 ME-2 模型的大气有机气溶胶分布及来源特征研究[D]. 太原: 太原科技大学, 2022.

[3] Zheng G J, Duan F K, Su H, et al. Exploring the severe winter haze in Beijing: The impact of synoptic weather, regional transport and heterogeneous reactions[J]. Atmospheric Chemistry and Physics, 2015, 15(6): 2969-2983.

[4] Seinfeld J H, Pandis S N. From air pollution to climate change[J]. ATMOSPHERIC CHEMISTRY PHYSICS, 2006: 429-443.

[5] Hung H M, Hoffmann M R, et al. Oxidation of gas-phase SO_2 on the surfaces of acidic microdroplets: Implications for sulfate and sulfate radical anion formation in the atmospheric liquid phase[J]. Environmental Science Technology, 2015, 49(23): 13768-13776.

[6] Surratt J D, Lewandowski M, Offenberg J H, et al. Effect of acidity on secondary organic aerosol formation from isoprene[J]. Environmental Science Technology, 2007, 41(15): 5363-5369.

[7] Ding J, Zhao P, Su, et al. Aerosol pH and its driving factors in Beijing[J]. Atmospheric Chemistry and Physics, 2019, 19(12): 7939-7954.

[8] Gao J, Wei Y, Shi G, et al. Roles of RH, aerosol pH and sources in concentrations of secondary inorganic aerosols, during different pollution periods[J]. Atmospheric Environment, 2020, 241: 117770.

[9] Li J Y, Cao L M, Gao W K, et al. Seasonal variations in the highly time-resolved aerosol composition, sources and chemical processes of background submicron particles in the North China Plain[J]. Atmospheric Chemistry and Physics, 2021, 21(6): 4521-4539.

[10] Li J Y, Liu Z R, Cao L M, et al. Highly time-resolved chemical characterization and implications of regional transport for submicron aerosols in the North China Plain[J]. Science of The Total Environment, 2019, 705: 135803.

[11] Xu W, Han T, Du W, et al. Effects of aqueous-phase and photochemical processing on secondary organic aerosol formation and evolution in Beijing, China[J]. Environmental science & technology, 2017, 51(2): 762-770.

[12] Duan J, Huang R J, Li Y, et al. Summertime and wintertime atmospheric processes of secondary aerosol in Beijing[J]. Atmospheric Chemistry and Physics, 2020, 20(6): 3793-3807.

[13] Wang Y H, Hu B, Tang G Q, et al. Characteristics of ozone and its precursors in Northern China: A comparative study of three sites[J]. Atmospheric research, 2013, 132: 450-459.

[14] 李荣杰. 煤烟型污染地区 $PM_{2.5}$ 中有机气溶胶特征及来源解析[D]. 太原: 太原科技大学, 2021.

[15] Duan J, Huang R J, Lin C, et al. Distinctions in source regions and formation mechanisms of secondary aerosol in Beijing from summer to winter[J]. Atmospheric Chemistry and Physics, 2019, 19(15): 10319-10334.

[16] Huang R J, Wang Y, Cao J, et al. Primary emissions versus secondary formation of fine particulate matter in the most polluted city (Shijiazhuang) in North China [J]. Atmospheric Chemistry and Physics, 2019, 19(4): 2283-2298.

[17] Zhong H, Huang R J, Duan J, et al. Seasonal variations in the sources of organic aerosol in Xi'an, Northwest China: The importance of biomass burning and secondary formation [J]. Science of The Total Environment, 2020, 737: 139666.

第6章

典型案例分析

6.1

太原盆地污染物的来源解析

PMF 模型是一种根据排放源的特征标识物和化学组分的匹配来识别和量化不同环境污染物的主要来源及源贡献组成的受体模型。通过 EPA-PMF 5.0 软件，使用最小二乘法迭代计算出最小目标函数 Q 值来实现源解析，该运算过程需要基于每次测量中固有的不确定度，其计算公式如下：

当元素浓度小于检测限时

$$Unc = \frac{5}{6} \times MDL \tag{6-1}$$

当元素浓度大于检测限时

$$Unc = \sqrt{(ErrFration \times Con)^2 + (0.5 \times MDL)^2} \tag{6-2}$$

式中　　MDL——检测仪器的检测限；

　　　　Con——各元素实测浓度；

　　ErrFration——各元素误差，取 0.1 或 0.2。

根据模型中各物种的信噪比（S/N），将每个物种对结果的影响程度分别设置为"strong""weak"和"bad"，额外建模不确定度（extra modeling-uncertainty）取 10%。在本研究的 PMF 结果中，各元素的残差值(residuals)99%以上在−3～3 之间。为了进一步验证 PMF 的结果，我们进行了不同的不确定度分析，包括 Bootstrap(BS)和 Displacement (DISP)等。BS 分析中，各因子被重新映射的概率大于 80%时则视为合格；在 DISP 分析中，若 $dQ_{max}=4$ 时没有出现任何因子交换，则说明结果不存在旋转模糊度。

6.1.1　VOCs 的来源解析

考虑到介休市、北格镇、太原市和方山县四个采样点的 VOCs 来源具有一定程度的相似性，我们将四个采样点的数据一起输入 PMF 源解析模型中。图 6-1 为 PMF 模型解析出的 7 个因子的 VOCs 图谱，这 7 个因子分别为焦化源、化学制造、生物排放、车辆排放、工业用煤、溶剂使用和生物质燃烧。图 6-2 显示了 PMF 模型中太原盆地及对照区各类污染源对不同采样点 VOCs 浓度的贡献，图 6-3 展示了四个采样点的每个 PMF 来源的时间序列图。

各个因子描述如下。

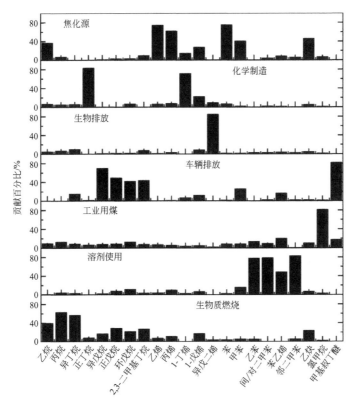

图 6-1 太原盆地及对照区基于 VOCs 物种的 PMF 解析结果

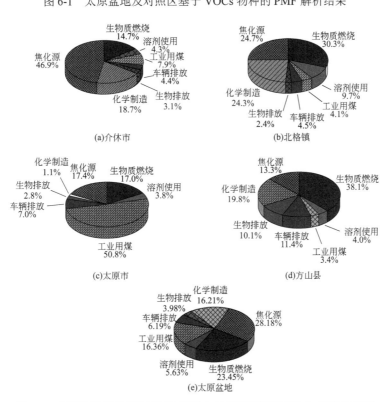

图 6-2 太原盆地及对照区 PMF 模型中各类污染源对 VOCs 浓度的贡献

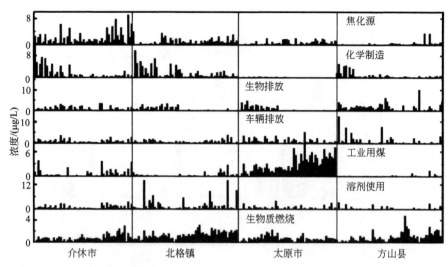

图 6-3　太原盆地及对照区四个采样点基于 VOCs 浓度的 PMF 各来源的时间序列图

（1）因子 1

因子 1 的特点是乙烯、苯、丙烯、乙烷、甲苯和乙炔的贡献较高（图 6-1），并且 B/T 值非常高，这些特征与我们之前研究的焦化过程的排放特征相似。因此，因子 1 可被视为焦化源。介休市作为典型的焦化区，焦化源对其 VOCs 的平均贡献率为 46.9%（图 6-2）。沿传输通道向东北方向，焦化源贡献率从介休市到北格镇（24.7%）、太原市（17.4%）逐渐下降，在方山县焦化源贡献率达到最低，为 13.3%。图 6-3 中的时间序列也显示出相同的趋势，即从介休市到太原市和方山县与焦化源有关的 VOCs 浓度逐渐降低。因此，沿太原盆地向东北方向的传输可能是焦化过程相关污染物向太原输送的主要通道。

（2）因子 2

因子 2 的特点是正丁烷和 1-丁烯的贡献最大（图 6-1）。正丁烷是制造丁烯的原料，1-丁烯是重要的化工原料，也是钢铁厂排放的关键化合物。因此，因子 2 属于化学制造源。化学制造对太原盆地的总挥发性有机化合物的贡献为 16.21%（图 6-2）。从图 6-3 可以看出，化学制造在介休市、北格镇和方山县等地贡献最大，而对太原市的贡献最低，这主要与介休市和北格镇附近的化工行业的排放有关。

（3）因子 3

因子 3 是具有高百分比的异戊二烯（84.55%～93.56%）（图 6-1）。异戊二烯是植物通过光合作用产生的，是典型的生物排放示踪物。如果异戊二烯与其他车辆相关 VOCs（如异戊烷、2-甲基戊烷和 3-甲基戊烷）一起排放，则异戊二烯也可被视为车辆排放的示踪物。然而，异戊烷对这一因素的贡献很小。因此，因子 3 被认为是生物排放源。对照点作为典型的农业生产区域，生物排放对方山县的贡献最大。

（4）因子 4

因子 4 的特点是甲基叔丁基醚（MTBE）和烷烃（即异戊烷、正戊烷、环戊烷、2,3-二甲基丁烷）的百分比较高（图 6-1）。MTBE 和异戊烷是典型的机动车尾气示踪物。因此，因子 4 被认为是车辆排放源。从介休市到太原市和方山县，车辆排放的贡献逐渐减小。在图 6-3 的时间序列图中，太原市的车辆排放时间是均匀分布的，这主要是由于在太原市采样点附近 150m 处存在高架道路。方山县采样点位于五台山风景区的必经道路上，车辆排放源的贡献高于其他采样点。

（5）因子 5

因子 5 中 CH_3Cl 的占比较高，其在 PMF 源解析中的比例达到 81.60%（图 6-1）。CH_3Cl 是煤和生物质燃烧源的典型示踪物。因子 5 在太原市的占比最高，对 TVOCs 的贡献高达 50.8%（图 6-2），是太原市的最大贡献源。此外，在四个采样点中，太原市在采样期间相比于其他采样点的总用电量最高。因此，将因子 5 判定为工业用煤。

（6）因子 6

因子 6 被识别为溶剂使用，由于高比例的芳香烃，包括乙苯，间二甲苯、对二甲苯，苯乙烯和邻二甲苯，以及高 T/B 值（图 6-1）。根据之前的研究，这些物质作为溶剂广泛应用于涂料中。因此，因子 6 被定义为溶剂使用，主要用于绘画和涂料，如住宅装修和汽车制造业。在北格镇溶剂使用的占比最高（9.7%）（图 6-2），这是因为涂装行业主要集中在太原市南部，离北格镇较近。

（7）因子 7

因子 7 中包括高比例的 $C_2 \sim C_5$ 烷烃，如乙烷、丙烷、异丁烷、异戊烷、正戊烷、环戊烷；烯烃，如 1-戊烯（图 6-1）。煤炭燃烧排放的 VOCs 主要包括乙烷、丙烷等短链烷烃；短链烯烃，如乙烯和丙烯；芳香烃，如苯和甲苯。因此，将因子 7 认为是生物质燃烧。方山县作为农业背景点，采样时间覆盖农作物收获季，因此生物质燃烧占比最高（38.1%），其次是北格镇（30.3%）、太原市（17.0%）和介休市（14.7%）（图 6-2）。这个结果与前面 3.3.3 部分讨论的结果是一致的。

6.1.2 PAHs 的来源解析

（1）介休市 PAHs 的主要来源

图 6-4 呈现了 PMF 模型的解析结果，而图 6-5 展示的是各类污染源的贡献占比。对 PMF 中各因子的判识主要采用的是标志物法。

① 因子 1 贡献最大的单体物质有 Ant、Fla、Pyr、BaA、Chr 和 BghiP，这些因子中 Ant、Fla、Pyr 和 Chr 是煤燃烧源的典型示踪物[1]，因此该因子被认定为煤燃烧源，其对 TPAHs 的贡献比例为 51.58%。

② 因子 2 中贡献较大的单体物质有 Ace、Flu、Phe 和 IcdP 等，其中 Ace、Flu 和 Phe 是典型的焦化污染源的示踪物，而 IcdP 是工业锅炉和焦炉的标志物之一，因此该因子被认定为焦化源，对总 PAHs 的贡献比例较低，仅占 31.83%，该结果比预期低了很多。这可能是与 PAHs 本身的性质及其气固两相的分布过程有关。PAHs 在通过污染源排放之初，均以气态的形式存在，待其进入大气中后，随着环境温度的降低，高环 PAHs 因具有较低蒸气压较易通过冷凝吸附作用附着在颗粒物表面，而低环 PAHs 则由于具有较高蒸气压倾向于停留在气相中，这就导致虽然焦化生产

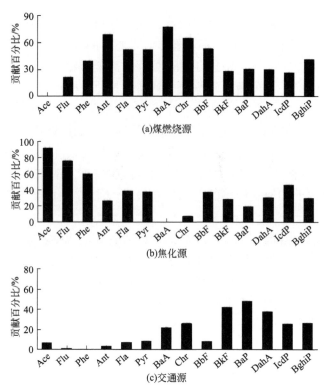

图 6-4 介休市采样点大气 $PM_{2.5}$-PAHs 的 PMF 源解析结果

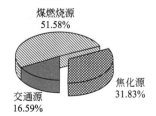

图 6-5 介休市采样点大气 $PM_{2.5}$-PAHs 中各类污染源的贡献占比

过程排放的 PAHs 最初以低环 PAHs 为主，但是焦化污染区域大气颗粒物样品中的 PAHs 则不以低环 PAHs 为主。除此之外，焦化生产过程许多环节均与煤燃烧有关，有文献指出，焦化源排放 PAHs 的污染特征与燃煤源较为相似。因此要想彻底将燃煤源和焦化源区分开来是极为不易的，综上所述，燃煤源 PAHs 中有一部分可能来自焦化生产过程。因此该结果同时提示，采用 PMF 进行 PAHs 的来源解析在一定程度上会高估研究区域燃煤源对总多环芳烃的贡献，而低估焦化源的贡献。

③ 因子 3 主要以 BbF、BkF、BaP、DahA、IcdP、BghiP 等高环 PAHs 为主，这些单体物质主要是通过机动车尾气排放产生的[2]，该因子被认定为机动车尾气排放污染源，对总 PAHs 的贡献比例为 16.59%。

（2）太原市 PAHs 的主要来源

和介休类似，在太原市大气颗粒物 PAHs 的源解析中也识别出了 3 个因子，结果如图 6-6 所示。

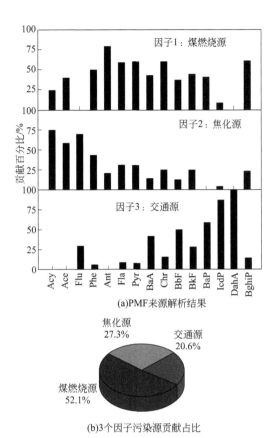

(a)PMF来源解析结果

(b)3个因子污染源贡献占比

图 6-6　太原市 15 种多环芳烃 PMF 来源解析结果和贡献百分比[4]

① 因子 1 对总 PAHs 的贡献比例为 52.1%，并且以 Phe、Ant、Fla、Pyr、Chr 和 BghiP 这些单体物质为主。在这些物质中，Phe、Ant、Fla、Pyr 和 Chr 是煤燃烧的典型示踪物。Wang 等[3]在同一研究区域进行的研究中，该来源也被确定为太原市大气多环芳烃的主要来源，但其研究中，太原市燃煤对 PAHs 的贡献为 43.28%（燃煤包括住宅和工业用煤两部分），略低于本研究获得的值。

② 因子 2 对总 PAHs 的贡献为 23.7%，其特点是 Acy、Ace、Flu 和 Phe 的贡献较高，这些物种是典型的焦化示踪物。在我们的研究中，该源的贡献低于 Wang 等[3]估计的该源在太原市的排放清单中的值（33.39%）。

③ 因子 3 显示出以下化合物的优势：BbF、BaP、IcdP 和 DahA。这些物种是交通排放的典型示踪物。因此，该因子被认为是车辆排放，它对总 PAHs 的贡献为 20.6%，高于 Wang 等[3]估计的 11.27%，这可能是由研究期间太原市汽车保有量不断增加导致的。

6.1.3　水溶性离子、OC/EC 及金属的来源解析

6.1.3.1　介休市

基于 WSIIs 和 OC/EC 化学组分，介休市的源解析结果分别为焦化源（35%）、

居民散煤燃烧（12%）、生物质燃烧（8%）、二次源（21%）、机动车排放和扬尘源（24%）（图 6-7）。

（1）焦化源

该因子解释了焦化污染环境 $PM_{2.5}$ 浓度水平的最大比例（35%），其特征是 OC1（76.23%）、EC1（72.24%）、OC2（56.18%）、EC3（39.97%）、EC2（28.38%）、NH_4^+（24.02%）和 OC3（22.63%）的贡献率较高。在焦化工业所在的地方，焦化是含碳气溶胶的一个重要来源。Mu 等[4]发现焦炉烟囱烟气 EC（EF_{EC}）和 OC（EF_{OC}）的排放因子（加煤量和推焦量之和）平均分别高达 1.67g/t 焦炭和 3.71g/t 焦炭；无组织排放的平均 EF_{EC} 和 EF_{OC} 分别达到了 7.43g/t 焦炭和 9.54g/t 焦炭。Liu 等[5]报道焦化厂环境空气中 OC 和 EC 质量浓度分别为 $104.2\sim223.2\mu g/m^3$ 和 $93.7\sim237.8\mu g/m^3$，远远高于工业、公路和城市道路隧道环境空气中的 OC 和 EC 质量浓度。NH_4^+、F^- 和 Cl^- 在该因子中也有一定的贡献。当煤在焦炉中干馏时，煤中所含的部分氮转化为氮化合物，转化为气体，其中最重要的氮化合物是氨。荒煤气中氨含量为 $6\sim9g/m^3$。在煤燃烧过程中，F^- 和 Cl^- 也会释放出来，因为煤中含有一些卤素，这些卤素在燃烧过程中会释放出来[6]。

EC/OC 值是判断碳质气溶胶源的重要参数。根据文献报道，汽车尾气 EC/OC 值范围为 $0.2\sim0.4$[7]，燃煤为 $0.095\sim0.4$[8]，生物质燃烧为 $0.025\sim0.059$[9]。以往的研究发现，焦炭生产过程中 EC/OC 值在 $0.28\sim0.95$ 之间，平均为 0.68[10]。在该因子中，EC/OC 值为 0.61。考虑到采样点周围焦化企业较多，碳质组分在焦化生产中的高排放强度以及实际焦化排放与该因子的 EC/OC 值大小均表明该因子应是焦化源。

（2）居民散煤燃烧

该因子可以解释 12% 的 $PM_{2.5}$ 浓度水平，其特征是 F^-（60.87%）和 Cl^-（33.31%）贡献最大，然后依次是 Ca^{2+}（29.88%）、Mg^{2+}（25.54%）、EC2（24.63%）、OC3（23.27%）、SO_4^{2-}（15.89%）、OC4（14.86%）、NO_3^-（14.48%）、OC2（10.72%）和 OC1（10.46%）。在许多研究中，煤炭燃烧一直是细颗粒物的主要来源，包括二次无机和有机气溶胶[11,12]。此外，Cl^- 可以作为中国北方煤炭燃烧的示踪物[13]。从图 2-19 可以看出，Cl^- 浓度的季节变化规律与煤燃烧活动较为一致，都显示出冬高夏低的特征，冬季出现高峰与当地寒冷季节对供暖的强烈需求有关。

（3）生物质燃烧

该因子与 K^+（63.23%）、Cl^-（27.37%）和 Na^+（26.77%）含量较高有关，还有少量的 F^-（4.92%）。K^+ 和 Cl^- 是木材、秸秆和其他农业残渣燃烧时排放的主要物质[11,14]。在其他研究中，生物质燃烧也会释放 F^- [15,16]，木屑颗粒燃烧可以产生大量的 Na^+[17]。因此，该因子被标记为生物质燃烧源，对 $PM_{2.5}$ 的浓度贡献为 8.3%。该因子的日贡献在秋季相对较高（图 6-7），主要与在该季节进行农业废弃物焚烧有关。

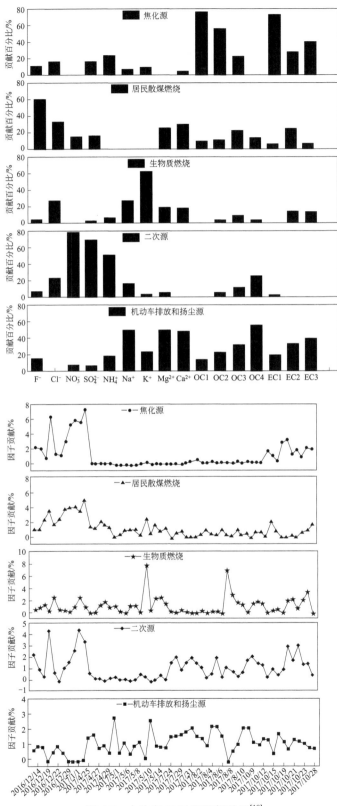

图 6-7　介休市 PMF 源解析结果[18]

（4）二次源

确定该因子的主要成分为 NO_3^-（78.26%）、SO_4^{2-}（69.37%）和 NH_4^+（51.05%），而 OC4（25.77%）、Cl^-（23.04%）、Na^+（16.01%）和 OC3（12.65%）的贡献率较低。许多报道表明，NO_3^-、SO_4^{2-} 和 NH_4^+ 主要来源于气体（NO_x、SO_2 和 NH_3）向颗粒相的转化过程[19,20]。因此，该因子被确定为二次源，对 $PM_{2.5}$ 浓度的贡献为 21%。

（5）机动车排放和扬尘源

在该因子中，Mg^{2+}（49.35%）、Ca^{2+}（47.68%）和 Na^+（50.11%）的质量浓度在该因子中均占到近 1/2。Mg^{2+} 和 Ca^{2+} 是典型的地壳物种[16,17]。Na^+ 主要来自海盐和土壤[21]。由于采样点位于内陆地区，故排除海盐的来源，推测 Na^+ 来自土壤尘埃。此外，在城市街道的融冰中使用了 NaCl（除冰 NaCl）。其他研究提出在冬季使用除冰盐是气溶胶 Na^+ 的可能排放源[22]。此外，该因子的 OC4（55.24%）、EC3（39.40%）、EC2（32.83%）、OC3（31.84%）、OC2（23.20%）和 EC1（19.46%）的贡献较高，以及少量的 NH_4^+（18.04%）、NO_3^-（7.26%）和 SO_4^{2-}（6.48%）。汽车排放也被认为是 OC 和 EC 的主要来源，汽油发动机释放的有机碳含量更高，而柴油发动机释放的 EC 含量更高。此外，自引入三元催化转换器以来，机动车已成为催化后 NH_3 排放的重要贡献者，NH_3 在大气中通过二次反应转化为 $(NH_4)_2SO_4$ 和 NH_4NO_3。由于汽油中存在少量的硫成分，在三元催化转化器中也会形成不同形式的硫，如硫酸盐。综上所述，该源为"机动车排放和扬尘源"。

在方山县对照点，基于 $PM_{2.5}$ 中的水溶性离子和 OC、EC 成分共解析出三种污染源，分别为冬季燃煤源（32%）、二次形成（23%）和混合燃料燃烧（生物质+煤）+扬尘源（45%）（图 6-8）。冬季燃煤源中 OC1（82.96%）、EC1（64.86%）、OC2（52.65%）、OC4（43.26%）、NO_3^-（41.22%）、OC3（41.14%）和 EC3（31.30%）的占比较大，且排放主要集中在冬季。二次形成中 NH_4^+（65.49%）、SO_4^{2-}（57.43%）和 NO_3^-（30.42%）等的占比较大，与介休市的解析结果一致。混合燃料燃烧（生物质+煤炭）+扬尘源中 F^-（87.92%）、Ca^{2+}（87.06%）、Mg^{2+}（86.04%）、Na^+（85.08%）、EC2（77.55%）、K^+（73.95%）、Cl^-（70.25%）、EC3（68.70%）、OC3（54.39%）、OC4（46.10%）、OC2（38.36%）、NO_3^-（28.36%）、SO_4^{2-}（26.83%）和 EC1（21.08%）占比较大，属于混合燃料燃烧源。

6.1.3.2 太原市

为了更精确地对 $PM_{2.5}$ 的来源进行解析，本研究采用 PMF5.0 并结合了三种主要离子（SO_4^{2-}、NO_3^- 和 NH_4^+）、OC/EC 值和多种元素（K、Ca、Cr、Mn、Fe、Cu、Zn、As、Se、Ba 和 Ni）的同步在线观测数据进行污染物来源解析。经过多次运行，最终确定了 6 个主要污染源，分别为煤炭燃烧、二次生成、烟花爆竹燃放、扬尘、工业排放和机动车排放 [图 6-9（a）]。因子 1 中 As 和 Se 负荷很高，OC 和 EC 的负荷也较高，这些元素是煤炭燃烧源的重要标志物[23,24]，因此将因子 1 确定为煤炭燃烧源。因子 2 中 NO_3^-、SO_4^{2-}、NH_4^+ 和 OC 的贡献较高，故该因子可识别为二次无机气溶胶（SIA）[25,26]。因子 3 中 K、Cu、Ba 所占比例最大，根据之前的一些研究，烟花

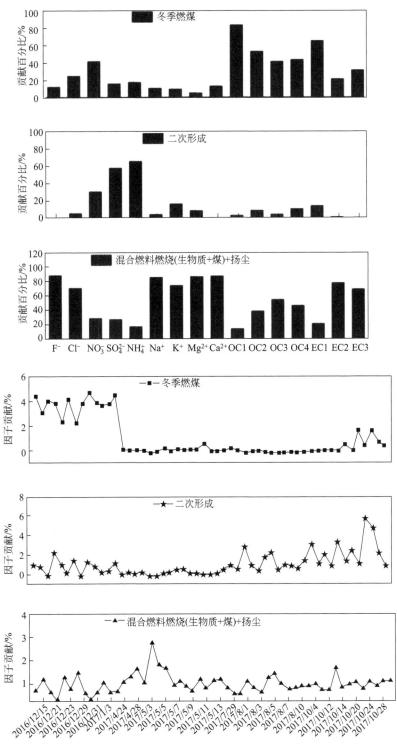

图 6-8　对照点方山 PMF 源解析结果

爆竹中经常添加 K、Cu 和 Ba 等金属元素，以使烟花绽放出不同的颜色[27,28]，而且在除夕前夜观察到了与烟花爆竹排放相关的无机元素 K、Ba 和 Cu 的浓度迅速升高，故将因子 3 识别为烟花爆竹排放源。因子 4 中 Ca、Fe、Ba 等地壳元素的负荷明显较高，故将因子 4 确定为扬尘源[25,29]。因子 5 中 Cr、Mn、Fe 和 Ni 所占比例相对较高，钢铁厂生产过程中会释放大量的 Fe、Mn 元素[30]，结合太原市的产业布局，故将因子 5 归因于工业过程。因子 6 中 OC、EC、Cu、Zn 占比相对较高，众多研究表明，这是机动车排放的重要指示物[31]，因此将因子 6 确定为移动交通源。

疫情暴发后，在一系列严格的封锁控制措施下，各污染源对 PM$_{2.5}$ 浓度的贡献发生了显著变化，结果如图 6-9 所示。从各污染源对 PM$_{2.5}$ 浓度的贡献来看，二次源对 PM$_{2.5}$ 浓度的贡献从 62.1%上升至 71.4%，与疫情期间武汉市[33]的二次源在 PM$_{2.5}$ 浓度中占比的变化趋势一致。燃煤源对 PM$_{2.5}$ 浓度的贡献从 5.5%上升至 6.2%，疫情管控期间，用于工业企业的燃煤量虽然减少，但疫情期间居家人数增多，用于发电和采暖的煤炭消耗量随之升高，这在一定程度上增加了煤炭燃烧在 PM$_{2.5}$ 中的贡献，唐山市也出现了同样的现象[34]。由于研究期间正值春节和元宵节，烟花爆竹燃放对 PM$_{2.5}$ 浓度的贡献从 P1 期间的 1.8%上升到了 P2 期间的 9.0%。因此，节假日期间仍需加强对太原市及周边地区烟花爆竹的燃放管控。与上述三种污染源的变化不同，移动交通源对 PM$_{2.5}$ 浓度的贡献下降幅度最大，从 P1 期间的 23.1%降至 P2 期间的 7.7%。扬尘源和工业源对 PM$_{2.5}$ 浓度贡献分别下降了 1.7%和 0.1%。

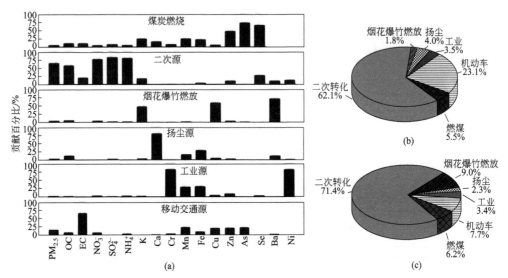

图 6-9　太原市研究期间颗粒物来源解析（a）以及疫情发生前（P1）（b）和
疫情发生后（P2）（c）PM$_{2.5}$ 污染来源的占比变化[32]

6.1.4　痕量元素的来源解析

如图 6-10 所示，介休市的源解析结果共包含了 5 个因子，因子 1 中 Cr（45.8%）、V（31.4%）、Ni（26.0%）、Co（22.6%）、Sb（22.4%）、Cu（18.0%）等元素的占比

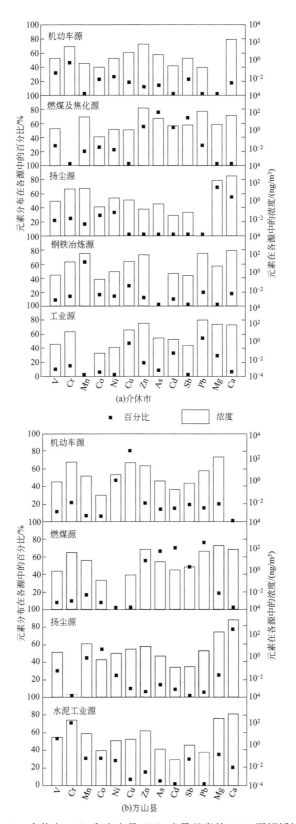

图 6-10 介休市 (a) 和方山县 (b) 痕量元素的 PMF 源解析结果

最高，前三种元素均存在于机动车燃油中[35,36]，会经尾气排放进入大气环境，而Sb、Cu被大量使用在刹车片中[37,38]。有研究表明，在民用车辆保有量高且交通拥挤的城市，如北京市、上海市、西安市等，这两种元素往往会呈现出更高的浓度[38]。此外，还有研究表明，汽车保有量的增加会导致Sb、Cu的浓度下降速度变缓[39]。综上，本研究将因子1识别为机动车源。因子2中Mn元素的占比最高（62.6%），其属于钢铁冶炼源的示踪元素[40,41]，通常作为合金组分添加到钢铁中，因此该因子被识别为钢铁冶炼源。介休市拥有较多的钢铁产业，因此其大气环境会受到该类污染源的影响。因子3中As（76.1%）、Sb（67.1%）、Zn（56.7%）、Cd（52.4%）、Pb（27.7%）均会由燃煤大量释放[41]，因此该因子被识别为燃煤及焦化源。因子4中Mg（68.9%）、Ca（56.1%）负载占比均超过50%，且V、Mn、Co、Ni占比均接近或超过20%，其中Ca和Mg是地壳中含量很高的元素，大量存在于土壤尘粒中，常作为扬尘源的识别元素，而Co、Mn等元素也是浮尘及道路扬尘的标志元素[36, 42]，结合富集因子可以看出，这几种元素有较大一部分来源于自然源，因此该因子被识别为扬尘源。因子5中Pb（52.9%）、Cu（46.8%）、Cd（32.3%）、Mg（28.4%）、Zn（20.1%）为主要的负载元素，这几种元素均来自工业生产过程[36]，故该因子被识别为工业源。介休市受燃煤及焦化源的影响最大，该类污染源的贡献高达37.7%，其次为工业源（29.6%）、钢铁冶炼源（20.4%），机动车源（8.6%）和扬尘源（3.7%）占比则相对较少。以上结果与介休的产业结构现状基本相符。

与介休不同，对照区域方山的源解析结果共包含了四类污染源因子。因子1中Pb、Cd、As、Zn、Sb在各自总量中的占比最高，均在45%以上，识别为燃煤源。因子2中Cr的负载最高，铬是工业源的示踪元素，方山地区工业源类型较少，分布有较多的水泥厂，有研究表明，水泥生产过程中各个环节均会不同程度地释放出Cr元素[43,44]，如通常会排放以铬酸盐（CrO_4^{2-}）和重铬酸盐（$Cr_2O_7^{2-}$）为主的六价铬化合物[45]。此外，我们发现该因子中V和Mg元素的负载也较高（均高于30%），这两种元素也广泛存在于水泥生产的原料之中，因此该因子被识别为Cr工业源。因子3中Ca、Co和Mn的负载占比分别为77.9%、55.5%和45.2%，被识别为扬尘源。因子4中Cu和Ni的负载最高，分别占82.7%和46.8%。Ni主要来自汽油柴油发动机的燃油燃烧过程，有研究表明，汽油和柴油车的燃烧源中V/Ni<2.0[46]，这与本研究的结果相一致。Cu常被用作高温润滑添加剂及刹车片，释放自汽车刹车系统。所以因子4被识别为机动车源。

方山县受水泥工业源（以Cr元素为主）的影响最大，其贡献占比高达40.8%，其次为燃煤源（26.9%）和机动车源（25.2%），而扬尘源的贡献占比则相对较少（7.1%）。方山县作为背景对照点，其痕量元素污染程度明显低于介休市，但根据源解析结果，我们发现水泥工业源、燃煤源以及机动车源对当地的大气污染影响非常大，因此同样需要我们给予较多的关注。

6.2

太原市污染物的输入与输出路径

6.2.1 PAHs 的区域输送路径

　　空气质量输送可以将污染物或清洁空气从遥远的地区转移到当地,从而影响 $PM_{2.5}$ 和多环芳烃的浓度。西北风可以携带相对清洁的空气,稀释太原市的局部污染物,而来自太原盆地方向的南风会带来污染气团,加剧太原市的污染。为了确定气团的详细路径,使用混合单粒子拉格朗日积分轨道(HYSPLIT)模型分析了四次 PAHs 浓度波动较大天气采样点的后向轨迹。驱动模型的气象数据来自全球数据同化系统(GDAS)数据集(经纬度为 0.5°)。采用地面以上 500m 的起始高度,模拟了 12h 的后向轨迹。

　　四次 PAHs 波动事件(A～D)分别包含 6、4、5 和 4 条轨迹,轨迹可分为四组(图 6-11,书后另见彩图)。代表清洁气团的第 1 组(紫色线)的轨迹来自 $PM_{2.5}$ 浓度下降天,而代表污染空气团的第 2～4 组(分别为蓝色、绿色和红色线)的轨迹来自 $PM_{2.5}$ 浓度上升天。第 1 组气团由来自西北的快速移动、相对较长的轨迹组成。此外,在平均轨迹高于 1000m 的情况下,高度变化不可忽略,表明存在边界水平上的传输模式。这些气团的轨迹可能与内蒙古高压和内蒙古气旋有关,在春季、秋季和冬季,当地表流动受到来自西伯利亚和内蒙古的西北风控制时,内蒙古气旋的发生频率相对较高[47]。正如 Pu 等[48]报道的那样,沿着这些路径输送的气团相对清洁,排放量低。

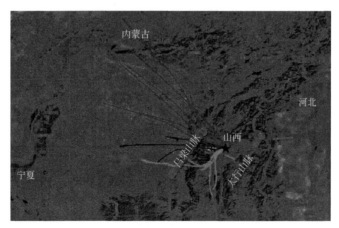

图 6-11　太原市采样点位置图及 4 次典型的 PAHs 后向轨迹[4]

　　第 2 组代表气流从太原西部出发的中低空运动轨迹,途经太原市最大的工业群(包括西山煤电集团、太原重机集团)和古交县众多焦化厂。第 3 组代表从西南沿太原盆地中部和吕梁山脚传输的、慢/中移动速度的低空轨迹。这些气团经过清徐、晋中、吕梁地区，是山西除太原以外的主要污染区和开发区。第 2 组和第 3 组的传输接近地面，容易携带传输路径上的污染物。第 4 组为来自南部的、快速移动的中等高度轨迹，气流从山西运城市和河南洛阳市出发，途经临汾市和晋城市，其中临汾市被列为世界十大污染最严重的城市之一。由于第 2～4 组气团均来自太原盆地，因此，太原盆地相较于太原市本地的排放源更容易成为太原市污染物的源区。

　　按风的方向进行分组，我们对风速和 PMF 中每个污染源的贡献进行了相关性分析。我们发现来自东南、南、西南和西方向的风沿太原盆地传输的速度与燃煤和焦化源的贡献之间存在正相关关系；相反方向的风与两污染源的贡献呈负相关。这表明太原盆地燃煤和焦化源的排放量大于太原市区，可随风输送至太原市。相比之下，来自各个方向的风的风速与交通源的贡献均存在负相关关系，这一结果提示，太原市交通源 PAHs 的排放量高于周边地区（图 6-12）。

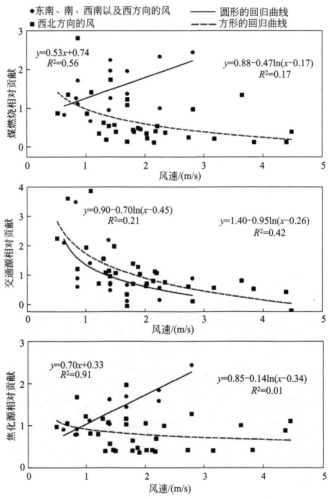

图 6-12　太原市各 PMF 因子贡献与不同风向风速的相关性[4]
（实线代表东南、南、西南以及西方向的风，虚线代表西北方向的风）

6.2.2 二氧化氮（NO₂）的区域输送路径与潜在源区分析

如图 6-13 所示（书后另见彩图），在春季，太原市存在 NO_2 的大量输入，陕西中北部和山西中南部为主要源区，内蒙古鄂尔多斯市、青海银川市、河南北部和河北石家庄市南部等地区也对太原市的 NO_2 污染有贡献。春季气团主要来自西侧和东南方向，这两组气团累计占到总气团的 87.56%。

夏季与春季一样，陕西中北部和山西中南部仍是太原市 NO_2 的主要源区，陕西中部地区（延安市和西安市之间）是对太原市 NO_2 浓度贡献最高的区域。夏季气团主要来自东部、南部、西部三个方向，分别占到总气团的 32.15%、37.33%、18.62%，西部气团虽然占比小，但其对太原市 NO_2 浓度的影响是最大的。

秋季，山西省境内，尤其是中南部成为影响太原市 NO_2 的主要源区，其次是河南北部和河北南部，内蒙古呼和浩特市周边地区也是太原市 NO_2 浓度的重要贡献区域。该季节气团主要来自东南和西北两个方向，其中污染气团主要有两条，占比分别为 27.18%（东南方向）、36.65%（西北方向），均为短距离传输。

在冬季，太原市 NO_2 浓度受周边气团影响明显，但主要源区在山西境内。东南方向的气团占比最大（34.36%）且为短距离传输，可能会携带太原盆地南部城市的污染物传输至太原市，此外河南、河北、内蒙古等周边省份邻近地区的气团也对太原市 NO_2 浓度有一定贡献。陕西北部对太原市 NO_2 污染的影响不可忽视，因为该季节有 65.64% 的气团来自西北方向。

NO_2 气团传输及贡献热点区域的季节性变化表明，太原市 NO_2 的浓度在各个季节都受到本地排放和区域传输的共同影响，但不同季节的潜在源区不同。

6.2.3 VOCs 的区域输送路径与潜在源区分析

从后向轨迹（图 6-14 中黑色虚线）可以看出，对太原盆地 VOCs 浓度有影响的主要有两类气团，其中，气团 1、气团 2、气团 3 均来自北方，为清洁气团，占到总气团的 60.62%。第二类为污染气团，气团 4 和气团 5 占到总气团的 39.39%，其中气团 4（占到总气团的 26.26%）来自省内运城市，途经临汾市，携带沿途污染物尤其是焦化区的污染物传输至太原盆地，途经的焦化区域有运城市、临汾市、孝义市以及介休市。利用 PSCF 模型进一步探讨了 VOCs 的潜在源区，发现焦炭生产基地挥发性有机化合物的大气输运对太原地区的 VOCs 浓度具有显著影响（图 6-15，书后另见彩图）。气团 5 占到总气团的 13.13%，起源于河北省衡水市，途经石家庄市，携带污染物进入山西省太原盆地地区，PSCF 模型显示该气团主要携带了河北西南地区工业过程中使用溶剂所产生的 VOCs。

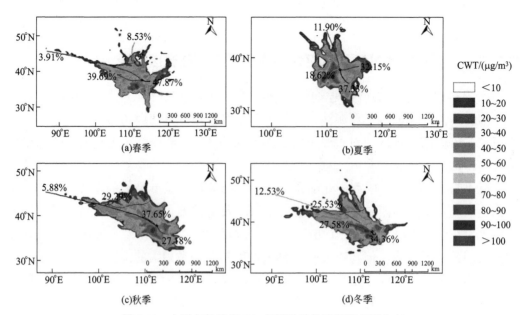

图 6-13　太原市各季节 NO₂ 气团传输轨迹及潜在源分布

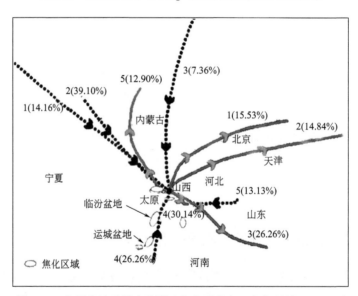

图 6-14　太原盆地采样点位置、焦化区分布（灰色区域）、48h 后
向轨迹（黑色）、前向轨迹（灰色）[49]

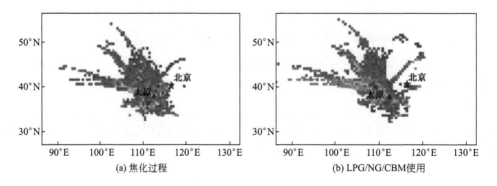

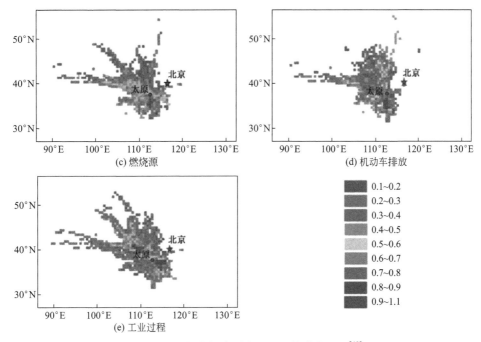

图 6-15　观测期间太原市 VOCs 的潜在源区[49]

　　太原市作为"2+26"城市污染最严重的城市之一，研究其污染物的对外传输路径，对京津冀地区大气污染的联防联控具有重要参考价值。本研究发现太原市 VOCs 对外传输的路径主要受西北风的影响，以第 3 和第 4 路径为主，分别占到总气团的 26.26% 和 30.14%。第 4 路径的气团速度非常慢，污染物滞留在太原盆地区域。第 1、第 2 和第 3 类气团（＞50%）可将大气 VOCs 输送到京津冀地区，其中第 1 类气团（15.53%）可将太原市的 VOCs 经忻州市和大同市地区带到石家庄市和北京市，第 2 类气团（14.84%）可以将太原市的 VOCs 通过忻州市输送到保定市和天津市。

　　针对每个季节的情况进行分析发现，在春季，太原市近 70% 的气团可通过第 1、第 2、第 3 路径输送到京津冀地区［图 6-16（a）］，但由于该季节太原市 VOCs 整体水平较低，因此它们对京津冀地区 VOCs 污染的影响可能较弱。夏季，从太原市向京津冀地区输送的气团仅占总气团的 15.15%［图 6-16（b）］。秋季，40% 以上的气团明显通过第 1、第 2 路径输送至北京市［图 6-16（c）］，VOCs 浓度较高，这两条途径主要经过忻州市和大同市，到达张家口市、保定市、北京市等，第 3 条路径通过阳泉市将 25% 的气团输送到石家庄市。冬天，太原市 TVOCs 浓度高达 67.33nL/L，80% 以上的气团向东输送，沿第 1 条路径到达石家庄市、邢台市［图 6-16（d）］。

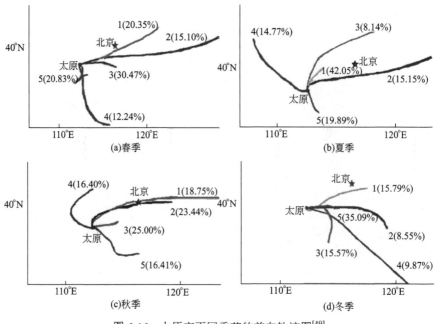

图 6-16　太原市不同季节的前向轨迹图[49]

6.3
汾河平原疫情封锁管控对太原盆地空气质量的改善效果

6.3.1　疫情对太原市冬季无机气溶胶的影响

　　为了更好地说明疫情管控措施的实施对太原市空气质量产生的影响，本研究将研究时期分为两个时段：疫情暴发前（P1：2020 年 1 月 1 日～1 月 23 日）和疫情发生后（P2：2020 年 1 月 24 日～2 月 15 日）。表 6-1 总结了疫情暴发前后 $PM_{2.5}$、气态污染物（SO_2、NO_2、HNO_3、$HONO$ 和 NH_3）、水溶性无机离子（Cl^-、NO_3^-、SO_4^{2-}、NH_4^+、Ca^{2+}、Mg^{2+}、K^+、Na^+）的平均浓度水平。$PM_{2.5}$ 的平均浓度从 P1 期间的（108.73±72.02）$\mu g/m^3$ 下降至 P2 期间的（77.85±52.47）$\mu g/m^3$，降幅为 28.4%。SO_2 和 NO_2 的浓度分别从（33.54±22.73）$\mu g/m^3$ 和（65.26±22.54）$\mu g/m^3$ 下降至（26.42±16.63）$\mu g/m^3$ 和（32.53±13.62）$\mu g/m^3$，分别下降了 21.2% 和 50.2%。NO_2 在疫情期间的下降幅度最大，这可能与工业停产和车流量的大幅减少有关。气态污染物

HONO 和 NH₃ 的浓度分别从（2.83±1.94）μg/m³ 和（8.33±5.67）μg/m³ 分别下降至（1.19±0.88）μg/m³ 和（6.83±3.11）μg/m³，降幅分别为 58.0% 和 18.0%，HNO_3 浓度升高了 14.5%。

表 6-1 太原市 P1 和 P2 期间气态污染物和水溶性离子浓度等项目的平均值和标准偏差[32]

单位：μg/m³

项目	P1 均值±偏差	P2 均值±偏差	项目	P1 均值±偏差	P2 均值±偏差
SO_2	33.54±22.73	26.42±16.63	$PM_{2.5}$	108.73±72.02	77.85±52.47
NO_2	65.26±22.54	32.53±13.62	SO_4^{2-}	21.92±23.71	14.04±11.63
HNO_3	0.55±0.25	0.63±0.40	NO_3^-	17.76±10.35	13.73±9.05
HONO	2.83±1.94	1.19±0.88	NH_4^+	15.04±11.75	10.38±7.39
NH_3	8.33±5.67	6.83±3.11	Cl^-	2.59±1.99	0.78±1.75
$T/℃$	−0.88±3.22	2.42±4.20	Mg^{2+}	0.07±0.15	0.15±0.27
RH/%	57.96±16.13	46.60±13.32	K^+	0.49±0.39	0.89±1.80
风速/(m/s)	1.49±0.61	1.67±0.88	Na^+	0.58±0.39	0.31±0.22
			Ca^{2+}	0.68±0.78	0.35±0.36

SO_4^{2-}、NO_3^-、NH_4^+ 是 $PM_{2.5}$ 中的三种主要化学成分，三者的总浓度在 P1 和 P2 时期分别占 $PM_{2.5}$ 浓度的 50.3% 和 49.0%。SO_4^{2-}、NO_3^- 和 NH_4^+ 的平均浓度从 P1 期间的 (21.92±23.71)μg/m³、(17.76±10.35)μg/m³ 和 (15.04±11.75)μg/m³ 下降至 P2 期间的 (14.04±11.63)μg/m³、(13.73±9.05)μg/m³ 和 (10.38±7.39)μg/m³，分别下降了 35.9%、22.7% 和 31.0%。Cl^-、Na^+ 和 Ca^{2+} 的浓度在疫情期间均显著下降，分别降低了 69.9%、46.6%、48.5%，但 K^+ 和 Mg^{2+} 的浓度不降反升，分别上升了 81.6% 和 114.3%。先前已有研究报道，K^+ 和 Mg^{2+} 是烟花爆竹燃放的指示物[7]，这表明春节（1 月 24～26 日）和元宵节（2 月 6～9 日）期间太原市及周边地区仍存在燃放烟花爆竹的现象。疫情发生前后的风速风向分布图如图 6-17 所示，主导风向均为北风，风速分别为 (1.49±0.61)m/s 和 (1.67±0.88)m/s，气象条件无明显差异。这表明，疫情期间污染物的减少可能主要是由于本地污染源排放的减少导致的。

6.3.1.1 疫情封锁前后二次离子的形成特征

（1）SNA 的结合方式

图 6-18 给出的是疫情发生前后 SO_4^{2-} 与 NH_4^+ 及 $NO_3^- + 2SO_4^{2-}$ 与 NH_4^+ 之间的线性拟合图。有研究表明，当 NH_4^+/SO_4^{2-} 的摩尔浓度比值大于 0.75 时，表示当前的大气环境为富铵状态，疫情发生前后 NH_4^+/SO_4^{2-} 的值分别为 3.06 和 4.02，均大于 2，这表明疫情发生前后的 NH_4^+ 完全可以中和 SO_4^{2-}。NH_4^+ 和 $NO_3^- + 2SO_4^{2-}$ 的比值在 P1 和 P2 时期分别为 1.09 和 1.08，这表明气溶胶中的 NH_4^+ 在将 SO_4^{2-} 全部中和后，还可以将 NO_3^- 全部中和。P2 时段的 NH_4^+/SO_4^{2-} 大于 P1 时段，但 P1 和 P2 时段 $NH_4^+/(NO_3^- + 2SO_4^{2-})$ 的值却基本相等，表明虽然疫情发生前后 SO_4^{2-}、NO_3^- 和 NH_4^+ 三种离子均以 $(NH_4)_2SO_4$ 和 NH_4NO_3 的形式存在于大气环境中，但 P2 时段 NH_4NO_3 的占比可能更高。

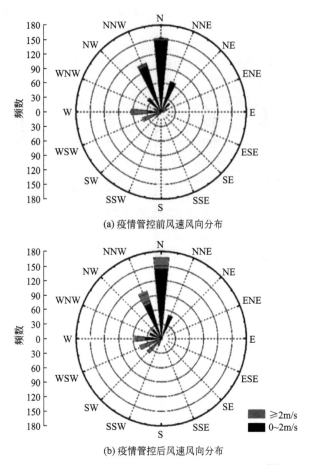

(a) 疫情管控前风速风向分布

(b) 疫情管控后风速风向分布

图 6-17　太原市疫情管控前后风速风向分布图[32]

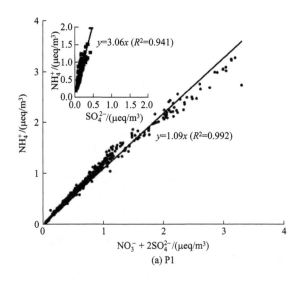

(a) P1

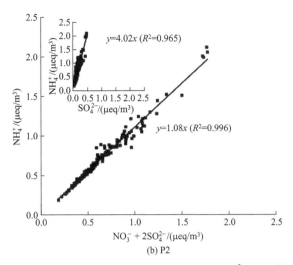

图 6-18　太原市疫情管控前（P1）(a) 后（P2）(b) $NO_3^- + 2SO_4^{2-}$ 和 NH_4^+ 浓度的相关关系[32]

（2）硫、氮转化率

疫情发生前后 SOR 和 NOR 的变化情况如图 6-19 所示，从图中可以看出，疫情发生前 SOR 值为 0.28，该值明显高于 0.1，表明太原市冬季正常情况下存在着明显的二次转化作用，疫情发生后，SOR 值下降至 0.26。疫情管控期间 SO_4^{2-} 的气态前体物 SO_2 下降了 23.6%，相对湿度下降了 11.4%，气态前体物和相对湿度的降低共同导致了 SOR 值的下降。对于 NOR，疫情发生前 NOR 值为 0.16，明显低于 SOR 值，但疫情管控期间 NOR 值不降反升，从 0.16 上升至 0.22。这可能是由于温度升高，NO_2 在日间的光化学反应增强导致的。

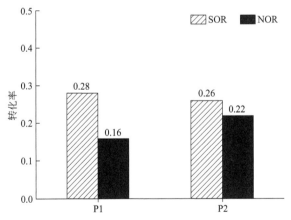

图 6-19　太原市疫情管控前（P1）后（P2）SOR 和 NOR 的变化[32]

6.3.1.2　疫情封锁前后气溶胶酸度研究

疫情管控期间，影响 pH 值的主要离子 SNA 的浓度都明显下降，为了探讨在污染物排放量大幅降低的情况下 pH 值的变化情况，我们对疫情发生前后的 pH 值进行了模拟计算，结果如表 6-2 所列。从表中可以看出，疫情管控期间的 pH 值相比疫情发生前的一段时间下降了 0.47，H_{+air} 的浓度从 $(3.05 \times 10^{-6} \pm 6.58 \times 10^{-6})\mu g/m^3$ 降至了

$(2.28×10^{-6}±4.87×10^{-6})μg/m^3$，气溶胶液态含水量下降了 52.4%。$H_{+air}$ 浓度虽然有所下降，但液态含水量下降的幅度更大，这可能是导致气溶胶的 pH 值出现不升反降现象的重要原因。除此之外，前面的研究发现 pH 值会随着温度的升高而降低，P2 期间的平均温度相比 P1 升高了 3.3℃，因此，温度升高也可能是导致 pH 值升高的原因。

表 6-2　太原市疫情管控前（P1）后（P2）ALWC、H_{+air} 的平均质量浓度（$μg/m^3$）及 pH 值[32]

时间	ALWC		H_{+air}		pH 值	
	均值	标准偏差	均值	标准偏差	均值	标准偏差
P1	42.26	74.10	$3.05×10^{-6}$	$6.58×10^{-6}$	4.50	0.69
P2	20.10	20.11	$2.28×10^{-6}$	$4.87×10^{-6}$	4.03	0.40

除气象条件的影响外，组分浓度的变化也可能是导致 pH 值变化的原因，但因各组分的变化无法直接量化到 pH 值的变化上，我们对疫情发生前后 pH 值及其主要影响因子（SO_4^{2-}、TNO_3、TNH_3、T 和 RH）的日变化趋势进行了分析，结果如图 6-20 所示（图中，灰度带代表 P1 时段，黑色带代表 P2 时段）。从图中可以看出，P1 时段各时刻的 pH 值均高于 P2 时段，从整体的变化趋势来看，疫情发生前后的日变化趋势基本一致，白天的日变化趋势不明显，夜间 19～23 时均有明显升高趋势。第 5 章 5.4 节敏感性分析研究表明 SO_4^{2-}、TNO_3、TNH_3、T 和 RH 均是影响 pH 值的重要因素，从图中可以看出，P2 时段 SO_4^{2-}、TNO_3、TNH_3 在 19～23 时的变化趋势均比较平稳，气象条件在该时段内出现温度下降、湿度升高的现象。此外，从 SO_4^{2-}、TNO_3、TNH_3 三者整体的日变化趋势来看，P2 期间各时刻三者的浓度均明显小于 P1 时段，

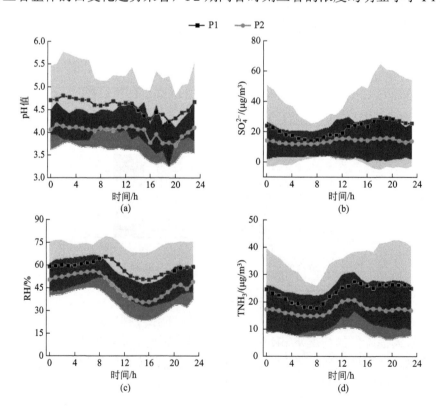

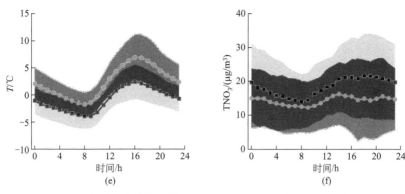

图 6-20　太原市疫情管控前（P1）后（P2）pH 值及主要影响因子
（SO_4^{2-}、TNO_3、TNH_3、T 和 RH）的日变化[32]

且 TNH_3 和 TNO_3 的日变化趋势与 P1 时段基本一致，SO_4^{2-} 无显著的日变化趋势，由此推断，pH 值整体水平的下降主要是由温度和湿度等气象条件的变化导致的。

6.3.2　疫情对介休市冬季有机气溶胶的影响

2020 年 1～4 月我国暴发了大面积的新冠疫情，疫情期间，很多人为源活动被封锁，大部分的工厂被关闭，道路机动车也极少，为研究污染排放对大气空气质量的影响提供了很好的机会。本研究发现，疫情期间，由于人类生产活动明显降低，使得该阶段污染物浓度持续降低，未发生灰霾现象。将疫情期间划分为四个时间段，包括封锁前（2020 年 1 月 1～20 日）、春节期间（1 月 21～25 日）、封锁期间（1 月 26 日～2 月 9 日）和恢复期（2 月 10 日～3 月 31 日）（图 6-21，书后另见彩图）。

疫情期间不同时期的污染物及气象参数见表 6-3，在疫情封锁措施实施前，$PM_{2.5}$ 的质量浓度为 $(135.9\pm85.1)\mu g/m^3$，远高于中国国家大气空气质量标准（GB 3095—2012）中 $PM_{2.5}$ 日均浓度的二级限值（$75\mu g/m^3$）。封锁期间 $PM_{2.5}$ 浓度降低至 $(64.2\pm45.9)\mu g/m^3$，与封锁前相比浓度降幅超过 50%。与此同时，气体污染物浓度在封锁期间也出现降低。CO 的浓度从 $(2.3\pm1.1)\mu L/L$ 降至 $(1.5\pm0.7)\mu L/L$，降幅约为 1/4。在墨西哥的一项观测中发现，CO 有较长的寿命（约为一个月），因此 CO 可作为一次排放的指示物。CO 浓度的降低表明燃烧相关源排放的减少。SO_2 浓度从 $(57.3\pm43.6)nL/L$ 降低至 $(29.1\pm22.3)nL/L$，NO_2 也出现了比例相当的降幅。

表 6-3　介休市疫情期间不同时期的污染物及气象参数[50]　　　单位：$\mu g/m^3$

项目	封锁前	春节	封锁期间
NR-$PM_{2.5}$	135.9±85.1	234.2±105.6	64.2±45.9
有机物	44.5±26.5	78.1±30.3	22.8±15.9
SO_4^{2-}	38.4±32.3	68.3±49.7	16.0±14.0
NO_3^-	22.9±16.1	34.9±12.3	11.8±8.0
NH_4^+	26.9±17.8	45.5±23.8	12.9±9.1
Chl	3.1±3.0	7.4±4.3	0.6±0.8
HOA	4.0±3.1	6.7±4.6	1.6±1.7

项目	封锁前	春节	封锁期间
CCOA	6.0±7.1	16.0±12.0	3.4±5.2
BBOA	2.1±2.3	5.4±3.6	1.0±1.1
COA	1.9±1.8	2.9±2.2	1.1±0.8
MO-OOA	12.0±8.6	16.0±9.8	7.3±4.5
LO-OOA	8.6±7.1	15.1±9.7	2.8±3.4
RH/%	73.6±17.0	75.2±7.5	64.3±16.6
风速/(m/s)	1.0±0.7	0.5±0.3	1.3±0.8
T/℃	−1.8±3.2	0.6±2.1	1.7±3.5
SO_2/(nL/L)	57.3±43.6	81.6±41.0	29.1±22.3
NO_2/(nL/L)	39.6±16.1	45.9±10.8	18.8±7.5
CO/(μL/L)	2.3±1.1	3.3±1.0	1.5±0.7
O_3/(nL/L)	9.7±9.2	9.5±8.2	25.8±14.0
Ox/(nL/L)	49.4±13.5	55.4±12.1	44.6±10.3

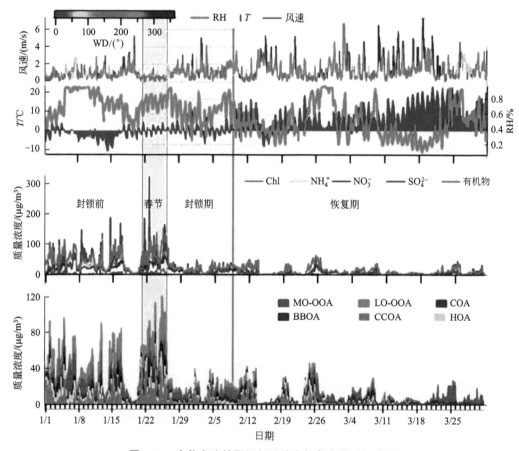

图 6-21　介休市疫情期间气溶胶和气象参数时间序列

　　鉴于太原盆地的工业结构以煤炭相关工业为主，SO_2、NO_2 的浓度降低主要归因于疫情封锁导致的工业排放减少。O_3 浓度表现出相反的变化趋势，O_3 浓度的上升表明大气氧化性在增强。Ox（O_3+NO_2）被广泛用作一种大气氧化剂的指代物，可以更保守地指示由光化学反应产生的 O_3，更好地理解大气氧化性的变化。本研究发现，Ox 浓度从封锁前的(49.4±13.5)nL/L 降到封锁期间的(44.6±10.3)nL/L，并没有像 O_3 浓度一样出现明显的升高。这说明 O_3 的浓度升高主要是由于 NO 排放减少导致的。由于封锁期间 NO_x 浓度降低导致 NO 滴定效应减弱，从而造成了大气中 O_3 的积累。封锁期间大气氧化性增加的现象在华东的北京等地报道，而本研究中并没有发现大气氧化性出现明显升高。在上海的一项观测也发现了封锁期间大气氧化性可能并未出现变化。这也说明了 O_3 的浓度升高主要是由 NO 排放减少导致的。疫情期间严格管控措施结束后，人类活动仍然较少，气象条件也有利于污染物扩散，如风速逐渐增大以及西北风的去除过程增多，这使得该阶段污染物浓度持续降低（图 6-21）。

6.3.2.1 疫情期间 OA 源的解析

由于疫情期间排放源的剧烈变化，需要针对疫情期间的 OA 进行源解析。首先，通过 PMF 验证了因子数 3~8 的结果，结合当地实际情况最终确定因子数为 6。疫情封锁期间和恢复期工业排放强度较小，因此没有解析出 NCIOA。由于不同的因子谱图中仍有一些混合且不能通过增加因子数来实现分离的因子，为进一步分离混合的因子，选择 a 值法引用已报道的谱图对因子进行约束，通过 ME-2 进行求解。选择大气中解析得到的 HOA、BBOA 和 COA 谱图对某些因子进行约束。每个被约束因子的 a 值设定为 0~0.5，步长为 0.1，得到 216 个可能的结果。依据 Huang 等[51]提出的优化方法，选出了 12 个符合条件的结果。最终以这 12 个解的平均值来进行进一步的讨论，质谱图中的误差线为每个离子的标准偏差（图 6-22）。POA 包括：交通源排放的类烃 OA（HOA）、燃煤 OA（CCOA）、生物质燃烧 OA（BBOA）以及餐饮源 OA（COA）。SOA 包括：高氧化的含氧 OA（MO-OOA）和低氧化的含氧 OA（LO-OOA）。

HOA 已经在许多城市站点和农村站点观测到。图 6-23（书后另见彩图）显示，HOA 谱图中 27、29、41、43、55、57 等离子占比较高，这些离子主要来自环烷烃和链烃。从 HOA 与 CO 的较好的相关性（R^2=0.56）可以看出，HOA 主要来自燃烧相关源的排放，如柴油车尾气。其相关性与城市站点的报道相比较低，这是由于存在其他燃烧源，机动车尾气仅仅是当地 CO 的来源之一。CCOA 中与 PAHs 相关的离子（如 m/z 77、91 和 115）丰度较高，与 m/z 115 有强相关性（R^2=0.87）且与燃煤指示物氯离子也有高相关性（R^2=0.61）。对于 BBOA 来说，m/z 60 和 73 的丰度较高，与 m/z 60 的相关性达到 R^2=0.89，这些离子来自纤维素和半纤维素热解产生的左旋葡聚糖和甘露聚糖。COA 有独特的日变化趋势，在午餐和晚餐时达到峰值。就 COA 的质谱而言，与 HOA 相似且 m/z 55/57 的比值高于 HOA。这一比值为 3.4，高于以往研究中报道的数值，这些研究均使用配有标准蒸发器的 AMS 或 ACSM，而且与 CV-ACSM 报道的数值相当。这一差别是由于仪器采用不同的蒸发器导致气溶胶发生了更多的热解。MO-OOA 和 LO-OOA 的质谱特征是明显的 m/z 44。不同的是，MO-OOA 具有更高的 m/z 44 丰度和更低丰度的高质核比离子，而 LO-OOA 则具有相对高的 m/z 43 和 $m/z>50$ 的离子。从时间变化上看，MO-OOA 与硝酸盐有更好的相关性（R^2=0.85），LO-OOA 与硫酸盐的相关性更高（R^2=0.77）。这一现象与多数研究不同。通常 MO-OOA 与硫酸盐有较强的相关性，LO-OOA 与硝酸盐更相关，表明 MO-OOA 有可能源自液相氧化过程，而 LO-OOA 可能主要受到光化学氧化。在兰州冬季的一项观测中报道了相反的相关性，可能是由不同的气象条件导致的。

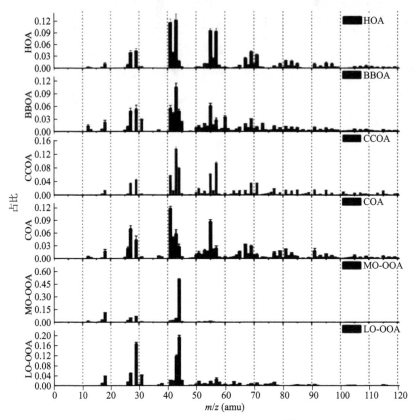

图 6-22　介休市 OA 因子质谱图[50]

6.3.2.2　气溶胶的来源和组成变化

如前所述，封锁期间 NR-PM$_{2.5}$ 和气态污染物浓度出现明显变化，而 NR-PM$_{2.5}$ 化学组分和 OA 组成也观测到清晰的差别。图 6-24 显示，NR-PM$_{2.5}$ 组分中氯化物降幅最大，达到 79.7%，硫酸盐、铵盐、硝酸盐和有机物次之，降幅分别为 58.4%、52.0%、48.6% 和 48.6%。然而，氯化物对于 NR-PM$_{2.5}$ 浓度降低的贡献仅为 3.5%。导致 NR-PM$_{2.5}$ 浓度降低的主要组分是硫酸盐和有机物，分别占到 31.3% 和 30.2%。硝酸盐和铵盐的降低对于 NR-PM$_{2.5}$ 浓度减少的影响相对较小，贡献比例小于 20%。由于氯化物的主要来源是煤炭燃烧，氯化物可用作燃煤的指示物。从组分在 NR-PM$_{2.5}$ 中的比例来看，硫酸盐和氯化物分别从 28% 和 2% 降低至 25% 和 1%，这表明来自工业燃煤排放的一次污染物的浓度降低。

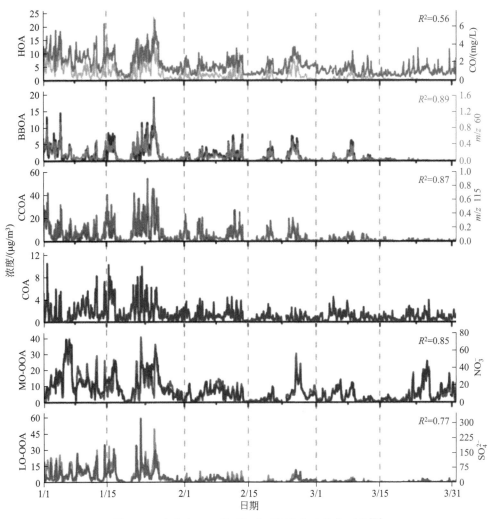

图 6-23　介休市 OA 的时间序列图和相应的指示物[50]

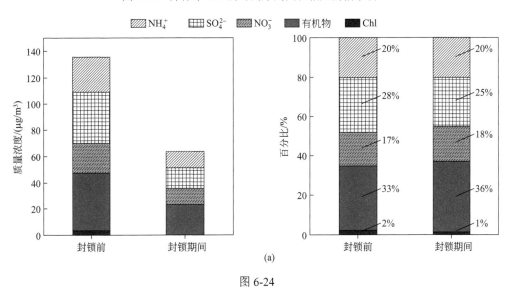

(a)

图 6-24

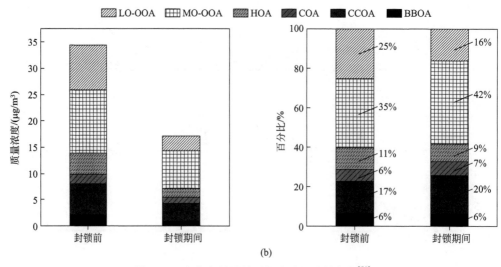

图 6-24　介休市封锁前后气溶胶组成的变化[50]

封锁前后 OA 来源也发生了很大变化。POA（CCOA+BBOA+COA+HOA）的浓度降低了 48.5%，其中 CCOA 和 HOA 对于 POA 的下降影响最大，贡献均超过 30%。封锁期间燃煤量以及相应的重型运输车减少，导致 HOA 和 CCOA 大幅度下降，降幅分别达到 58.9% 和 43.0%。对 POA 降幅贡献最小的是 COA，仅占 POA 减少量的 11.6%。这一结果表明餐饮排放可能不是疫情期间 POA 的主要来源。与之相印证的是，COA 仅占 OA 的一小部分，在封锁前和封锁期间的占比分别为 6% 和 7%。介休市 COA 的比例比拥有大量人口的城市中报道的结果低很多，在这些城市的研究中发现 COA 大约占 OA 平均浓度的 20%。SOA（MO-OOA+LO-OOA）作为 OA 的主要组成部分减少了 50.9%，并且主要来自 LO-OOA 的降低（贡献达到 67.3%）。从封锁前到封锁期间，MO-OOA 的占比不断增大，同时硝酸盐的占比也出现增大的现象，这可能与大气光氧化过程增强有关。

OA 组成的日变化也发生明显改变（图 6-25）。与先前在城市和农村地区冬季的研究类似，封锁前 HOA 在交通高峰期（9：00 和 19：00）开始上升，夜间到凌晨时段保持在最大值。封锁实施后，交通高峰时段的两个峰值削弱并且在夜间的高值时段保持平缓的趋势，这可能主要受到夜间稳定的大气边界层的影响。HOA 在交通高峰时段的变化主要受到疫情严格管控下包括私家车和重型货车在内的交通活动减少的影响。BBOA 的日变化中也发生了类似的改变，在 20：00 出现了明显的浓度差距。在当地，居民一般采用生物质和煤炭混烧的方式，而生物质主要用来助燃，封锁期间 BBOA 的变化反映了用于助燃的生物质的减少。CCOA 的日变化趋势受封锁影响较小，都是在早上和夜间出现快速上升，这反映出封锁对居民燃煤取暖的影响较小。CCOA 的浓度差距主要由煤炭相关工业活动的减少所致。在灰霾发生时，部分燃煤排放确实来自于工业过程。同样地，COA 的日变化在封锁前和封锁期间相似，在午餐和晚餐时段出现独特的峰。然而封锁期间 COA 的浓度在午餐时段提前达到了峰值，在 18：00～23：00 时段内持续上升。在北京也报道了 COA 峰值降低的现象，并

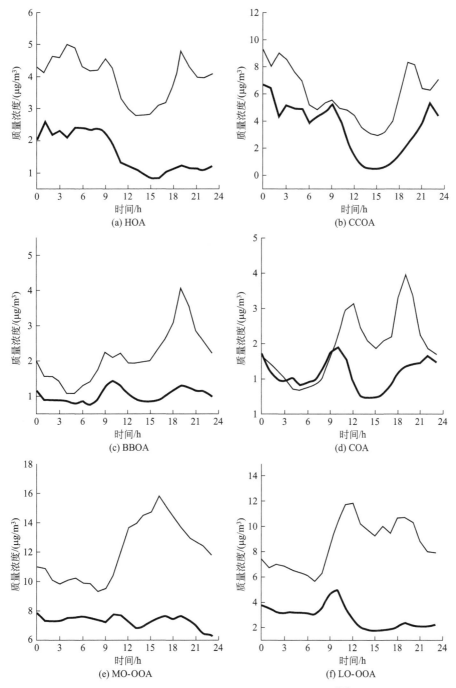

图 6-25　介休市封锁前后 OA 成分的日变化[50]

且 COA 在晚餐时段的降幅超过 50%，与本研究结果相当。中午和晚上两个时段的 COA 浓度存在明显的差距，这部分反映的是封锁前餐饮行业对 COA 的贡献。通过对比两个时期午夜和凌晨时段 COA 的浓度可以判断，封锁期间的 COA 主要来自家庭烹饪。此外，SOA 组成的日变化趋势发生突变，在封锁期间显示出平缓的日变化，尤其是 MO-OOA。MO-OOA 浓度的高值出现在极坐标图中心（风速<2m/s）和西南

（风速>4m/s）（图 6-26，书后另见彩图），这说明疫情期间的 MO-OOA 不仅由本地贡献，还受到一部分区域传输的影响。MO-OOA 日变化的改变说明本地和区域范围内一次排放的影响显著降低。而对于 LO-OOA，热点分布在风速低于 2m/s 的中心区域，并且 LO-OOA 和 POA 的时间序列相关性较强（R^2=0.59），这也意味着 LO-OOA 主要在本地形成。因此，本地 POA 的减少是导致 LO-OOA 日变化中 10:00 峰值降低的主要原因。

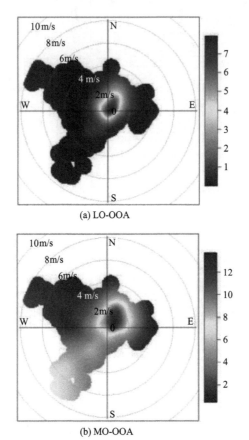

图 6-26　介休市疫情期间 LO-OOA（a）和 MO-OOA（b）的双变量极坐标图[50]

6.3.2.3　疫情封锁前后大气污染物的区域输送路径分析

疫情封锁前后气团的后向轨迹如图 6-27 所示，通过聚类将轨迹分为 6 个主要簇。

聚类 1（C1）占气团轨迹的比例最大，达到 36.1%，起源于采样点西北部，且轨迹距离最短，所以 C1 易受到本地排放的影响。第二簇是聚类 2（C2），占 20.0% 的气团轨迹，该聚类由运城市和临汾市一路北上，而这两个地区的大气污染非常严重。据报道，临汾市是全国污染最严重的 20 个城市之一，而且煤炭消耗量巨大，2018年约消耗 4300 万吨煤炭。聚类 3（C3）来自西南方向，气团起源于河北邯郸市以南地区，途经河南焦作市和山西晋城市，占比为 11.7%。据报道，邯郸市和焦作市等地气溶胶浓度很高，邯郸市的 PM_1[52]和焦作市的 $PM_{2.5}$[53]平均浓度均超过 100μg/m³。

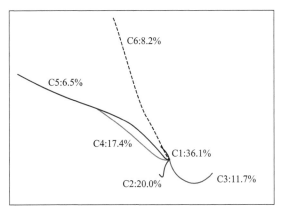

图 6-27　介休市 48h 气团后向轨迹聚类[50]

聚类 4（C4）、聚类 5（C5）和聚类 6（C6）都有相对长的轨迹，说明这些气团的移动速度更快。C4 起源于内蒙古巴彦淖尔市，途经鄂尔多斯市和陕西榆林市，占到总气团的 17.4%。需要注意的是，C5 和 C6 仅在疫情封锁期间出现，在疫情期间的占比分别是 6.5% 和 8.2%。C5 和 C6 都起源于蒙古国，而且这两簇气团的轨迹更长，表明这两簇气团可能相对清洁。C6 和 C1 在山西境内有相似的路径，可能导致封锁期间 C6 的气团中化学组分受到 C1 的影响。

　　为了验证各气团输入轨迹对太原盆地空气质量的影响，本研究对不同气团簇在两个时期的化学组成和来源变化进行了探讨（图 6-28）。从整个疫情期间来看，C1、C2 和 C3 气团控制期的 NR-PM$_{2.5}$ 质量浓度相对更高。与封锁前相比，封锁期间 C1、C2、C3 和 C4 的 NR-PM$_{2.5}$ 组分浓度降低了 7.5%～88.0%。封锁期间 C1、C2 和 C3 气团的硝酸盐、硫酸盐和铵盐平均浓度相当，说明在封锁期间由于区域性排放的降低，本地排放成为 SNA 最主要的来源。对于 OA 源而言，C1、C2 和 C3 气团簇的 CCOA 浓度都出现降低。其中 C2 的 CCOA 降幅最大且降幅达到 76.9%，并且氯化物也减少了 88.0%，这表明西南区域煤炭相关排放有大幅下降。但是封锁期间 C4 气团中 CCOA 浓度升高，可能受到居民燃煤排放增加的影响。因为 C4 气团途经农村地区，由于没有严格的禁煤措施，居民普遍采用家用燃煤炉进行取暖。气团 C1、C2、C3 和 C4 的 HOA 浓度分别减少 56.0%、68.8%、66.0% 和 45.6%。气团 C1、C2 和 C4 中 COA 和 BBOA 的降幅分别为 18.9%～46.9% 和 46.8%～49.9%。对 C3 气团而言，尽管封锁期间 COA 和 BBOA 的浓度出现上升，但浓度仍然处于较低水平，MO-OOA 在封锁实施前后都是 OA 中最主要的成分。高比例的 MO-OOA 和较低的 POA 说明 OA 有从河南北部长距离传输的可能性。通常 MO-OOA 在区域范围内形成并且有可能形成污染的区域传输[54-56]。封锁期间 C2 的 MO-OOA 浓度增加，这与北京市的一些报道一致，可能由于排放前体物的组成类似。各气团簇中 MO-OOA 和 LO-OOA 浓度的减少表明封锁期间的严格管控措施对区域排放的减少起着重要的作用。

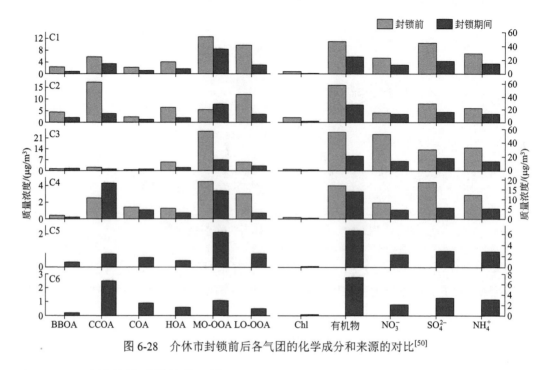

图 6-28 介休市封锁前后各气团的化学成分和来源的对比[50]

6.3.2.4 疫情管控减排效果评价

为了剔除气象因素对疫情期间污染物变化的影响，在对气象因素与排放源进行分离的基础上，对封锁导致的减排效果进行了评价，结果见图 6-29。

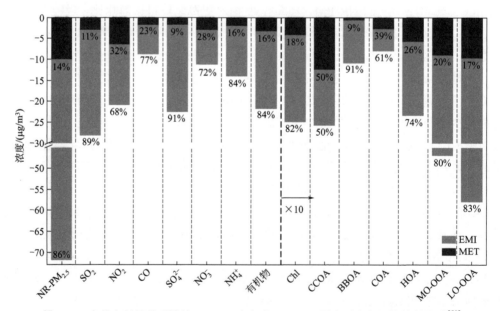

图 6-29 介休市封锁前后排放（EMI）和气象（MET）因素对空气污染物的影响[50]

对于排放和气象因素的贡献而言，PM$_{2.5}$浓度的降低主要受到排放强度降低影响，由排放强度变化贡献的比例达到 86%，气象变化引起的贡献为 14%。对于气态前体物而言，排放因素对 SO_2 的影响最大，贡献达到 89%，其次是 CO（77%）和 NO_2（68%）。$PM_{2.5}$ 组分中受排放影响从高到低依次是：硫酸盐（91%）、有机物（84%）、铵盐（84%）、氯化物（82%）和硝酸盐（72%）。硫酸盐和硝酸盐中排放因素的贡献略高于 SO_2 和 NO_2，这主要是由气象条件与污染物之间的非线性关系所致。排放源对有机物降低的贡献为 84%。从有机物组成中看，受排放因素影响的物质，按降序排列依次为：BBOA、LO-OOA、MO-OOA、HOA、COA 和 CCOA。排放因素对 BBOA 的影响最大，占比达到了 91%，排放贡献最低的是 CCOA（50%）。总体来看，排放因素对各污染物的变化的贡献都不低于 50%。通过此次疫情封锁可以看出，疫情期间污染源排放的减少是空气质量提升的主导因素，针对气态污染物的减排可获得更高比例的颗粒物削减，因此对排放源的污染控制是大气污染控制的关键措施。

参考文献

[1] Liu W, Hopke P K, Han Y J, et al. Application of receptor modeling to atmospheric constituents at Potsdam and Stockton, NY[J]. Atmospheric Environment, 2003, 37(36): 4997-5007.

[2] Motelay M A, Ollivon D, Garban B, et al. PAHs in the bulk atmospheric deposition of the Seine river basin: source identification and apportionment by ratios, multivariate statistical techniques and scanning electron microscopy[J]. Chemosphere, 2007, 67(2): 312-321.

[3] Wang Y, Hu B, Tang G, et al. Characteristics of ozone and its precursors in Northern China: A comparative study of three sites[J]. Atmospheric research, 2013, 132: 450-459.

[4] Mu L, Li X, Liu X, et al. Characterization and emission factors of carbonaceous aerosols originating from coke production in China[J]. Environmental Pollution, 2021, 268: 115768.

[5] Liu X, Peng L, Bai H, et al. Characteristics of organic carbon and elemental carbon in the ambient air of coking plant[J]. Aerosol and Air Quality Research, 2015, 15(4): 1485-1493.

[6] Flores E M, Mmeko M F, Moraes D P, et al. Determination of halogens in coal after digestion using the microwave-induced combustion technique[J]. Analytical Chemistry, 2008, 80(6): 1865-1870.

[7] Schauer J J, Kleeman M J, Cass G R, et al. Measurement of emissions from air pollution sources. 5. C_1– C_{32} organic compounds from gasoline-powered motor vehicles[J]. Environmental science & technology, 2002, 36(6): 1169-1180.

[8] Chen Y, Zhi G, Feng Y, et al. Measurements of emission factors for primary carbonaceous particles from residential raw-coal combustion in China[J]. Geophysical Research Letters, 2006, 33(20).

[9] Schauer J J, Kleeman M J, Cass G R, et al. Measurement of emissions from air pollution sources. 3. C_1–C_{29} organic compounds from fireplace combustion of wood[J]. Environmental science & technology, 2001, 35(9): 1716-1728.

[10] Li H, Guo L, Cao R, et al. A wintertime study of $PM_{2.5}$-bound polycyclic aromatic hydrocarbons in Taiyuan during 2009–2013: Assessment of pollution control strategy in a typical basin region[J]. Atmospheric Environment, 2016, 140: 404-414.

[11] Liu W, Xu Y, Liu W, et al. Oxidative potential of ambient $PM_{2.5}$ in the coastal cities of the Bohai Sea, northern China: Seasonal variation and source apportionment[J]. Environmental Pollution, 2018, 236: 514-528.

[12] Yao Q, Li S Q, Xu H W. et al. Studies on formation and control of combustion particulate matter in China: A review[J]. ENERGY, 2010, 35(11): 4480-4493.

[13] Zheng M, Salmon L G, Schauer J J, et al. Seasonal trends in $PM_{2.5}$ source contributions in Beijing, China[J]. Atmospheric Environment, 2005, 39(22): 3967-3976.

[14] Almeida S, Lage J, Fernánaezz B, et al. Chemical characterization of atmospheric particles and source apportionment

in the vicinity of a steelmaking industry[J]. Science of the Total Environment, 2015, 521: 411-420.

[15] Zhang X, Zhao X, Ji G, et al. Seasonal variations and source apportionment of water-soluble inorganic ions in $PM_{2.5}$ in Nanjing, a megacity in southeastern China[J]. Journal of Atmospheric Chemistry, 2019, 76(1): 73-88.

[16] Police S, Sahu S K,Pandit G G. Chemical characterization of atmospheric particulate matter and their source apportionment at an emerging industrial coastal city, Visakhapatnam, India[J]. Atmospheric Pollution Research, 2016, 7(4): 725-733.

[17] Juda R K, Reizer M, Maciejewska K, et al. Characterization of atmospheric $PM_{2.5}$ sources at a Central European urban background site[J]. Science of the Total Environment, 2020, 713: 136729.

[18] 张瑾. 典型焦化污染环境大气颗粒物的理化特征与氧化潜势分析[D]. 太原: 太原科技大学, 2022.

[19] Liu B, Wu J, Zhang J, et al. Characterization and source apportionment of $PM_{2.5}$ based on error estimation from EPA PMF 5.0 model at a medium city in China[J]. Environmental Pollution, 2017, 222: 10-22.

[20] Tao J, Cheng T, Zhang R, et al. Chemical composition of $PM_{2.5}$ at an urban site of Chengdu in southwestern China[J]. Advances in Atmospheric Sciences, 2013, 30(4): 1070-1084.

[21] Kroll J H, Seinfeld J H. Chemistry of secondary organic aerosol: Formation and evolution of low-volatility organics in the atmosphere[J]. Atmospheric Environment, 2008, 42(16): 3593-3624.

[22] MinguillLón M, Querol X, Baltensperger U, et al. Fine and coarse PM composition and sources in rural and urban sites in Switzerland: local or regional pollution?[J]. Science of the Total Environment, 2012, 427: 191-202.

[23] Liu Y, Zheng M, Yu M, et al. High-time-resolution source apportionment of $PM_{2.5}$ in Beijing with multiple models[J]. Atmospheric Chemistry and Physics, 2019, 19(9): 6595-6609.

[24] Tian H, Zhu C, Gao J, et al. Quantitative assessment of atmospheric emissions of toxic heavy metals from anthropogenic sources in China: historical trend, spatial distribution, uncertainties, and control policies[J]. Atmospheric Chemistry and Physics, 2015, 15(17): 10127-10147.

[25] Lyu X, Chen N, Guo H, et al. Chemical characteristics and causes of airborne particulate pollution in warm seasons in Wuhan, central China[J]. Atmospheric chemistry and physics, 2016, 16(16): 10671-10687.

[26] Zheng H, Kong S, Yan Q, et al. The impacts of pollution control measures on $PM_{2.5}$ reduction: Insights of chemical composition, source variation and health risk[J]. Atmospheric Environment, 2019, 197: 103-117.

[27] Kong S, Li L, Li X, et al. The impacts of firework burning at the Chinese Spring Festival on air quality: insights of tracers, source evolution and aging processes[J]. Atmospheric Chemistry and Physics, 2015, 15(4): 2167-2184.

[28] Rai P, Furger M, Sluwik J G, et al. Source apportionment of highly time-resolved elements during a firework episode from a rural freeway site in Switzerland[J]. Atmospheric Chemistry and Physics, 2020, 20(3): 1657-1674.

[29] Su C P, Peng X, Huang X F, et al. Development and application of a mass closure $PM_{2.5}$ composition online monitoring system[J]. Atmospheric Measurement Techniques, 2020, 13(10): 5407-5422.

[30] An J, Duan Q, Wang H, et al. Fine particulate pollution in the Nanjing northern suburb during summer: Composition and sources[J]. Environmental monitoring and assessment, 2015, 187(9): 1-14.

[31] Xia L, Gao Y. Characterization of trace elements in $PM_{2.5}$ aerosols in the vicinity of highways in Northeast New Jersey in the US East Coast[J]. Atmos Pollut Res, 2011, 2 (1): 34-44.

[32] 王阳. 太原市 $PM_{2.5}$ 中无机气溶胶污染特征及酸度研究[D]. 太原: 太原科技大学, 2022.

[33] Zheng H, Kong S, Chen N, et al. Significant changes in the chemical compositions and sources of $PM_{2.5}$ in Wuhan since the city lockdown as COVID-19[J]. Science of the total environment, 2020, 739: 140000.

[34] Li R, Zhao Y, Fu H, et al. Substantial changes in gaseous pollutants and chemical compositions in fine particles in the North China Plain during the COVID-19 lockdown period: Anthropogenic vs. meteorological influences[J]. Atmospheric Chemistry and Physics, 2021, 21(11): 8677-8692.

[35] Li X, Yan C, Wang C, et al. $PM_{2.5}$-bound elements in Hebei Province, China: Pollution levels, source apportionment and health risks[J]. Science of the Total Environment, 2022, 806: 150440.

[36] Lin Y C, Zhang Y L, Song W, et al. Specific sources of health risks caused by size-resolved PM-bound metals in a typical coal-burning city of northern China during the winter haze event[J]. Science of The Total Environment, 2020, 734: 138651.

[37] Zhao S, Tian H, Luo L, et al. Temporal variation characteristics and source apportionment of metal elements in PM$_{2.5}$ in urban Beijing during 2018–2019[J]. Environmental Pollution, 2021, 268: 115856.

[38] Liu S, Tian H, Bai X, et al. Significant but spatiotemporal-heterogeneous health risks caused by airborne exposure to multiple toxic trace elements in China[J]. Environmental Science & Technology, 2021, 55(19): 12818-12830.

[39] Liu S, Tian H, Luo L, et al. Health impacts and spatiotemporal variations of fine particulate and its typical toxic constituents in five urban agglomerations of China[J]. Science of The Total Environment, 2022, 806: 151459.

[40] Chang Y, Huang K, Xie M, et al. First long-term and near real-time measurement of trace elements in China's urban atmosphere: temporal variability, source apportionment and precipitation effect[J]. Atmospheric Chemistry and Physics, 2018, 18(16): 11793-11812.

[41] Huang H, Ying J, Xu X, et al. In vitro bioaccessibility and health risk assessment of heavy metals in atmospheric particulate matters from three different functional areas of Shanghai, China[J]. Science of the Total Environment, 2018, 610-611: 546-554.

[42] Niu Y, Wang F, Liu S, et al. Source analysis of heavy metal elements of PM$_{2.5}$ in canteen in a university in winter[J]. Atmospheric Environment, 2021, 244: 117879.

[43] 刘骥, 潘果, 覃金凤, 等. 水泥中水溶性铬(Ⅵ)和总铬的主要来源分析[J]. 水泥技术, 2022(1): 23-26.

[44] 张敖荣. 铬渣综合利用制水泥[J]. 无机盐工业, 1998(4): 34-35, 32.

[45] 王橹玺. 大气颗粒物中重金属 Cr(Ⅵ)的污染特征研究[D]. 北京: 中国环境科学研究院, 2021.

[46] Lin Y C, Tsai C J, Wu Y C, et al. Characteristics of trace metals in traffic-derived particles in Hsuehshan Tunnel, Taiwan: Size distribution, potential source, and fingerprinting metal ratio[J]. Atmospheric Chemistry and Physics, 2015, 15(8): 4117-4130.

[47] Zhu L, Huang X, Shi H, et al. Transport pathways and potential sources of PM$_{10}$ in Beijing[J]. Atmospheric environment, 2011, 45(3): 594-604.

[48] Pu W, Zhao X, Shi X, et al. Impact of long-range transport on aerosol properties at a regional background station in Northern China[J]. Atmospheric Research, 2015, 153: 489-499.

[49] Li J, Li H, He Q, et al. Characteristics, sources and regional inter-transport of ambient volatile organic compounds in a city located downwind of several large coke production bases in China[J]. Atmospheric Environment, 2020, 233: 117573.

[50] 李荣杰. 煤烟型污染地区 PM$_{2.5}$ 中有机气溶胶特征及来源解析[D]. 太原: 太原科技大学, 2021.

[51] Huang R J, Wang Y, Cao J, et al. Primary emissions versus secondary formation of fine particulate matter in the most polluted city (Shijiazhuang) in North China[J]. Atmospheric Chemistry and Physics, 2019, 19(4): 2283-2298.

[52] Li H, Zhang Q, Zhang Q, et al. Wintertime aerosol chemistry and haze evolution in an extremely polluted city of the North China Plain: Significant contribution from coal and biomass combustion[J]. Atmospheric Chemistry and Physics, 2017, 17(7): 4751-4768.

[53] Liu X, Wang M, Pan X, et al. Chemical formation and source apportionment of PM$_{2.5}$ at an urban site at the southern foot of the Taihang mountains[J]. 环境科学学报:英文版, 2021, 5: 20-32.

[54] Zhou W, Xu W, Kim H, et al. A review of aerosol chemistry in Asia: Insights from aerosol mass spectrometer measurements[J]. Environmental Science: Processes & Impacts, 2020, 22(8): 1616-1653.

[55] Sun Y, Xu W, Zhang Q, et al. Source apportionment of organic aerosol from 2-year highly time-resolved measurements by an aerosol chemical speciation monitor in Beijing, China[J]. Atmospheric Chemistry and Physics, 2018, 18(12): 8469-8489.

[56] Duan J, Huang R J, Lin C, et al. Distinctions in source regions and formation mechanisms of secondary aerosol in Beijing from summer to winter[J]. Atmospheric Chemistry and Physics, 2019, 19(15): 10319-10334.

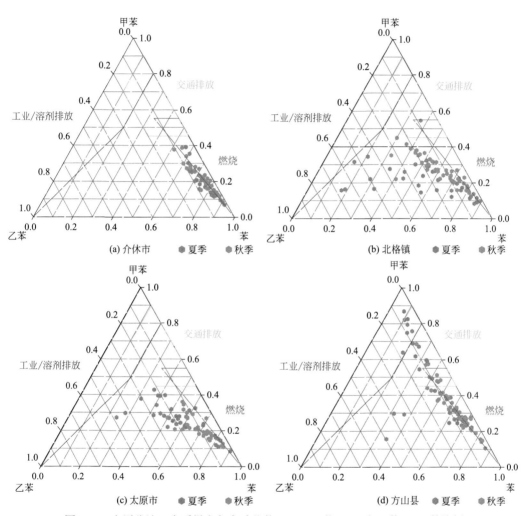

图 3-11　太原盆地 4 个采样点各个季节苯（B）、甲苯（T）和乙苯（E）的比例

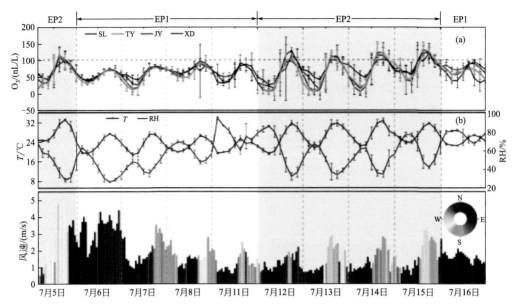

图 3-20 监测期内 4 个监测点的气象参数时间序列和臭氧小时浓度（EP1 表示臭氧达标期，EP2 表示臭氧污染期，红色虚线表示中国国家空气质量二级标准）

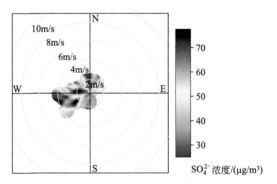

图 5-3 太原市冬季 $PM_{2.5} > 150\mu g/m^3$ 时 SO_4^{2-} 浓度的风速风向分布图

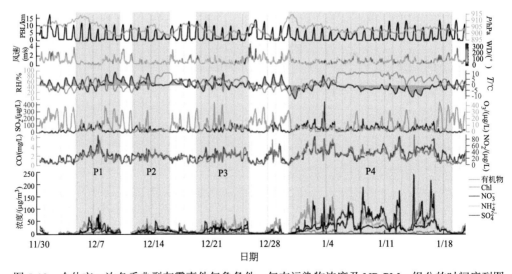

图 5-12 介休市一次冬季典型灰霾事件气象条件、气态污染物浓度及 NR-$PM_{2.5}$ 组分的时间序列图

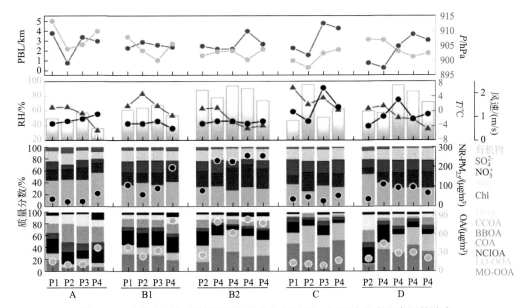

图 5-13　介休市污染事件不同阶段的气象因素、气溶胶组成和来源的演变

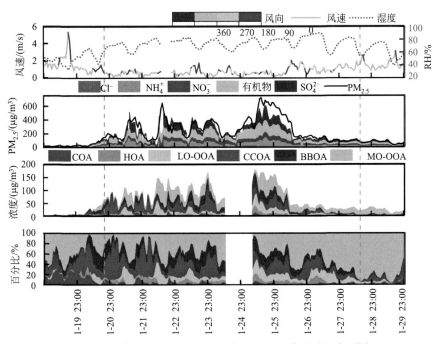

图 5-14　介休市冬季 NR-PM$_{2.5}$ 组分和 OA 来源时间序列图

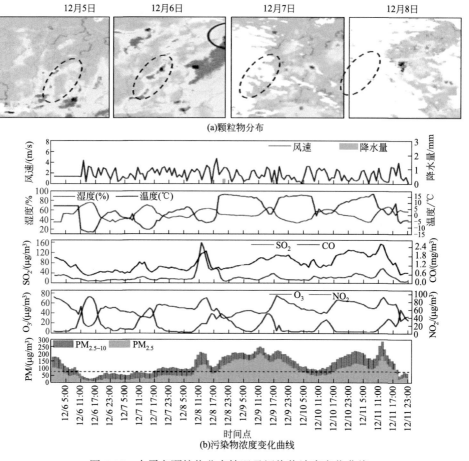

(a)颗粒物分布

(b)污染物浓度变化曲线

图 5-16　太原市颗粒物分布情况及污染物浓度变化曲线

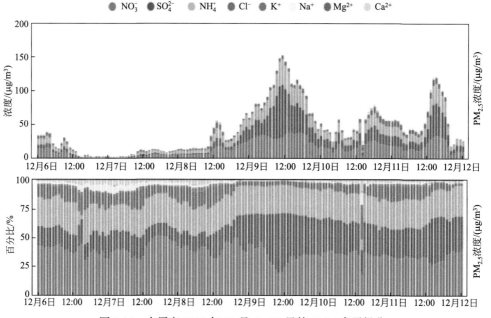

图 5-17　太原市 2021 年 12 月 6～11 日的 PM_{2.5} 离子组分

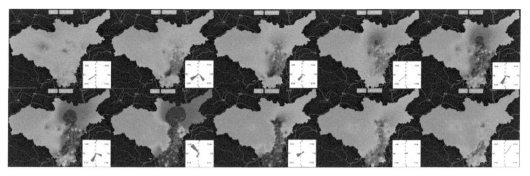

图 5-18 太原市 2021 年 12 月 8～9 日区域性灰霾的发生、发展与消散过程

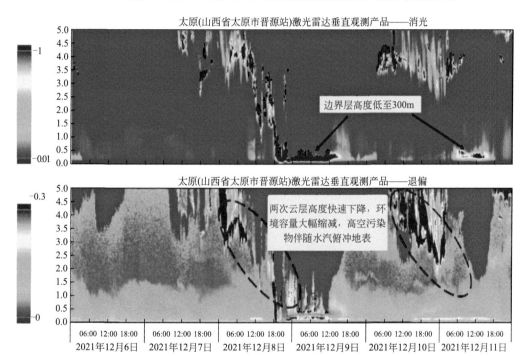

图 5-19 太原市 2021 年 12 月 6～11 日雷达扫描结果

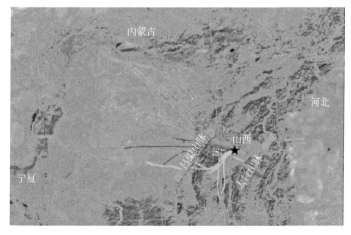

图 6-11 太原市采样点位置图及 4 次典型的 PAHs 后向轨迹

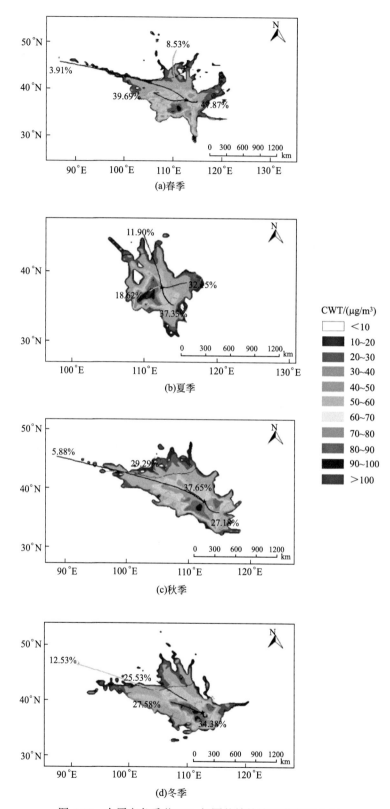

CWT/(μg/m³)

<10
10~20
20~30
30~40
40~50
50~60
60~70
70~80
80~90
90~100
>100

(a)春季

(b)夏季

(c)秋季

(d)冬季

图 6-13　太原市各季节 NO₂ 气团传输轨迹及潜在源分布

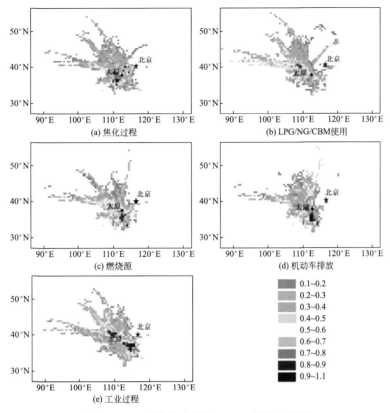

图 6-15 观测期间太原市 VOCs 的潜在源区

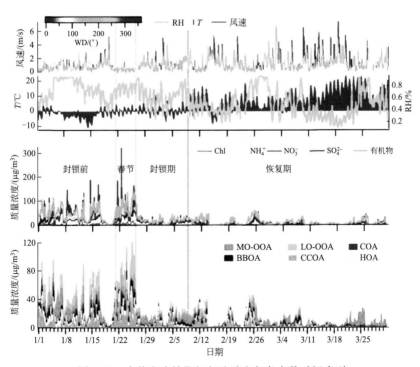

图 6-21 介休市疫情期间气溶胶和气象参数时间序列

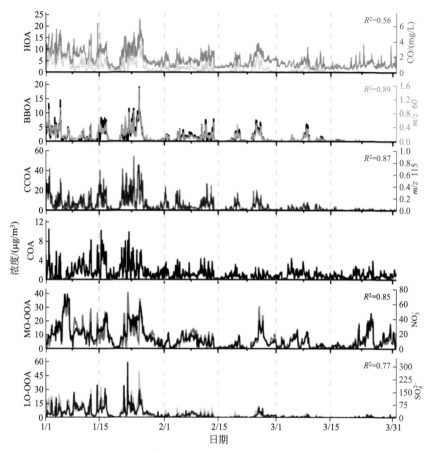

图 6-23　介休市 OA 的时间序列图和相应的指示物

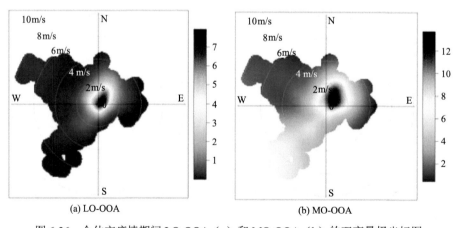

(a) LO-OOA

(b) MO-OOA

图 6-26　介休市疫情期间 LO-OOA（a）和 MO-OOA（b）的双变量极坐标图